高等职业教育建筑设计类专业系列教材

建筑装饰施工图识读与实训

主 编 杨 洁 周红梅
副主编 易贤铎 魏志鹏
参 编 马 蓉 答朝信 许 建

机械工业出版社

《建筑装饰施工图识读与实训》是针对建筑装饰工程技术专业岗位群能力培养而编写的一本综合实训教材。

本书采用项目教学法，精选四个典型建筑装饰工程的全套图纸作为实训的载体，以实际工程案例作为实训素材。模块一以图文并茂的形式介绍了建筑装饰工程施工图的类型、内容、编排顺序、特点及施工图识读的方法与步骤。模块二以某别墅全套建筑装饰工程施工图为案例，全面介绍建筑装饰平面施工图、立面施工图、剖面施工图及大样图、设备施工图的识读及建筑装饰工程施工图的自审与会审，并在大部分图例中加有内容注解和识读说明。模块三以常见的工程实例：住宅小区、温泉戏水中心及幕墙的全套施工图，融"教、学、做"于一体，让学生在学习的过程中能了解整个工程全貌。

本书可作为高职高专建筑装饰工程技术专业实训教学用书，也可供建筑室内设计、环境艺术设计等专业实训教学使用，同时也可作为建筑装饰企业岗位培训教学参考书。

图书在版编目（CIP）数据

建筑装饰施工图识读与实训/杨洁，周红梅主编. —北京：机械工业出版社，2016.12（2024.2 重印）
高等职业教育建筑设计类专业系列教材
ISBN 978-7-111-55589-6

Ⅰ.①建… Ⅱ.①杨… ②周… Ⅲ.①建筑装饰-工程施工-建筑制图-识图-高等职业教育-教材 Ⅳ.①TU767

中国版本图书馆 CIP 数据核字（2016）第 294849 号

机械工业出版社（北京市百万庄大街22号　邮政编码100037）
策划编辑：覃密道　责任编辑：覃密道　常金锋
责任校对：杜雨霏　封面设计：路恩中
责任印制：刘　媛
涿州市般润文化传播有限公司印刷
2024年2月第1版第8次印刷
370mm×260mm·22.5 印张·635 千字
标准书号：ISBN 978-7-111-55589-6
定价：49.90元

凡购本书，如有缺页、倒页、脱页，由本社发行部调换

电话服务	网络服务
客服电话：010-88361066	机　工　官　网：www.cmpbook.com
010-88379833	机　工　官　博：weibo.com/cmp1952
010-68326294	金　书　网：www.golden-book.com
封底无防伪标均为盗版	机工教育服务网：www.cmpedu.com

前　　言

《国家中长期教育改革和发展规划纲要（2010—2020年）》确立了职业教育发展目标："到2020年，基本实现教育现代化，基本形成学习型社会，进入人力资源强国行列"。该纲要提出了到2020年，形成适应经济发展方式转变和产业结构调整要求、体现终身教育理念、中等和高等职业教育协调发展的现代职业教育体系，满足人民群众接受职业教育的需求，满足经济社会对高素质劳动者和技能型人才的需要。

本书坚持以能力为本位、以学生为主体的教学理念，着眼于学生的全面发展和培养学生的综合素质与职业能力。以"模块式"教学体现课程的教学目标，适合当前职业教育的课程任务和目标，可操作性也明显增强。

本书由中央财政支持的重点专业（建筑装饰工程技术）建设单位和湖北高职高专土建类教学指导委员会副委员单位的湖北轻工职业技术学院的杨洁和周红梅任主编。编写分工如下：杨洁模块三和附录，并对全书进行了统稿；周红梅模块一；易贤铎（湖北轻工职业技术学院）及魏志鹏、马蓉（包头铁道职业技术学院）模块二；答朝信和许建参与编写了本书部分内容并提出了指导意见。本书中的施工图由深圳市于强室内设计师事务所、武汉澳华装饰设计工程有限公司、武汉观筑空间装饰设计工程有限公司和湖北高艺装饰工程有限公司提供，在此一并表示感谢。根据教学要求，本书在编辑的过程中，对原图做了必要的修改和删减，特此说明。

本书是课程改革的产物，限于编者水平，书中难免存在不妥之处，希望读者在采用本书的同时能在实际的教学过程中对本书提出意见和建议，我们将不断改进、完善。

编　者

目 录

前 言

模块一　建筑装饰施工图基础篇

项目一　建筑装饰施工图综述 ………………………………………… 1
- 任务1　认识房屋建筑的组成 ………………………………………… 1
- 任务2　学习建筑装饰工程施工图的内容、特点及编排顺序 ………… 2
- 任务3　编制建筑装饰设计总说明 …………………………………… 5
- 任务4　建筑装饰制图国家标准 ……………………………………… 6
- 任务5　建筑装饰工程施工图的识读 ………………………………… 8

模块二　建筑装饰施工图识读篇

项目一　某别墅建筑装饰工程平面施工图的识读 …………………… 10
- 任务1　知识准备 ……………………………………………………… 10
- 任务2　识读原始平面图 ……………………………………………… 14
- 任务3　识读平面布置图 ……………………………………………… 17
- 任务4　识读地面铺装图 ……………………………………………… 20
- 任务5　识读顶棚装饰图 ……………………………………………… 23
- 任务6　知识拓展——立面索引图 …………………………………… 26
- 任务7　知识拓展——平面定位图 …………………………………… 29

项目二　某别墅建筑装饰工程立面施工图的识读 …………………… 32
- 任务1　知识准备 ……………………………………………………… 32
- 任务2　识读客厅立面图 ……………………………………………… 33
- 任务3　识读餐厅立面图 ……………………………………………… 35
- 任务4　识读卧室立面图 ……………………………………………… 37
- 任务5　识读卫生间立面图 …………………………………………… 39
- 任务6　知识拓展——识读楼梯间立面图 …………………………… 40

项目三　某别墅建筑装饰工程剖面施工详图的识读 ………………… 41
- 任务1　知识准备 ……………………………………………………… 41
- 任务2　识读电视背景墙剖面图 ……………………………………… 42
- 任务3　识读顶棚剖面图 ……………………………………………… 43
- 任务4　识读墙身石材、木饰面剖面图 ……………………………… 44
- 任务5　识读家具、陈设大样图 ……………………………………… 45
- 任务6　知识拓展——识读隔断、楼梯大样图 ……………………… 46

项目四　某别墅建筑装饰工程设备施工图的识读 …………………… 47
- 任务1　知识准备 ……………………………………………………… 47
- 任务2　识读电气工程施工图 ………………………………………… 48
- 任务3　识读给水排水工程施工图 …………………………………… 54

项目五　建筑装饰工程施工图的自审与会审 ………………………… 60
- 任务1　建筑装饰工程施工图自审 …………………………………… 60
- 任务2　建筑装饰工程施工图会审 …………………………………… 60
- 任务3　建筑装饰工程施工图审查实训 ……………………………… 61

模块三　工程实例实战篇

项目一　某住宅室内装饰工程 ………………………………………… 64
- 任务1　布置实训任务 ………………………………………………… 64
- 任务2　了解工程概况及设计说明 …………………………………… 64
- 任务3　绘制平面施工图 ……………………………………………… 68

任务4　绘制立面施工图 …… 77	任务5　绘制剖面及大样施工图 …… 146
任务5　绘制剖面施工图 …… 90	**附录**
任务6　绘制施工详图 …… 91	
任务7　绘制设备施工图 …… 93	附录A　常用房屋建筑室内装饰装修材料图例 …… 162
项目二　某温泉戏水中心装饰工程 …… 96	附录B　常用家具图例 …… 163
任务1　布置实训任务 …… 96	附录C　常用电器图例 …… 163
任务2　了解工程概况及设计说明 …… 96	附录D　常用厨具图例 …… 163
任务3　绘制平面施工图 …… 98	附录E　常用洁具图例 …… 164
任务4　绘制立面施工图 …… 106	附录F　室内常用景观配饰图例 …… 164
任务5　绘制剖面及大样施工图 …… 122	附录G　常用灯光照明图例 …… 165
项目三　某幕墙装饰工程 …… 125	附录H　常用设备图例 …… 165
任务1　布置实训任务 …… 125	附录I　开关、插座立面图例 …… 166
任务2　了解工程概况及设计说明 …… 125	附录J　开关、插座平面图例 …… 166
任务3　绘制平面施工图 …… 130	附录K　构造及配件图例 …… 166
任务4　绘制立面施工图 …… 140	

模块一　建筑装饰施工图基础篇

内容概述：通过建筑装饰施工图基础知识的学习，进一步了解房屋建筑的组成；了解一套完整建筑装饰施工图的组成、所表达的内容及编排顺序；了解和掌握建筑装饰设计与施工总说明的编制要点；掌握建筑制图的国家标准。

学习目标：通过学习，明确房屋建筑的各组成部分；能进行一套完整建筑装饰施工图的编排和施工总说明的编制；学会建筑制图的国家标准的应用。

教学建议：以一套别墅的装饰装修为教学案例，按照本模块的教学要求，设计不同的问题，请学生分析、思考。要求学生对生产实习过程中收集的建筑装饰设计图纸进行分组讨论，指出施工图编排、编制和绘制中存在的问题，集中交流和评比。

项目一　建筑装饰施工图综述

任务1　认识房屋建筑的组成

一幢建筑物，一般由基础、墙、柱、梁、楼地面、楼梯、屋顶、门窗、阳台和雨篷等几大部分构成，它们在不同的部位发挥着各自的作用。如图1-1所示为房屋结构的构成。

基础：一般设在地面以下，是位于建筑物最下部的承重构件，其承受着建筑物的全部荷载，并将这些荷载传给地基。

墙或柱：墙或柱是房屋的竖向承重构件，其承受着由屋盖和各楼层传来的各种荷载，并把这些荷载可靠地传给基础。作为墙体，外墙还有围护的功能，抵御风霜雪雨及寒暑对室内的影响；内墙还有分隔的作用。所以对墙体还常提出保温、隔热、隔声等要求。

梁：梁在建筑中是一种主要的受弯构件，有很多，如圈梁、过梁、主梁、连续梁等。

楼地面：楼地面是房屋建筑的水平承重和分隔构件，包括楼板和地面两部分。楼板将建筑空间划分为若干层，并将所承担的楼面荷载传递给墙或柱。

楼梯：楼梯是房屋建筑的垂直交通设施，供人们上下楼层和紧急疏散之用。

屋顶：屋顶是建筑物顶部的外部围护构件和承重构件。屋顶的作用是能满足结构、防水、保温、隔热、建筑艺术等方面的要求。

门窗：门和窗是解决建筑使用功能的主要手段。门主要起内外交通和分隔房间之用；窗的主要作用是采光和通风，同时也起分隔和围护的作用。

阳台：阳台是楼层建筑中，人们与外界空间联系的主要方式，有三面敞开的、半敞开的、一面敞开的和封闭的几种形式。

雨篷：设置在建筑物出入口上部的遮雨、遮阳篷；建筑物入口处和顶层阳台上部用以遮挡雨水和保护外门免受雨水浸蚀的水平构件。雨篷梁是典型的受弯构件。

隔断：区别使用功能，使之互不干扰，是建筑设计中组织功能空间、划分平面的主要手段。隔断有全隔、半隔、透明、半透、不透等区别。

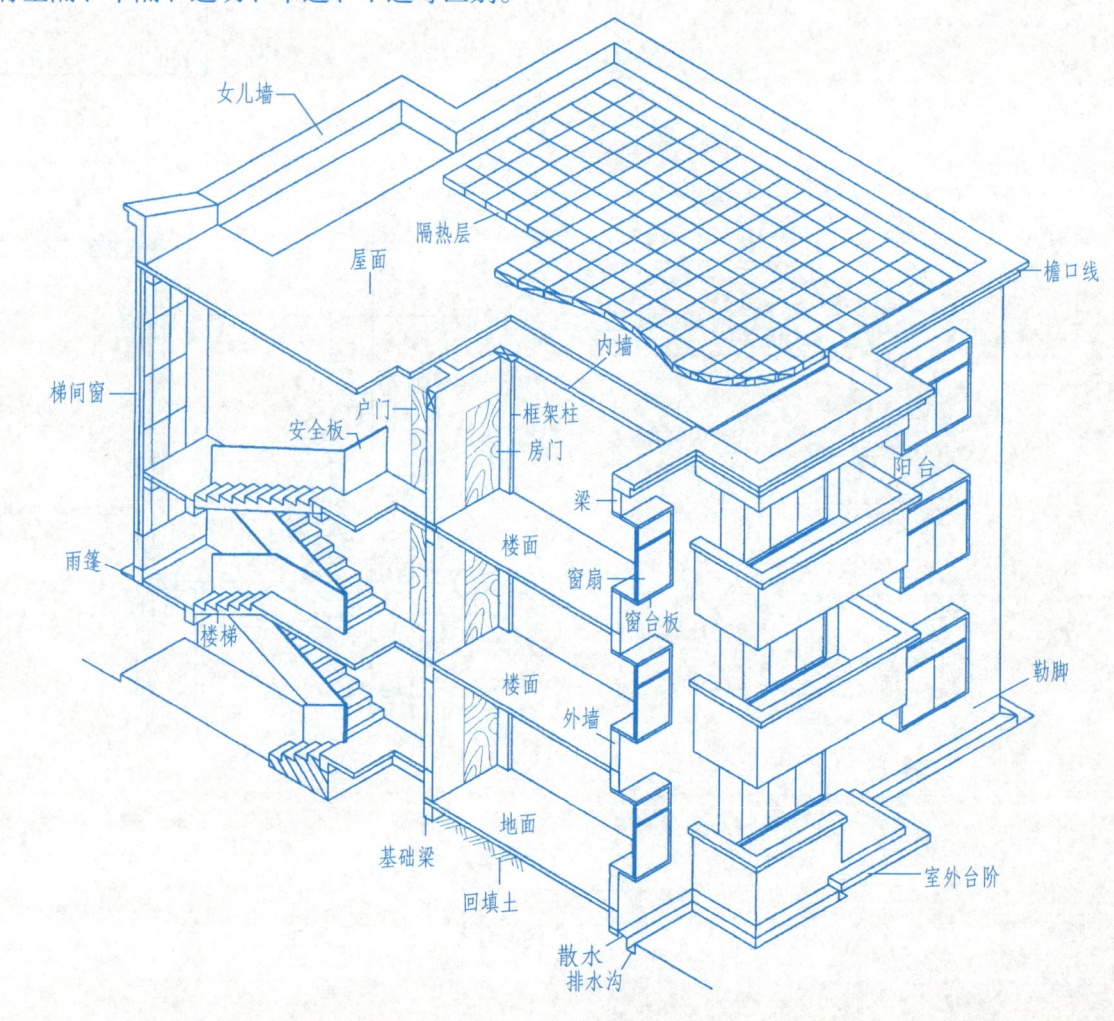

图1-1　房屋结构的构成

任务 2　学习建筑装饰工程施工图的内容、特点及编排顺序

2.1　建筑装饰工程施工图的内容

一套完整的装饰施工图，由原始平面图、平面布置图、地面铺装图、顶棚平面图、墙柱装修立面图、细部剖面图和节点详图、给水排水施工图、电气施工图等组成。

1. 原始平面图

原始平面图表示墙、柱及其定位轴线和轴线编号，门窗位置及开启方向，楼梯、电梯位置和楼梯上下方向示意及地面标高等，如图 1-2 所示。

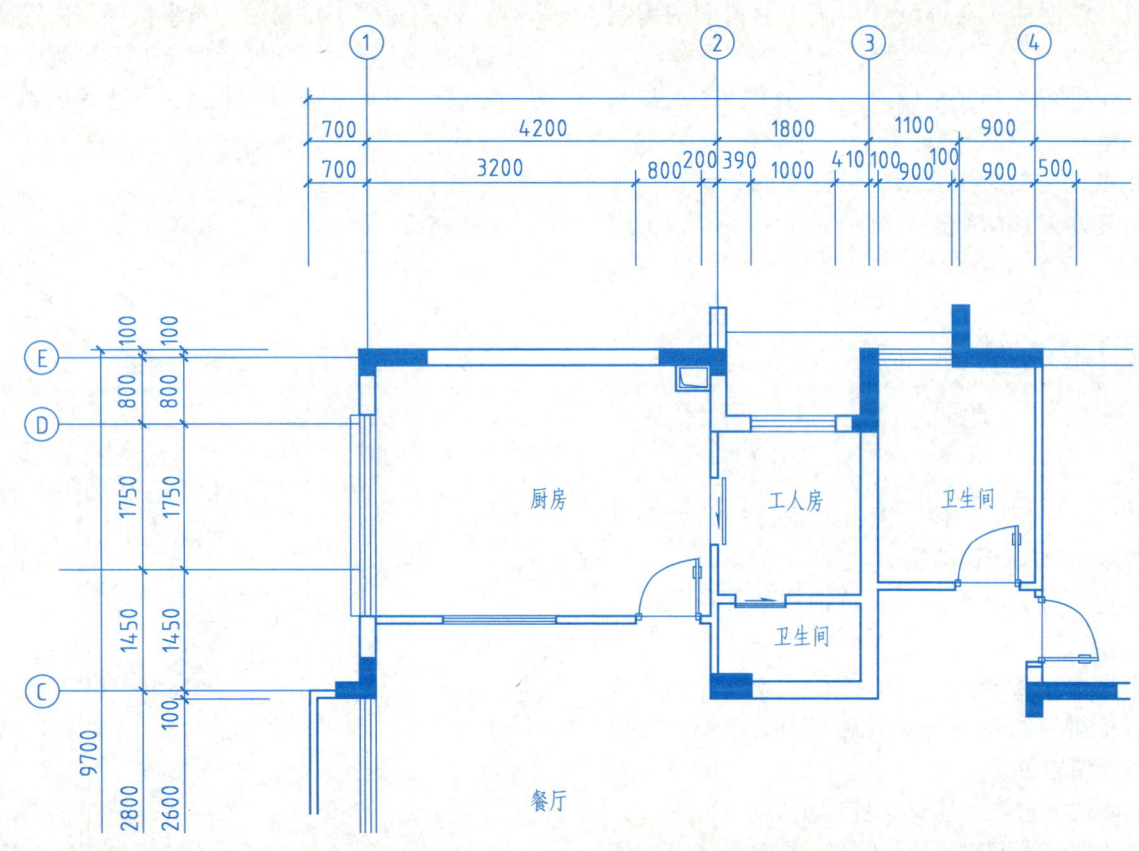

图 1-2　原始平面图

2. 平面布置图

平面布置图作为全套图纸设计的依据，主要表示建筑物的平面形状、尺寸，反映建筑物内墙体的布局、门窗的位置和开启方式、家具和室内配套设备的摆放位置和相关尺寸、地面铺装材料及铺装高度等，如图 1-3 所示。

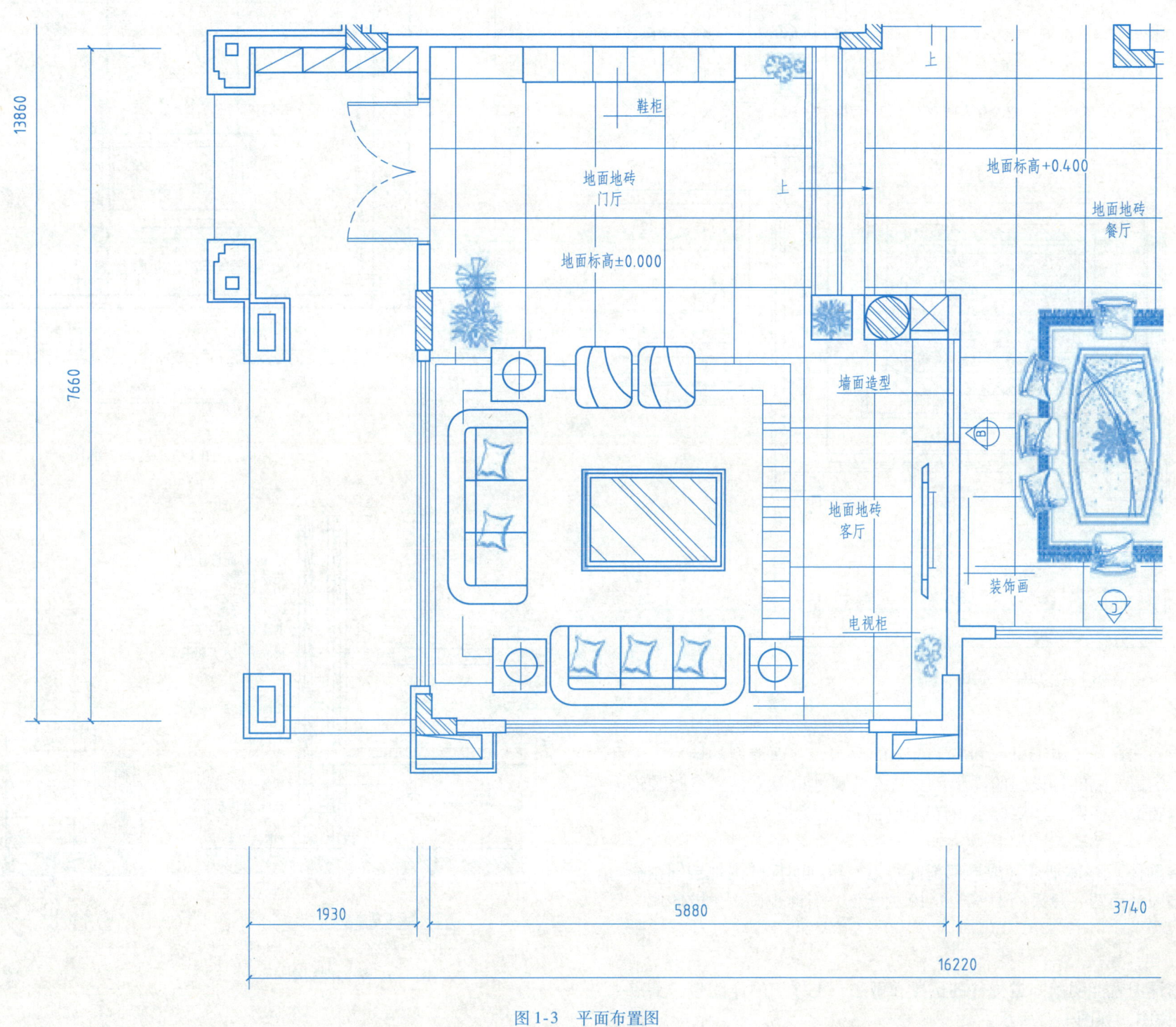

图 1-3　平面布置图

3. 顶棚平面图

顶棚平面图表示顶棚造型的形状、位置、高度、尺寸，反映顶棚的施工材料和施工工艺、照明灯具和内置设备（空调、通信、消防、监控等）等，如图1-4所示。

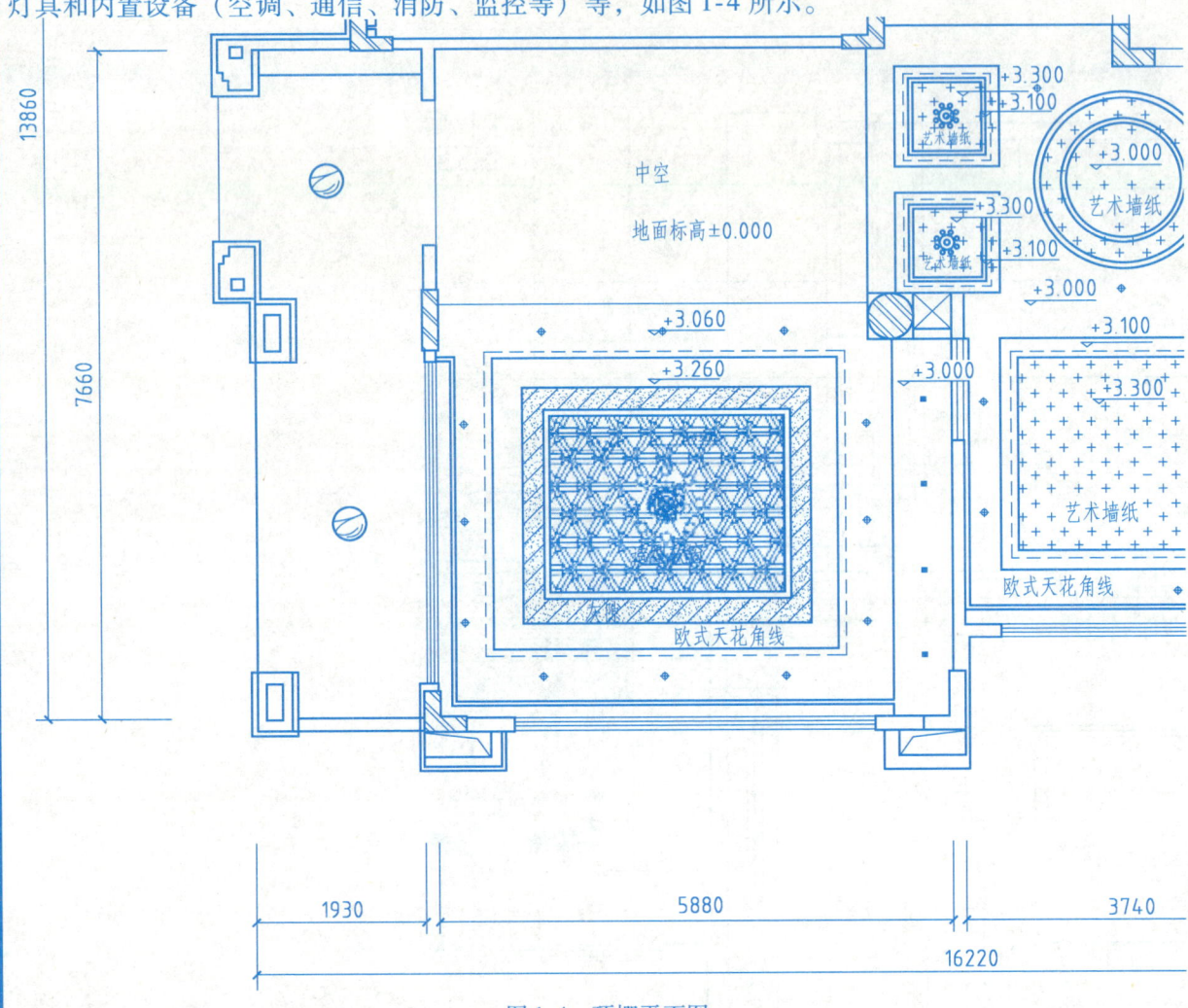

图1-4 顶棚平面图

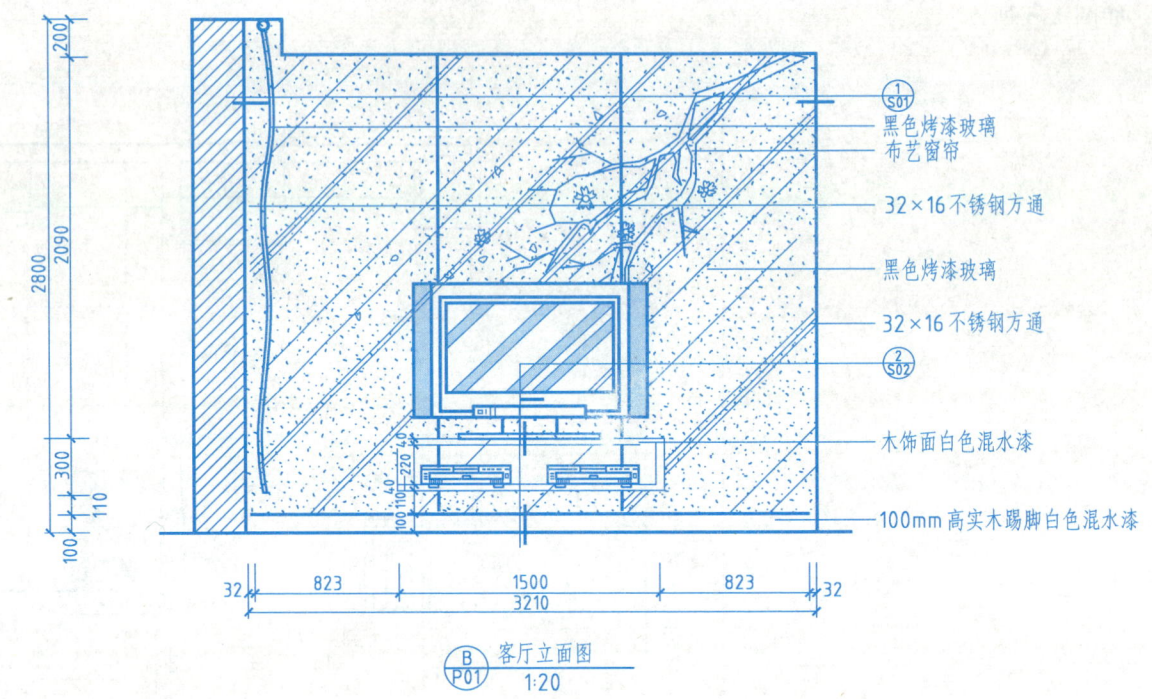

图1-5 装饰立面图

4. 装饰立面图

装饰立面图表示装饰立面的造型和式样，施工材料和施工工艺的要求，立面造型的构造关系和尺寸，室内家具设备的安放位置，门窗、隔断等设施的高度尺寸与安装尺寸以及立面上各类装饰品的式样、位置和尺寸等。作为基本装饰立面图，还要标示出详图所在位置，如图1-5所示。

5. 装饰剖面图

装饰剖面图是将装饰面（或装饰体）整体剖开（或局部剖开）后，得到的反映内部装饰结构与饰面材料之间关系的正投影图。装饰剖面图一般采用1:50~1:10的比例，有时也画出主要轮廓、尺寸及做法，如图1-6所示。

6. 装饰节点详图

详图就是细部详细构造，根据详图就能明确知道构件的位置和做法，更详细的详图叫"节点大样"。复杂区域必须给出装饰节点详图，如图1-7所示。

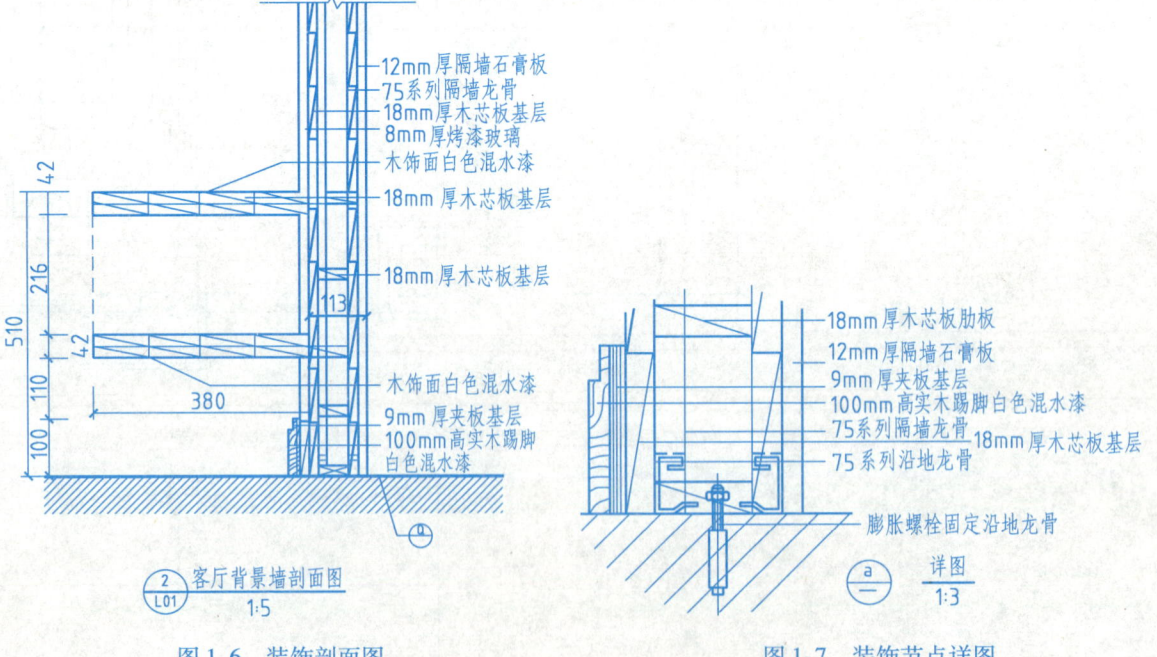

图1-6 装饰剖面图　　图1-7 装饰节点详图

2.2 建筑装饰工程施工图的特点

装饰施工图是用于表达建筑物室内外装饰美化要求的图样,它有以下特点:

1) 装饰施工图与房屋建筑施工图的图示方法、尺寸标注、图例代号等基本相同。
2) 装饰施工图是在建筑施工图的基础上,结合环境艺术设计的要求,更详细地表达了建筑空间的装饰做法及整体效果。
3) 装饰施工图既反映了墙、地、顶棚三个界面的装饰结构、造型处理和装修做法,又图示了家具、织物、陈设、绿化等的布置。
4) 与建筑施工图相比较,装饰施工图存在表现界面多、细部尺寸多、标注内容多、节点详图多等特点。

2.3 建筑装饰工程施工图的编排顺序

一套装饰施工图的编排顺序,一般按照图纸目录、设计说明、原始平面图、平面布置图、地面铺装图、顶棚平面图、墙柱装修立面图、细部剖面图和节点详图、给水排水施工图、电气施工图等排列。

任务 3 编制建筑装饰设计总说明

3.1 建筑装饰设计说明

建筑装饰设计说明的编制,一般按设计依据、工程项目概况、设计说明、装饰装修材料选用要求四个方面进行编写。

1. 设计依据

设计依据的主要内容包括:与建设方(业主)签订的设计合同、建设方(业主)对装饰设计方案的审批意见、建筑设计施工图、设计应用到的相关规范和标准(表1-1)等。

2. 工程项目概况

工程项目概况的主要内容包括:本工程名称、建设地点、建设单位、建筑层数、建筑高度、总装饰装修面积、主要技术经济指标、防火等级以及需要介绍的其他情况。

3. 设计说明

设计说明分一般说明和分部工程说明。

一般说明的主要内容包括:本设计的风格、人文景观内涵、使用功能、空间及色彩的简要说明、防火规范和室内环境污染的控制、装修材料选用表、装修做法表及新技术、新材料、新工艺的应用说明等。

分部工程说明的主要内容包括:内隔墙工程、外墙饰面工程、顶棚工程、地面工程、门窗工程、照明工程、电气工程、防水工程、家具布置与陈设等工程设计说明。

3.2 施工图设计说明

建筑装饰施工图设计说明的编制,按一般说明、施工安全说明、室内环境污染控制等几个方面进行编写。

1. 一般说明

一般说明的主要内容包括项目说明和材料说明。项目说明是指施工前应进行的各项准备工作,如图纸会审和设计交底工作、施工现场进行重点核查项目等;材料说明是指装饰装修工程所用材料的品种、规格、性能的验收要求及要求复验装饰材料的项目,新技术、新材料、新工艺的应用情况,成品和半成品的保护,需进行隐蔽工程验收的项目等。

2. 施工安全说明

施工安全说明的主要内容包括:结构安全说明、施工现场防火安全要求、消防设施要求、电气施工安全要求等。

3. 室内环境污染控制说明

民用建筑装饰装修工程中选用的装修材料必须符合《民用建筑工程室内环境污染控制规范》(GB 50325—2010)中的要求,无机非金属材料、石材、人造板、涂料等主要材料必须执行相应的室内装饰装修材料有害物质限量的强制性标准。室内装饰装修材料有害物质限量10项强制性国家标准见表1-2。

表 1-1 装饰装修工程设计相关规范、规定和标准

装饰装修工程设计应执行的主要规范、标准	1)《房屋建筑制图统一标准》(GB/T 50001—2010) 2)《建筑制图标准》(GB/T 50104—2010) 3)《民用建筑设计通则》(GB 50352—2005) 4)《建筑内部装修设计防火规范》(GB 50222—1995) 5)《建筑设计防火规范》(GB 50016—2014) 6)《民用建筑隔声规范》(GB 50118—2010) 7)《建筑照明设计标准》(GB 50034—2013) 8)《民用建筑工程室内环境污染控制规范》(GB 50325—2010) 9)《建筑地面设计规范》(GB 50037—2013) 10)《无障碍设计规范》(GB 50763—2012) 11)《公共建筑节能设计标准》(GB 50189—2015) 12)《建筑工程施工质量验收统一标准》(GB 50300—2013) 13)《建筑装饰装修工程质量验收规范》(GB 50210—2001) 14)《建筑地面工程施工质量验收规范》(GB 50209—2010) 15)《建筑内部装修防火施工及验收规范》(GB 50354—2005) 16)《建筑给水排水设计规范》(GB 50015—2003) 17)《民用建筑供暖通风与空气调节设计规范》(GB 50736—2012) 18)《工业建筑采暖通风与空气调节设计规范》(GB 50019—2015) 19)《通风与空调工程施工质量验收规范》(GB 50243—2002) 20)《民用建筑电气设计规范》(JGJ 16—2008) 21)《建筑电气工程施工质量验收规范》(GB 50303—2015) 22)《全国民用建筑工程设计技术措施》(2009JSCS—2—3)
与装饰装修工程性质和用途相关的建筑设计规范	1)酒店装饰装修设计应执行《旅馆建筑设计规范》(JGJ 62—2014) 2)写字楼装饰装修设计应执行《办公建筑设计规范》(JGJ 67—2006) 3)居住建筑装饰装修设计应执行《住宅设计规范》(GB 50096—2011)、《住宅建筑规范》(GB 50368—2005)和《住宅装饰装修工程施工规范》(GB 50327—2001)。 4)玻璃幕墙设计应执行《玻璃幕墙工程技术规范》(JGJ 102—2003) 5)金属与石材幕墙设计应执行《金属与石材幕墙工程技术规范》(JGJ 133—2001)等
行业和地方的相关规定	如广东省的建筑装饰装修工程中的防水工程应执行广东省地方标准《建筑防水工程技术规程》(DBJ 15—19—2006)。有些地方标准,在目前国家还没有此类标准的情况下,亦有参考价值

注:国家规范和相关规定不断修改、更新,设计和施工一定要按最新版规范执行。

表 1-2　室内装饰装修材料有害物质限量 10 项强制国家标准

1)《室内装饰装修材料　人造板及其制品中甲醛释放限量》(GB 18580—2001)
2)《室内装饰装修材料　溶剂型木器涂料中有害物质限量》(GB 18581—2009)
3)《室内装饰装修材料　内墙涂料中有害物质限量》(GB 18582—2008)
4)《室内装饰装修材料　胶粘剂中有害物质限量》(GB 18583—2008)
5)《室内装饰装修材料　木家具中有害物质限量》(GB 18584—2001)
6)《室内装饰装修材料　壁纸中有害物质限量》(GB 18585—2001)
7)《室内装饰装修材料　聚氯乙烯卷材地板中有害物质限量》(GB 18586—2001)
8)《室内装饰装修材料　地毯、地毯衬垫及地毯胶粘剂有害物质释放限量》(GB 18587—2001)
9)《混凝土外加剂中释放氨的限量》(GB 18588—2001)
10)《建筑材料放射性核素限量》(GB 6566—2010)

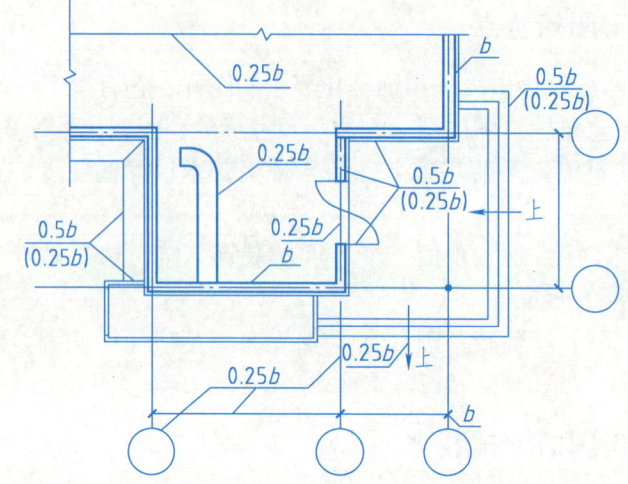

图 1-8　平面图图线宽度选用示例

任务 4　建筑装饰制图国家标准

4.1　图线

图线的选用应按《建筑制图标准》(GB/T 50104—2010)的有关规定进行,并符合表 1-3 的规定。

表 1-3　图线表

名称		线型	线宽	用途
实线	粗	———	b	1) 平、剖面图中被剖切的主要建筑构造(包括构配件)的轮廓线 2) 建筑立面图或室内立面图的外轮廓线 3) 建筑构造详图中被剖切的主要部分的轮廓线 4) 建筑构配件详图中的外轮廓线 5) 平、立、剖面图的剖切符号
	中粗	———	$0.7b$	1) 平、剖面图中被剖切的次要建筑构造(包括构配件)的轮廓线 2) 建筑平、立、剖面图中建筑构配件的轮廓线 3) 建筑构造详图及建筑构配件详图中的一般轮廓线
	中	———	$0.5b$	小于 $0.7b$ 的图形线、尺寸线、尺寸界线、索引符号、标高符号、详图材料做法引出线、粉刷线、保温层线、地面、墙面的高差分界线等
	细	———	$0.25b$	图例填充线、家具线、纹样线等
虚线	中粗	- - - - -	$0.7b$	1) 建筑构造详图及建筑构配件不可见的轮廓线 2) 平面图中的起重机(吊车)轮廓线 3) 拟建、扩建建筑物轮廓线
	中	- - - - -	$0.5b$	投影线、小于 $0.5b$ 的不可见轮廓线
	细	- - - - -	$0.25b$	图例填充线、家具线等
单点长划线	粗	—·—·—	b	起重机(吊车)轨道线
	细	—·—·—	$0.25b$	中心线、对称线、定位轴线
折断线	细	—/\—	$0.25b$	部分省略表示时的断开线
波浪线	细	∼∼∼	$0.25b$	部分省略表示时的断开线,曲线形构件断开界限;构造层次的断开界限

注:1. 地平线的线宽可用 $1.4b$。
　　2. 绘制较简单的图样时,可采用两种线宽的线组,其线宽比宜为 $b:0.25b$,如图 1-8 所示。

4.2　尺寸标注

建筑装饰图样上的尺寸标注由尺寸界线、尺寸线、尺寸起止符号和尺寸数字组成,如图 1-9 所示。

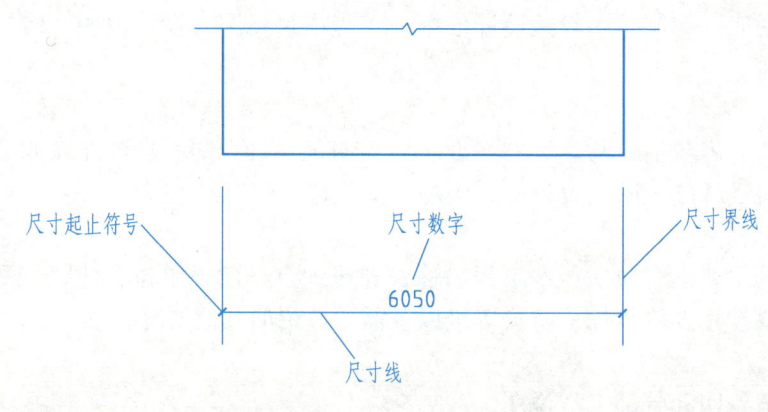

图 1-9　尺寸的组成

(1) 尺寸界线　表示所标注尺寸范围的线段,与被标注的线段垂直,用细实线绘制。尺寸界线一端距图样的轮廓线不小于 2mm,另一端可超出 2～3mm,图样轮廓线可作为尺寸界线。

(2) 尺寸线　用于注写尺寸,与被标注的线段等长且平行,用细实线绘制,图样本身的任何图线均不得用作尺寸线。

(3) 尺寸起止符号　在尺寸界线与尺寸线的交点处,建筑装饰图样的尺寸起止符号习惯上用长度为 2～3mm,与尺寸界线成顺时针 45°角的中粗斜短线绘制,如图 1-10 所示。

(4) 尺寸数字　一般居中写在尺寸线上方,当注写地方不够时,亦可以引出注写。

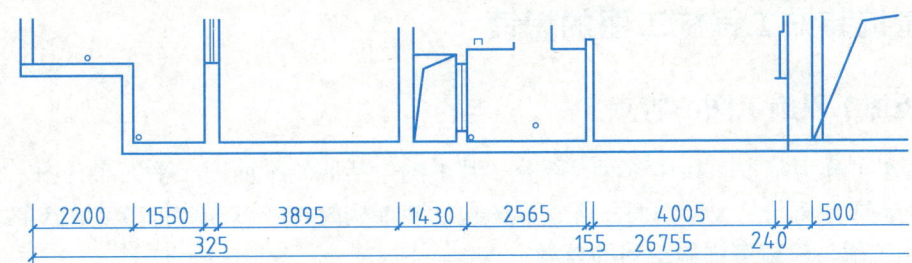

图 1-10 尺寸标注

4.3 比例

比例是指实物真实尺寸与图样尺寸的数量之间的对比关系，常见的比例见表 1-4。

表 1-4 常见的比例

图 名	比 例
建筑物或构筑物的平面图、立面图、剖面图	1:50、1:100、1:150、1:200、1:300
建筑物或构筑物的局部放大图	1:10、1:20、1:25、1:30、1:50
配件及构造详图	1:1、1:2、1:10、1:20、1:25、1:30、1:50

4.4 索引符号

在建筑装饰施工图中，为了表达立面图或详细表达图样中某一局部，常用索引符号索引。索引符号是在被索引的部位画出的图示符号，指明放大细部的准确位置及大样图的查找方式。

索引符号根据用途的不同，可分为立面索引符号、剖切索引符号、详图索引符号、设备索引符号。

1）立面索引符号。表示室内立面在平面上的位置及立面图所在图纸编号，应在平面图上使用立面索引符号（图 1-11、图 1-12）。

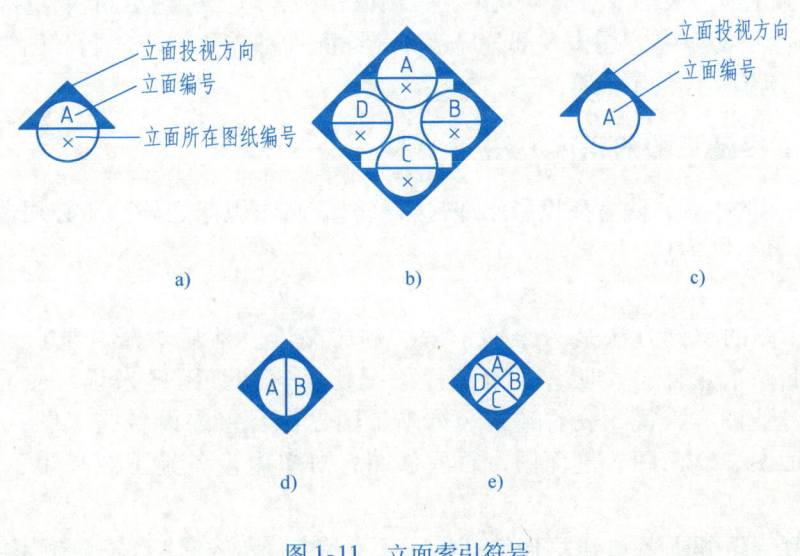

图 1-11 立面索引符号

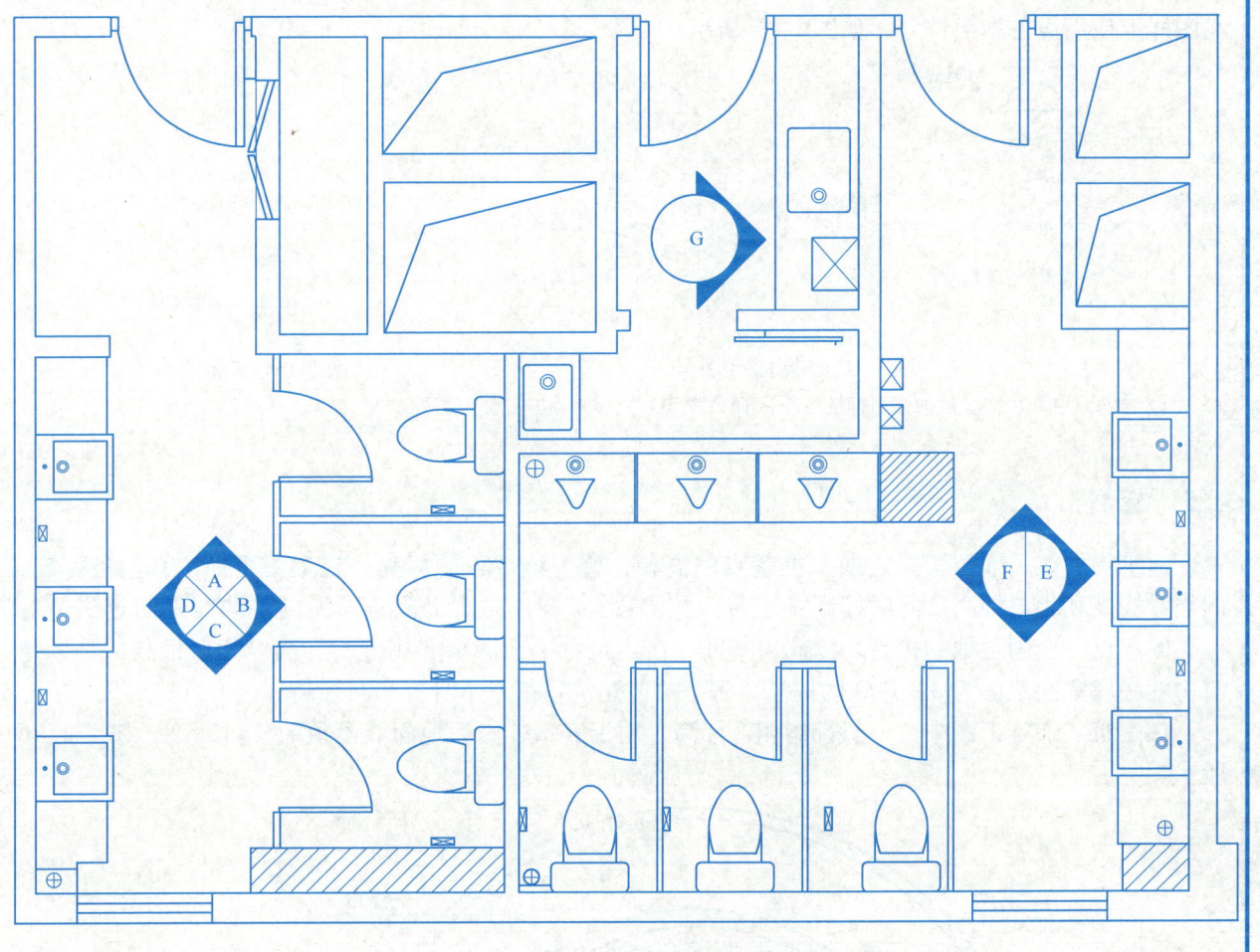

图 1-12 平面图上立面索引符号的使用

2）剖切索引符号。表示剖切面的剖切位置及图样所在图纸编号，应在被索引的图样上使用剖切索引符号，如图 1-13 所示。

图 1-13 剖切索引符号

3）详图索引符号。表示局部放大图样在原图上的位置及本图样所在页码，应在被索引图样上使用详图索引符号，如图 1-14 所示。

4) 设备索引符号。表示各类设备（含设备、设施、家具、灯具等）的品种及对应的编号，应在图样上使用设备索引符号，如图1-15所示。

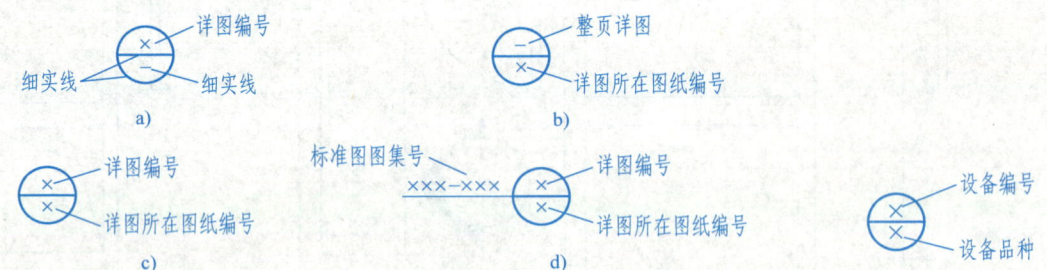

图1-14 详图索引符号
a) 本页索引符号 b) 整页索引符号 c) 不同页索引符号 d) 标准图索引符号

图1-15 设备索引符号

4.5 标高

建筑物的某一部位与确定的水准基点的高差，称为该部位的标高。施工图中标注有两种标高，即绝对标高和相对标高。绝对标高（也称海拔高度）：我国把青岛附近黄海的平均海平面定为绝对标高的零点，全国各地的标高均以此为基准，在建筑总平面图中多用绝对标高。相对标高：是以建筑物的底层室内地面为 ±0.000 的标高，每个单体建筑物都有本身的相对标高。

在建筑装饰施工图中，一般都用相对标高，用于表示装修后地面或吊顶的相对高度，如图1-16所示。

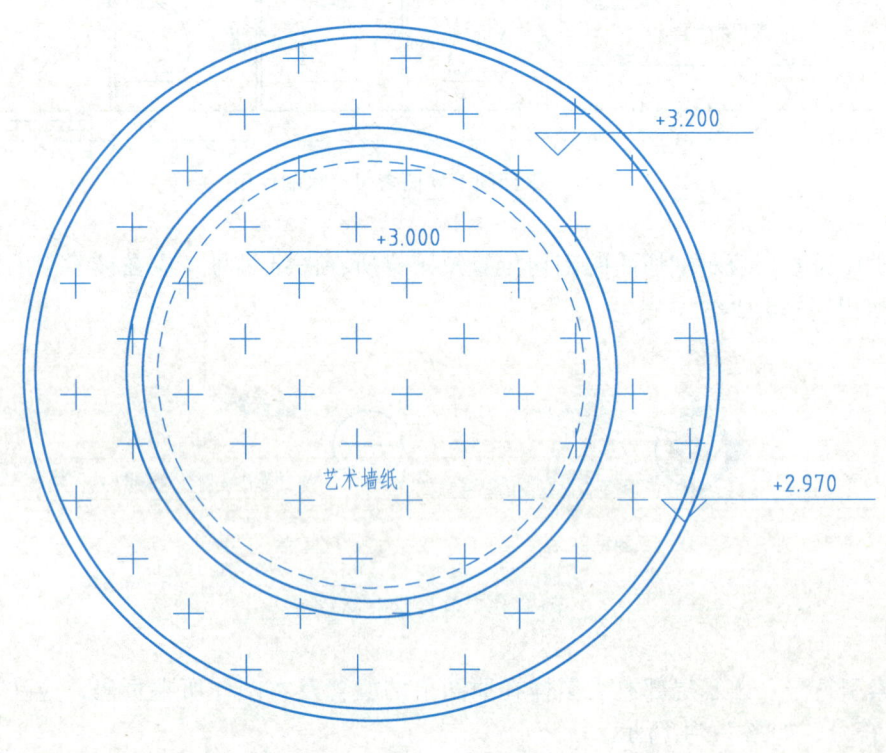

图1-16 标高标注

任务5 建筑装饰工程施工图的识读

5.1 建筑装饰工程施工图的特点

装饰施工图可分为基本图和详图两大部分。基本图包括原始平面图、平面布置图、顶棚装饰图、地面铺装图、装饰立面图、装饰剖面图等；详图包括装饰构配件详图和装饰节点详图等。

1. 建筑施工图与建筑装饰施工图的差异

建筑装饰施工图与建筑施工图在绘图原理、图示、标识等许多方面基本相同，但由于表现内容不同，所以又存在着一定差异。

1) 建筑装饰施工图中常出现建筑制图、家具制图和机械制图等多种画法并存的现象。

2) 建筑装饰施工图中的室内顶棚图是站在屋内向上看，然后把看到的平面图"镜像"过来；建筑施工图中的建筑屋面图是从上往下看到的俯视平面图，两者画出的结果完全不同。

3) 建筑装饰施工图中经常用到墙面展开图（站在房间的中央向四周、由内向外观看），而建筑立面图是从外向内观看。

4) 建筑装饰施工图的尺寸标注基准与建筑施工图有所不同。建筑施工图一般以轴线为基准，而建筑装饰施工图一般以内墙为基准。

2. 建筑装饰施工图表现的内容多

1) 建筑装饰施工图所要表现的内容多，它不仅要标明建筑的基本结构，还要标明装饰的形式、结构与构造。

2) 由于装饰材料和装修造型的多样性，装修施工图的细部尺寸非常多。一个比较精致的细部构造，往往需要大比例的详图才能够将其尺寸、构造和材料等表示清楚。

3. 建筑装饰施工图少有统一的标准和规范

1) 在建筑施工图中，许多构造和材料的节点在建筑图集（各地区和城市有自己编制的构造和节点标准图）中可以找到，只要在图中标出相应的节点编号就可以了。目前，建筑装饰施工图图例尚无统一标准，很多建筑装饰公司都有本公司自定的标准，同一设计的图样存在大同小异等现象。

2) 建筑装饰施工所涉及的节点非常复杂，且装饰材料、施工工艺更新快，标准定型化设计少，可采用的标准图不多，致使基本图中大部分局部和装饰配件都需要专门绘制详图来表明其构造，所以装修施工图比建筑施工图的节点详图多。

5.2 建筑装饰工程施工图的识读方法与步骤

建筑装饰施工图的识读，除掌握投影原理、熟悉国家制图规范之外，还必须掌握各专业施工图的用途、图示内容和表达方法。

1. 识读方法

建筑装饰施工图的识读方法是"全面了解、顺序阅读、前后对照、重点识读"。对全套图样来说，应先看目录、设计总说明，了解工程概况；对每一张图样来说，先看标题栏、文字，再看图样；对各专业图样来说，先看建筑装饰施工图，再看室内设备施工图；对建筑装饰施工图来说，先看平面图、立面图、剖面图，再看详图；对室内设备施工图来说，先看平面图、系统图，再看详图。

建筑装饰装修构造和工艺比建筑构造和施工工艺要复杂。在建筑装饰施工图中，关于材料、工艺等具体施工方法都有详尽的标注和说明。在阅读装修施工图时，必须了解这些必要的标注内容。

2. 识读步骤

（1）全面了解　先看图纸目录、设计总说明和平面布置图，了解工程概况，如建设单位、设计单位，该项目所处地理位置、朝向、周围环境等，对照目录检查图纸是否齐全。

（2）由粗到细、顺序阅读　在全面了解项目概况以后，根据图纸编排顺序从大到小、由粗到细，按装饰平面图、装饰立面图、装饰剖面图的顺序仔细阅读。

建筑装饰施工图：看各层平面图，了解各层平面的功能布局以及建筑物的长度、宽度、轴线尺寸等；看立面图和剖面图，了解建筑物的层高、吊顶、立面造型和各部位的大致做法；平、立、剖面图看懂后，要能大致想象出建筑物的立体形象和空间组合；阅读装饰节点详图，了解各部位的详细尺寸、所用材料、具体做法，了解施工的可行性。

设备施工图：设备施工图原则上沿水流和电流的方向阅读，了解水、电管线的管径、走向和标高，了解设备安装的情况，以便留设孔洞和预埋件。

（3）前后对照、重点识读　读图时，要注意平面图、立面图、剖面图对照读，平、立、剖面图与详图对照读，建筑装饰施工图和设备施工图对照读。对相关专业施工图出现的新材料、新构造、新工艺、新技术要重点、仔细阅读，并及时与设计师沟通。

模块二　建筑装饰施工图识读篇

内容概述：通过建筑装饰施工图的识读，进一步了解一套完整建筑装饰施工图的组成；了解各种类型建筑装饰施工图所表达的内容；掌握建筑装饰施工图的识读方法与要点；掌握建筑装饰施工图的绘制步骤。

学习目标：通过识读建筑装饰施工图，明确建筑装饰施工图的组成；明确各种类型建筑装饰施工图所表达的内容；能进行一套完整建筑装饰施工图的识读；并能够按建筑制图的国家标准进行绘制。

教学建议：本模块以一套高档别墅的装饰装修为教学案例，根据识图指导进行教学，同时设计不同的问题进行分组讨论，请学生分析、思考与回答，加强学生对图纸的理解。

项目一　某别墅建筑装饰工程平面施工图的识读

任务1　知识准备

建筑装饰平面图是假想用一个水平的剖切平面，在窗台上方位置将房屋整个剖开，移去上面部分向下所作的水平投影图。它的作用主要是反映出房屋的平面形状、大小，墙或柱的位置、大小、厚度，门窗的位置、类型，室内装饰布置的平面形状、位置、大小以及所用材料等情况。

建筑装饰平面施工图是施工图中最基本的图样之一。在施工过程中，建筑装饰平面图是进行放线、砌墙、安装门窗、室内装饰施工等工作的依据。

建筑装饰平面施工图的绘制少有统一规定，各地区绘图标准、要求不一样，但主要的建筑装饰平面施工图有原始平面图、平面布置图、顶棚布置图、地面铺装图（地面材质图）等；有些高档别墅、居室的室内装饰设计中，建筑装饰平面施工图中还包含了平面定位图、拆除墙体定位图、新砌墙体定位图、面积标注图、顶棚尺寸定位图、立面索引图等多种图样；有些较为简单的室内装饰设计中，常常将地面铺装图、平面定位、立面索引图与平面布置图画在一张图样上。

1.1　工程概况

以一套二层楼别墅建筑装饰工程图为例。
1）本工程为××市经济开发区××小区35#楼别墅J1-2精装修工程。
2）本工程建筑面积约为400m²。
3）本工程性质为住宅装饰装修工程。
4）整体橱柜、固定家具、室内供暖等项目不在本装饰设计范围内，由专业公司自行设计安装。

1.2　图纸目录、设计说明

1. 图纸目录

序号	图纸名称	图号	图幅	备注
1	图纸目录	DL01	A3	DL-图纸目录
2	图例说明	DL02	A3	
3	施工图设计说明	DL03	A3	
4	电气设计说明	DL04	A3	
5	材料表	ML01	A3	ML-材料列表
6	灯具表	FL01	A3	FL-灯具列表
7	一楼原结构图	P01	A3	P-平面图
8	二楼原结构图	P02	A3	
9	夹楼原结构图	P03	A3	
10	一楼平面布置图	P04	A3	
11	二楼平面布置图	P05	A3	
12	夹楼平面布置图	P06	A3	
13	一楼顶棚布置图	P07	A3	
14	二楼顶棚布置图	P08	A3	
15	夹楼顶棚布置图	P09	A3	
16	一楼地面铺装图	P10	A3	
17	二楼地面铺装图	P11	A3	
18	夹楼地面铺装图	P12	A3	
19	一楼平面定位图	P13	A3	
20	二楼平面定位图	P14	A3	
21	夹楼平面定位图	P15	A3	
22	一楼照明控制图	P16	A3	
23	二楼照明控制图	P17	A3	
24	夹楼照明控制图	P18	A3	
25	一楼插座定位图	P19	A3	
26	二楼插座定位图	P20	A3	
27	夹楼插座定位图	P21	A3	
28	一楼空调定位图	P22	A3	

(续)

序号	图纸名称	图号	图幅	备注
29	二楼空调定位图	P23	A3	
30	夹楼空调定位图	P24	A3	
31	一楼水路布置图	P25	A3	
32	二楼水路布置图	P26	A3	
33	夹楼水路布置图	P27	A3	
34	一楼立面索引图	P28	A3	
35	二楼立面索引图	P29	A3	
36	夹楼立面索引图	P30	A3	
37	一层客厅立面图（A、C）	E01	A3	E－立面图
38	一层客厅立面图（B、D）	E02	A3	
39	一层餐厅立面图（A、C）	E03	A3	
40	一层餐厅、厨房立面图（B、D）	E04	A3	
41	一层厨房、走道立面图（A、C）	E05	A3	
42	一层休闲室立面图（A-D）	E06	A3	
43	一层工人房、公卫立面图（A-D）	E07	A3	
44	二层次主卧立面图（A-D）	E08	A3	
45	二层书房、更衣室立面图（A、C）	E09	A3	
46	二层书房、更衣室立面图（B、D）	E10	A3	
47	二层次卧立面图（A-D）	E11	A3	
48	二层和室立面图（A-D）	E12	A3	
49	二层次主卫立面图（A-E）	E13	A3	
50	二层次卫、客卫立面图（A-D）	E14	A3	
51	三层主卧A立面图	E15	A3	
52	三层主卧C立面图	E16	A3	
53	三层主卫、更衣室A立面图	E17	A3	
54	三层主卫、更衣室C立面图	E18	A3	
55	三层主卧、主卫、更衣室立面图	E19	A3	
56	楼梯间立面图（A-D）	E20	A3	
57	顶棚大样图	DE01	A3	DE－大样图
58	地材大样图	DE02	A3	
59	门套、踢脚大样图	DE03	A3	
60	折叠门、推拉门大样图	DE04	A3	
61	三层墨玻隔断收口大样图	DE05	A3	
62	收口大样图一	DE06	A3	
63	收口大样图二	DE07	A3	
64	楼梯踏步、扶手大样图	DE08	A3	
65	客厅装饰柜大样图	DE09	A3	
66	客厅壁炉大样图一	DE10	A3	

(续)

序号	图纸名称	图号	图幅	备注
67	客厅壁炉大样图二	DE11	A3	
68	餐厅酒柜大样图一	DE12	A3	
69	餐厅酒柜大样图二	DE13	A3	
70	一层走道储物柜大样图	DE14	A3	
71	衣柜大样图	DE15	A3	
72	二层书房书柜大样图	DE16	A3	
73	更衣室衣柜大样图	DE17	A3	
74	和室装饰柜大样图	DE18	A3	
75	洗手台大样图	DE19	A3	
76	一层观景阳台大样图	DE20	A3	
77	二层瑜伽及阳光午休区大样图	DE21	A3	
78	二层日式观景阳台大样图	DE22	A3	
79	夹层瑜伽及阳光午休区大样图	DE23	A3	
80	阳台石凳	DE24	A3	

从图纸目录可知，本套图纸内容比较全面，包含有：原结构图、平面布置图、地面铺装图、平面定位图、顶棚布置图、空调定位图、立面索引图、照明控制图、插座定位图、水路布置图及各类立面图、大样图等。

2. 设计总说明

(1) 设计依据

① 甲方提供的建筑平面布置图。

② 国家住房和城乡建设部颁发的《建筑装饰装修工程质量验收规范》（GB 50210—2001）。

③ 国家住房和城乡建设部、技术监督局联合发布的《建筑内部装修设计防火规范》（2001年修订版）（GB 50222—1995）。

④《建筑电气工程施工质量验收规范》（GB 50303—2015）。

⑤ 装饰工程施工的标准做法及惯常方式，施工图中未详尽的做法请参照相关标准及工具书，如《装饰工程施工手册》等。

(2) 施工图范围　35#楼别墅J1-2户型的装修、照明设计和给水排水设计。

(3) 施工图与施工说明

1) 主材料说明

① 石材：进口花岗石磨光度达到95°以上，厚度要基本一致，在规范公差范围内，最大公差±2mm，A级产品；进口大理石硬度要符合国家有关规定，磨光度达到95°以上，厚度要均匀，最大公差±2mm，A级产品。

国产花岗石、大理石的产品质量要符合国家A级产品标准。

② 木夹板：选用进口或国内合资厂生产的AA级木夹板，油防火涂料。木方选用与表面饰板相同纹理及相同颜色的A级产品，含水率要控制在15%以内，油防火涂料。

③ 装饰地毯：所有进口及国产地毯均要达到三防的性能（防火、防静电、防潮）。

④ 油漆类：ICI及聚氨酯漆均为进口亚光漆（个别地方除外）。

⑤ 顶棚材料：按国家规范选用轻钢龙骨和石膏板，不上人、不承重吊顶轻钢龙骨不得低于50系列，

承重或上人吊顶轻钢龙骨必须按规定选用。凡是异形的造型，采用木龙骨夹板顶棚，油防火涂料。

2）施工工艺要求

① 花岗石、大理石的墙面及地面平整度公差为±2mm（2m直径）。白色、浅色花岗石及大理石（如莎安娜米黄、银砂石、紫云砂岩、白木纹、米黄等）在贴以前都要做防浸透处理。

② 所有木夹板的顶棚、隔墙、墙裙都要进行防火处理。

③ 所有外墙内侧的墙面，洗手间、淋浴间、备餐厅等的内墙均要进行防水处理。

④ 所有顶棚石膏板与木夹板拼合处及其他今后可能会发生开裂处要以绷带做防裂处理。

3）图纸说明

① 整体厨柜、家具、灯饰在选样中，不再画施工图，具体加工时由专业厂家出详图。

② 工艺品的选择、定做，只做示意并提要求，具体由甲方自行选购。

③ 墙体及门窗洞口尺寸定位，除标注外，均同原建筑设计。

④ 防火门、防火卷帘、防火墙、消火栓等位置及材料、制作，除注明外，均同原建筑设计。

⑤ 图纸上的比例是相对准确的，如发现个别尺寸未标注，由设计单位出书面通知，所有尺寸必须现场核对，如有不同由设计师现场调整。

⑥ 图纸上标注的材料与清单不一致时，以清单为准。

3. 电气设计说明

本设计为配合装修而进行的电气照明系统设计。设计从每层的总照明配电箱开始到每套房间的分配电箱以及用电器具。

（1）电源进线

1）本系统为380V/220V交流电源进户线。

2）穿管暗敷引至各分配电箱。

3）应急主回路参见土建图部分，本设计从每层每户配电箱开始。

（2）室内布线

1）本系统强电采用PVC管，弱电采用钢管。钢管要做好接地措施。

2）暗敷导线保护管，在顶棚或墙内有接头时，钢管应焊接。

3）各种开关、插座、配电箱均为暗装。

（3）导线及穿线管标准

1）本系统电源导线均采用BV-500V系列铜芯塑料线，且照明回路用≥1.5mm²导线，插座回路用≥2.5mm²导线。

2）本系统中还布置了网络插座、电话插座以及有线电视天线插座，建议在弱电系统中网络线用0.5/8芯100Mbps网络线，穿线管为G15；电话线用0.5/4芯电话线，穿线管为G15；有线电视天线采用SDVC-75-5圆形同轴电缆，穿线管为G15。

3）导线穿线管标准

管径 \ 导线根数	2~3	4~6	7~10	11~15
1.5mm²	G15	G15	G20	G25
2.5mm²	G15	G20	G25	G32
4.0mm²	G20	G25	G32	G40
6.0mm²	G25	G32	G40	G50

4）在顶棚中线盒必须有盖板；在墙内必须调整线盒的埋设深度，使其盖板不得凸出墙面的结构层。

（4）保护接地 本设计采用TN-S系统，所有钢管必须可靠接地，钢管与钢质接线盒用直径6mm圆钢焊跨接线并做防腐处理。接地电阻不得大于10Ω。考虑到照明系统中使用的筒灯、石英灯、不锈钢荧光灯盘等都带有金属外壳，所以照明回路均采用一火一零一地的三线制接线方式，金属灯具的外壳必须接地线。

（5）设备高度除在电气定位图中注明外，均按以下尺寸安装

1）暗装主控箱、配电箱距地面1.5m。

2）墙上开关距地面1.4m。

3）剃须刀插座距地面1.2m。

4）暗插座由于安装位置所限需装于墙、柜底边外，其余均为0.3m高。

（6）其他 暗藏光源一般采用米黄色、白色光管或米色光带。米黄色、白色光管的功率为40W，米色光带的功率为10W。主控箱系统图由厂家提供。安全指示牌采用明装，或距地面2.0m，或装于门头上。

1.3 材料表、灯具表

材料表

序号	代号	名称	规格	型号及明细	应用区域	供应商	修改	备注
01	ST01	派克米黄	仿古面				0	
02	ST02	派克米黄马赛克	仿古面				0	
03	ST03	啡水晶大理石	仿古面				0	
04	GL01	墨玻	8 厘				0	
05	GL02	墨镜	5 厘				0	
06	GL03	钢化清玻	8 厘				0	
07	PT01	白色涂料	白色				0	
08	PT02	白色防水涂料	白色				0	
09	WD01	实木地板	宽板重蚁木（亚光面）				0	
10	WD02	白影木					0	
11	WD03	直纹橡木染色					0	
12	MT01	铝塑板	华尔泰 NPET2080 香槟色				0	
13	WC01	墙纸	PLT－378 DORP. MATCH				0	订货期 20 天
14	UP01	人造皮门板	红褐色人造皮门板，通长砂铝拉手				0	订货期 20 天
15	IF01	布艺＋纱帘					0	另定
16	IF02	百叶帘						另定

灯具表

序号	项目	名称	规格	型号及明细	应用区域	数量	供应商	修改	备注
01	CL 01	单头格栅射灯	NDL501BS（白）	50W 2700K				0	
02	CL 02	双头格栅射灯	NDL502SB（白）	50W 2700K				0	
03	CL 03	射灯	NDL720（白）	50W 2700K				0	
04	CL 04	T5 光管	中性光	定长 2700K				0	
05	CL 05	防雾筒灯	P373（白）	60W 2700K				0	
06	CL 06	防雾吸顶灯	NCS32	100W 2700K				0	
07	CL 07	壁灯	另定					0	
08	CL 08	防水地坪灯	NS007－A（黑）	120W 2700K				0	
09	CL 09	户外暖黄色走珠灯	另定					0	
10	CL 10	餐厅工艺灯	另定					0	
11	CL 11	开关、插座面板	EP1 银色系列					0	
12	CL 11	地插	银色（铝制）					0	

任务2 识读原始平面图

原始平面图是了解房屋主体结构的重要资料，是装饰设计的基本依据（图2-1～图2-3）。

2.1 原始平面图的内容

原始平面图通常以层数命名，如一层（底层）原始平面图、二层原始平面图等。原始平面图表达的内容有：

1）墙、柱及其定位轴线和轴线编号，门窗位置、编号，门的开启方向，房间的名称和编号。

平面图上定位轴线的编号：横向定位轴线编号应用阿拉伯数字，从左至右顺序编写，如①～⑨轴；纵向定位轴线编号应用A、B、C…字母表示，从下至上顺序编写。

2）轴线间尺寸（柱距和跨度），墙、柱、门窗洞口尺寸及其与轴线的关系尺寸，楼梯、电梯位置和楼梯上下方向示意，地面标高等。

3）楼地面预留孔道（排水口、排水管）和通气管道、隔断的位置和尺寸等。

4）阳台、台阶、坡道、中庭、变形缝位置及尺寸，建筑构造部位的位置及尺寸等。

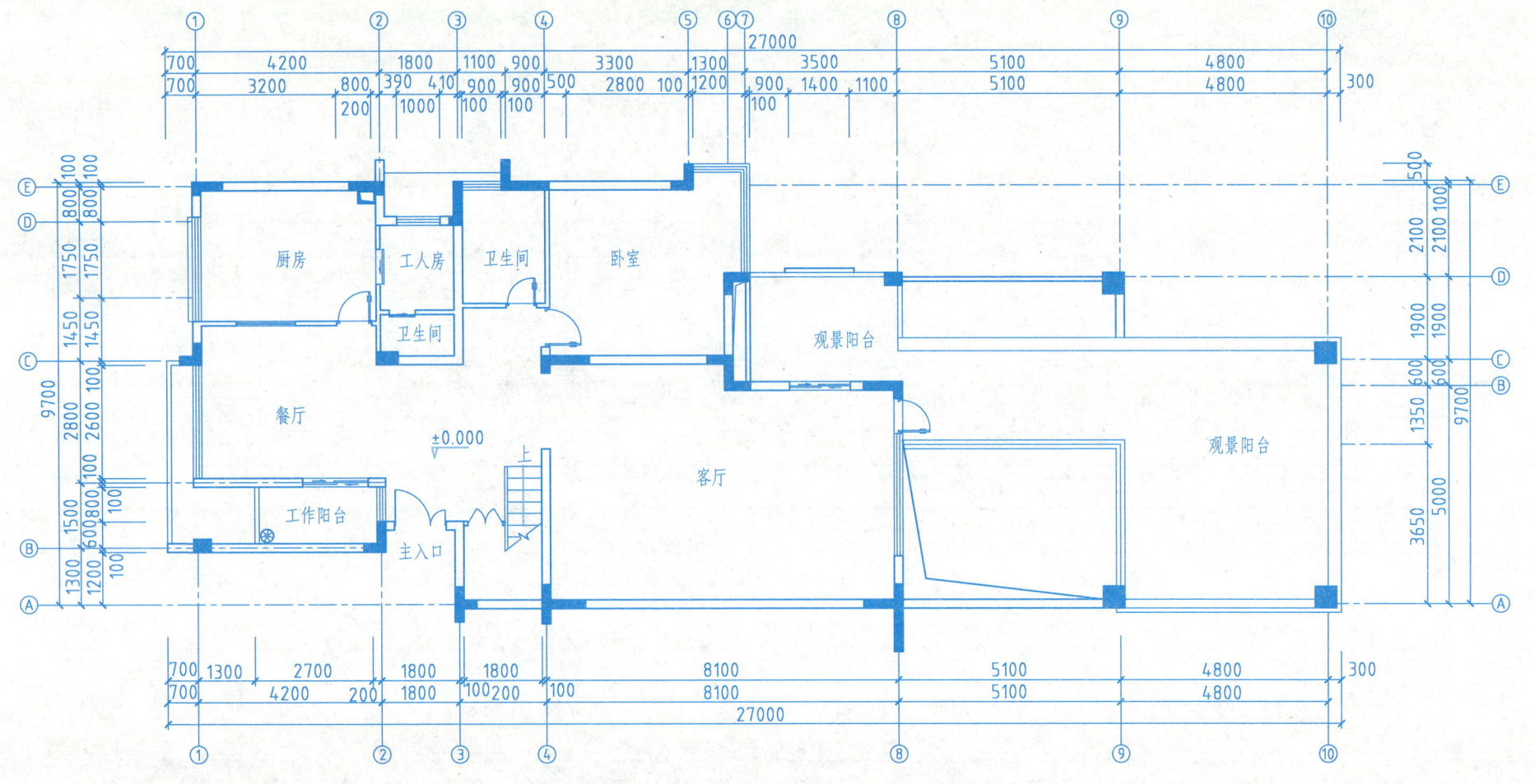

图2-1 一层原始平面图

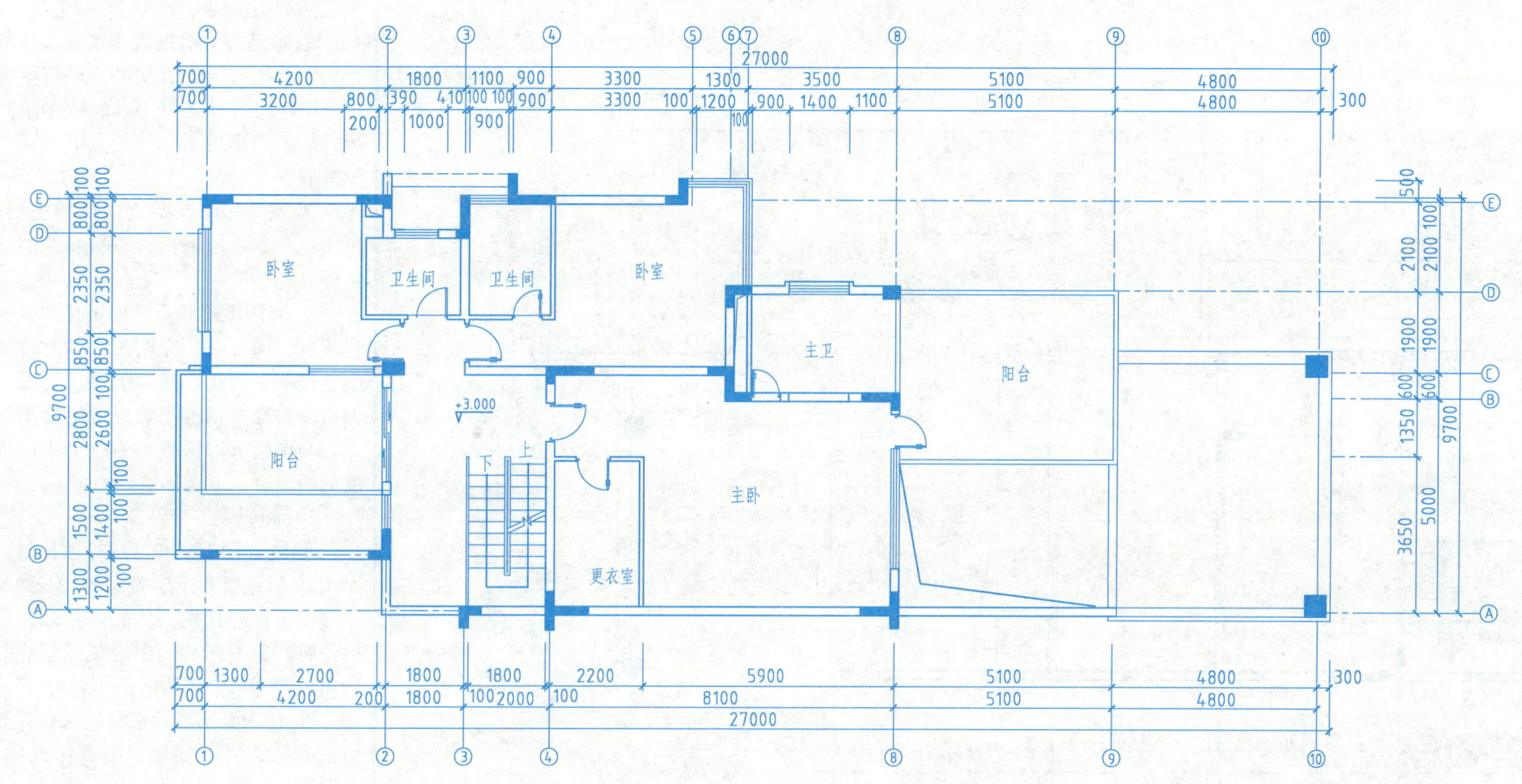

图 2-2 二层原始平面图

2.2 原始平面图的识读指导

1）阅读图名和所注比例，了解图样和实物之间的比例关系。底层平面图的比例为 1∶100（或 1∶75、1∶50）。

2）了解建筑物的朝向。仔细阅读纵、横定位轴线的排列和编号，初步了解室内一些构造的定形尺寸，查看房间的名称功能、面积及布局、室内外相对标高、一梯几户等基本情况。

3）阅读外墙、内墙及隔墙的位置和墙厚，明确承重墙和非承重墙墙体的相对位置。

4）阅读门、窗洞口的位置、代号。了解各种门、窗的具体规格、尺寸以及对某些门、窗的特殊要求等。

5）了解楼梯间的位置、楼梯踏步的步数以及上、下楼梯的走向；室内各种设备的位置和门的开启方向。

6）了解厨房、卫生间的位置及具体构造。

2.3 原始平面图的绘制步骤和要求

1）准备工作

① 对设计内容进行全面了解，在绘图之前尽量做到心中有数。

② 准备好必需的绘图工具、仪器及用品，并把图板、丁字尺、三角板等擦拭干净；将各种绘图用具放在桌子的右边，但不能影响丁字尺的上下移动；洗干净双手。

③ 选好图纸，鉴别图纸的正反面，可用橡皮在纸边试擦，不易起毛的面为正面。

④ 将图纸用胶带纸固定在图板的适当位置。固定时，应使图纸的上边对准丁字尺的上边缘，然后下移使丁字尺的上边缘对准图纸的下边。最好使图纸的下边与图板下边保持大于一个丁字尺宽度的距离。

2）画底稿

① 先画图框线和标题栏的位置。

② 依据所画图形的大小、多少及复杂程度选择好比例，然后安排好各图形的位置，定好图形的中心线或基线。图面布置要适中、匀称。

③ 首先画图形的主要轮廓线，然后由大到小，由外到里，由整体到细部，完成图形所有轮廓线。

④ 画出尺寸线和尺寸界线等。

⑤ 检查修正底稿，擦去多余线条。

3）铅笔加深

① 加深图线时，必须是先曲线、再直线、后斜线；各类图线的加深顺序为细点画线、细实线、粗实线、粗虚线。

② 同类图线其粗细、深浅要保持一致，按照水平线从上到下，垂直线从左到右的顺序依次完成。

③ 最后画出起止符号，注写尺寸数字、说明，填写标题栏，加深图框线。

4）检查校核图样。

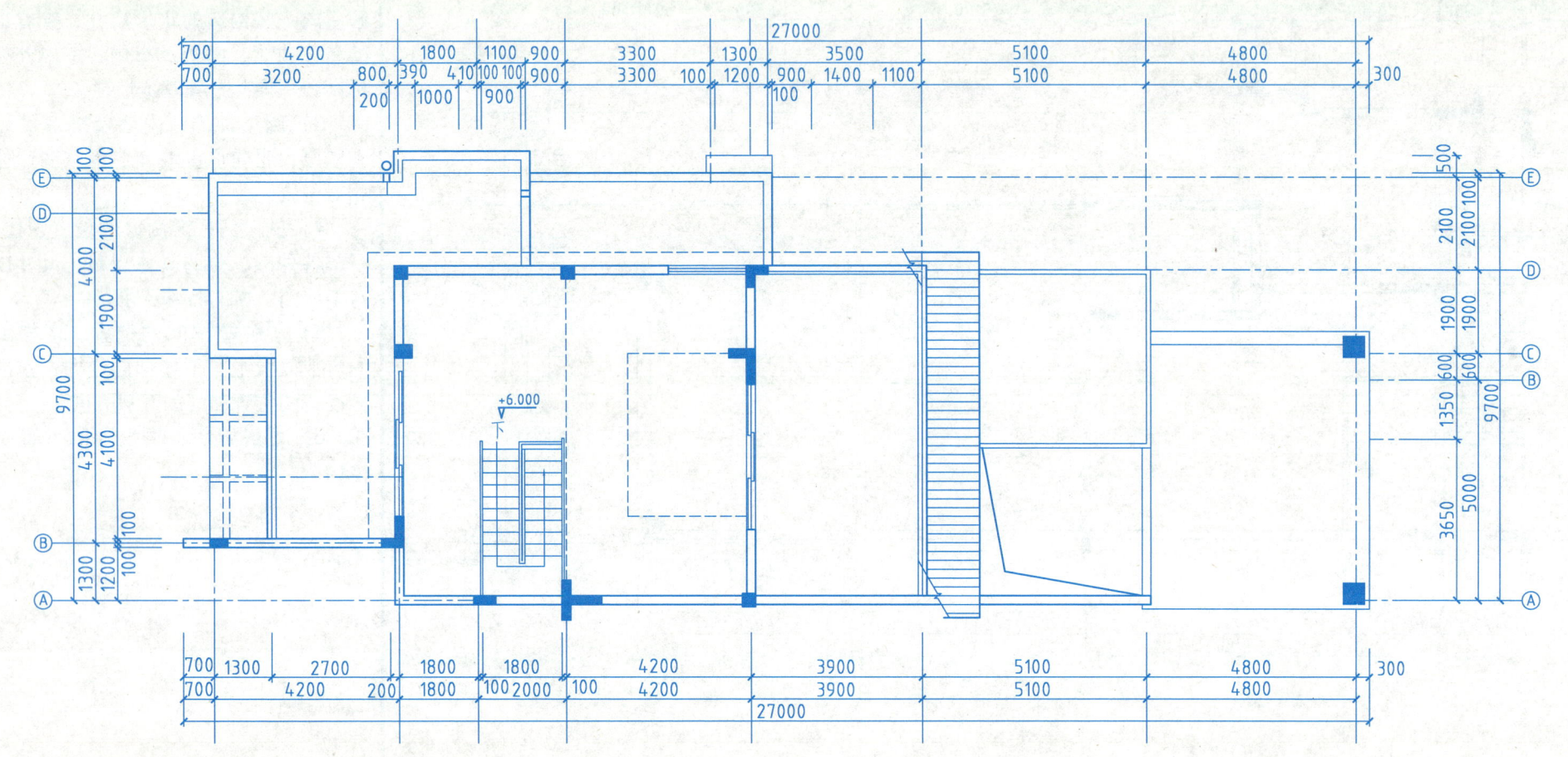

图 2-3　夹层原始平面图

任务3　识读平面布置图

平面布置图是建筑装饰施工图中最重要的图样之一（图2-4～图2-6）。

3.1　平面布置图的内容

1）建筑平面基本结构和尺寸。建筑平面基本结构和尺寸包括：墙柱断面和门窗洞口、定位轴线及其编号、建筑平面结构的各部位尺寸及标高、室内外台阶、花台、阳台、天庭及室内楼梯上下方向示意及编号索引和其他细部布置等内容。

2）装饰结构的平面形式和位置。装饰结构的平面形式和位置包括：楼地面、门窗和门窗套、护壁板或墙裙、隔断、装饰柱等装饰结构的平面形式和位置。

3）室内外配套装饰设置的平面形状和位置。室内外配套装饰设置的平面形状和位置包括：室内家具、陈设、绿化、配套产品和室外水池、装饰小品等配套实体的平面形状、数量和位置。这些布置不能将实物原形画在平面布置图上，只能借助一些简单、明确的图例来表示。

4）装饰结构与配套布置的尺寸标注。装饰结构与配套布置的尺寸标注反映装饰结构与建筑结构之间的相互关系，明确装饰结构和配套布置在建筑空间内的具体位置和大小，是平面布置图上不可缺少的主要内容之一。

5）平面布置图上的各种视图符号。平面布置图上的各种视图符号包括：剖切符号、索引符号、投影符号等。

6）文字说明。为了使图面的表达更详尽，可以用文字说明加以补充。

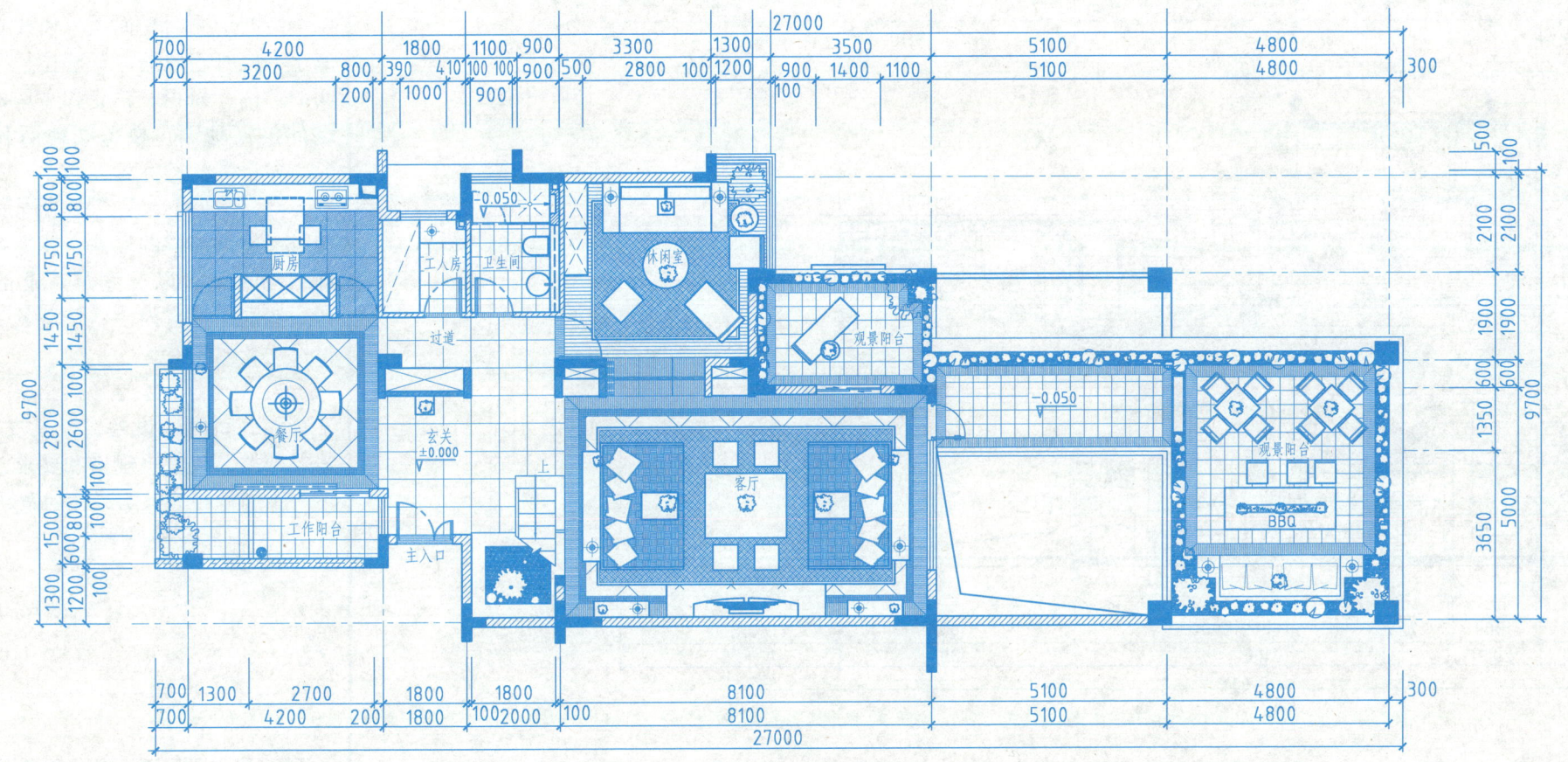

图2-4　一层平面布置图

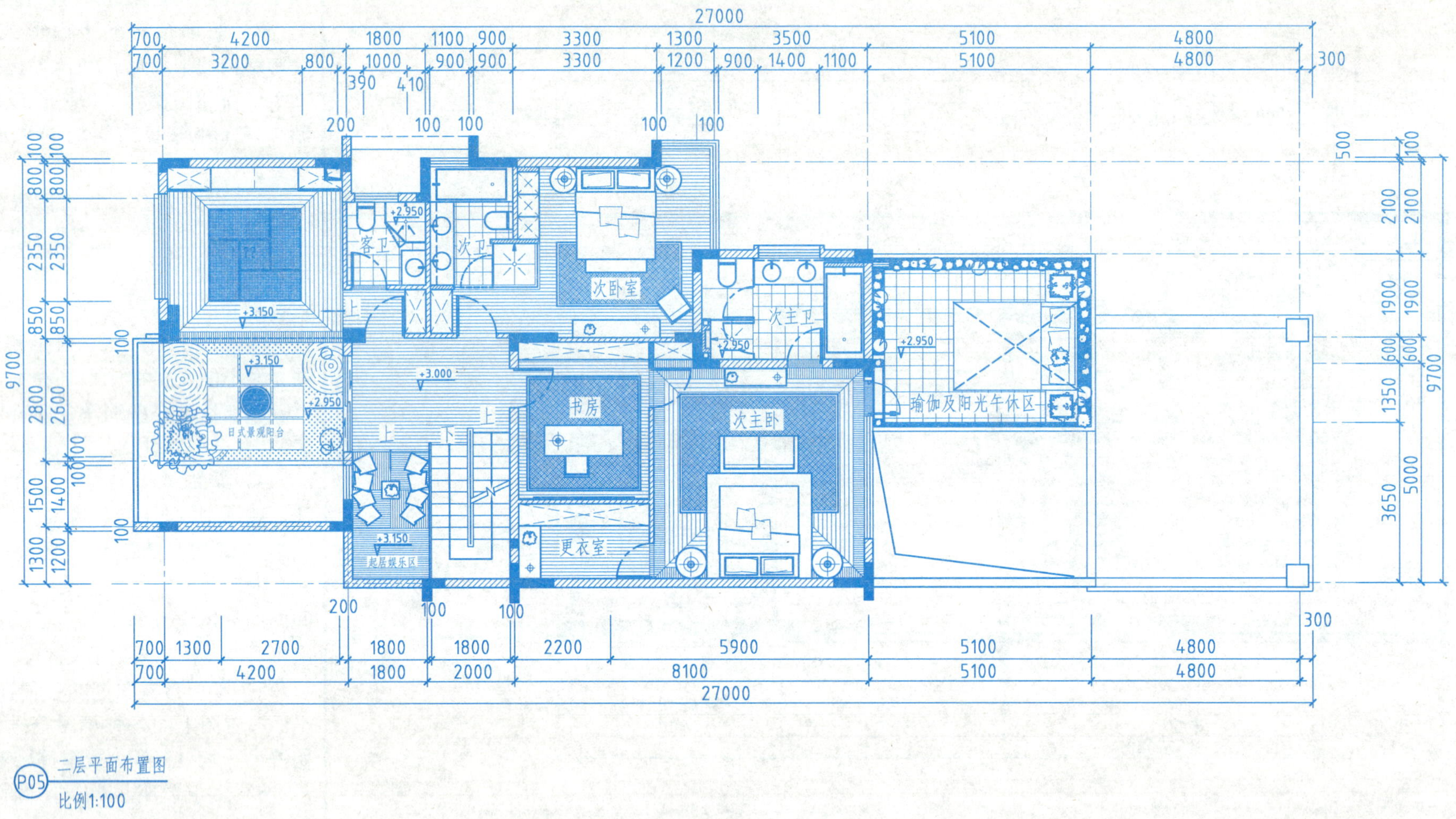

3.2 平面布置图的识读指导

阅读装饰平面布置图，应抓住面积、功能、装饰面、设施以及与建筑结构的关系这几个要点。

1）阅读图名和所注比例，了解图样和实物之间的比例关系。二层平面图的比例为1:100（或1:50、1:75）。

2）平面布置图的阅读方法和顺序基本类同于原始平面图，但要着重阅读属于本层所表现的一些部位，了解各房间的名称、面积、功能和布局，各个关键部位（地面、楼梯间地面和休息平台、窗台等）的标高。

3）仔细阅读纵、横轴线的排列和编号，建筑结构的尺寸、装饰布局和装饰结构的尺寸以及家具、设备等的尺寸，特别注意室内一些构造的定形、定位尺寸及相互关系。

4）了解门窗的开启方式及尺寸，了解各房间内的设备、家具安放位置，需要种类、数量、规格和要求，为业主下一步制订相关的购买计划做好准备。

5）识读各种视图符号。

图2-5 二层平面布置图

3.3 平面布置图的绘制步骤和要求

1）取适当比例（常用1:100、1:50），绘制轴线网。

2）绘制墙体（柱）、门窗、楼梯等构（配）件。

3）布置室内家具、设备、陈设、织物、绿化等摆放位置。

4）标注建筑结构的尺寸、装饰布局和装饰结构的尺寸、家具及设备的尺寸等，标注标高，绘制剖切符号和内视符号。

5）书写必要的文字说明，书写图名和比例。

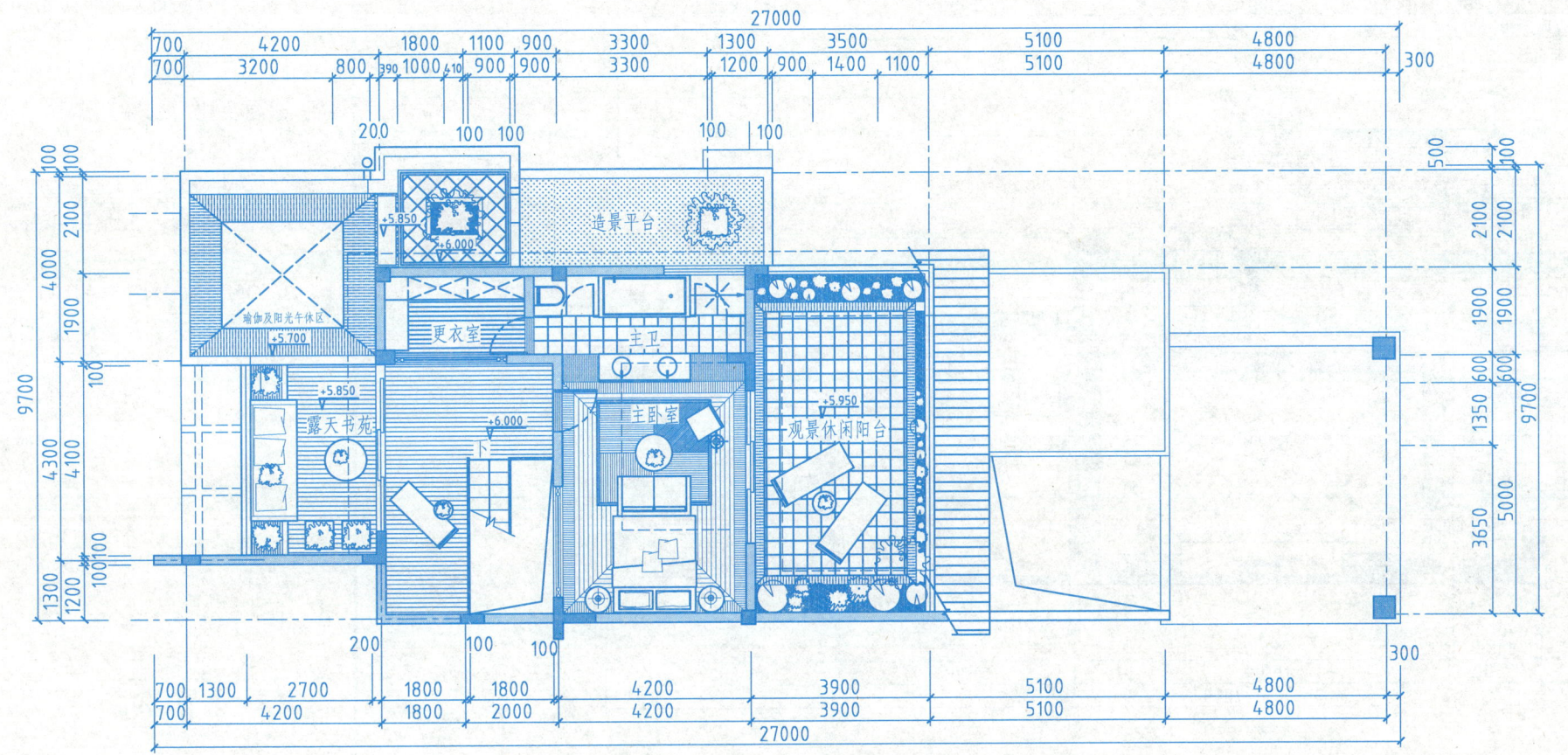

图2-6 夹层平面布置图

任务4 识读地面铺装图

地面铺装图是建筑装饰施工图中反应地面材质的图样（图2-7～图2-9）。

4.1 地面铺装图的内容

地面铺装图的很多内容与平面布置图类同，如以层数来命名、建筑平面基本结构和尺寸、装饰结构的平面形式和位置等。地面铺装图需要表达的内容有：

1）表明室内各房间名称、功能分区、标高及地面铺装造型的平面形式和尺寸。

2）表明地面所用的装饰材料的规格、品种、色彩、工艺制作要求及铺装方法。

3）地面铺装图上的材质用图示表示，力求简单明了，并附加文字说明。

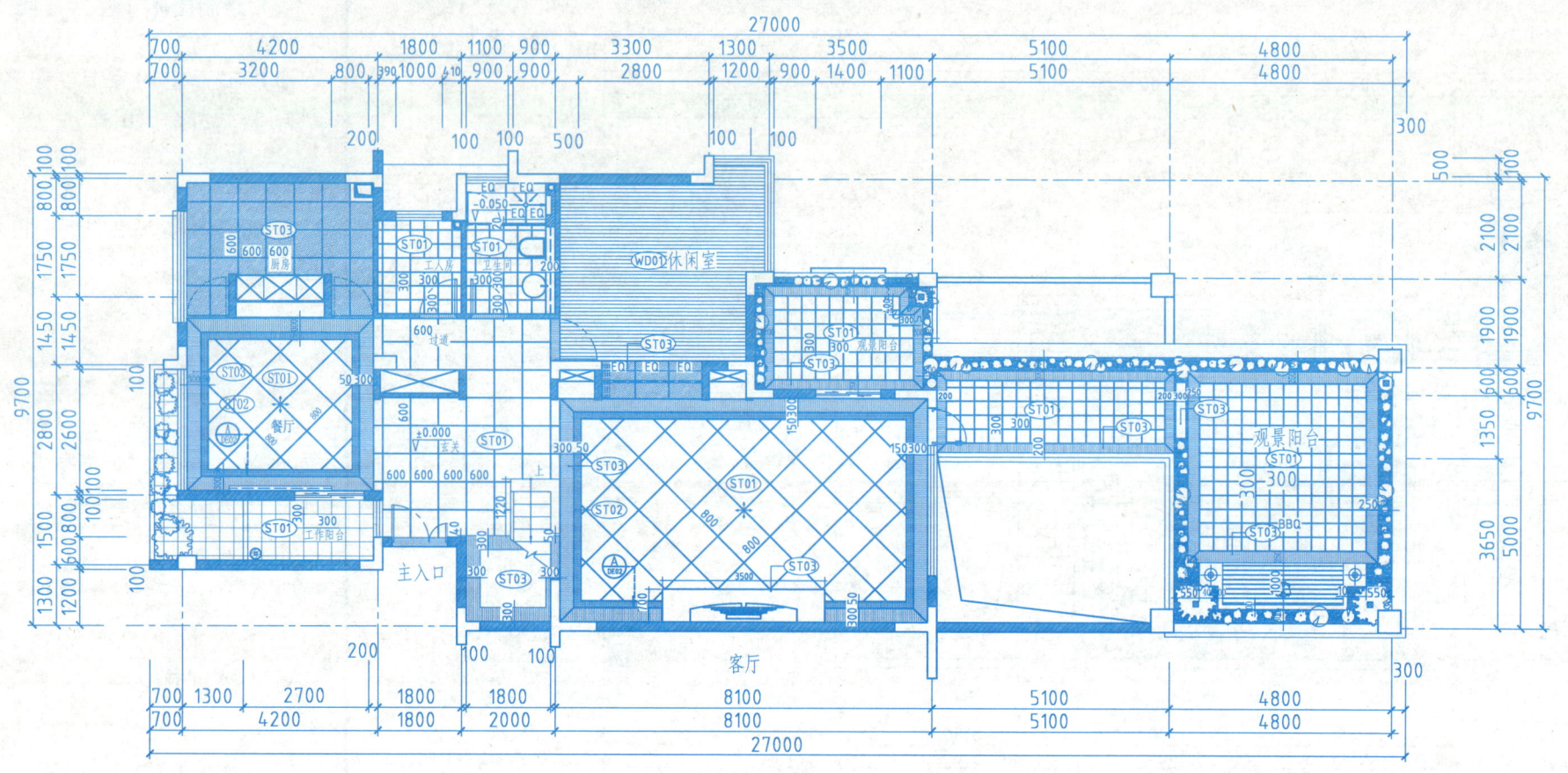

图2-7 一层地面铺装图

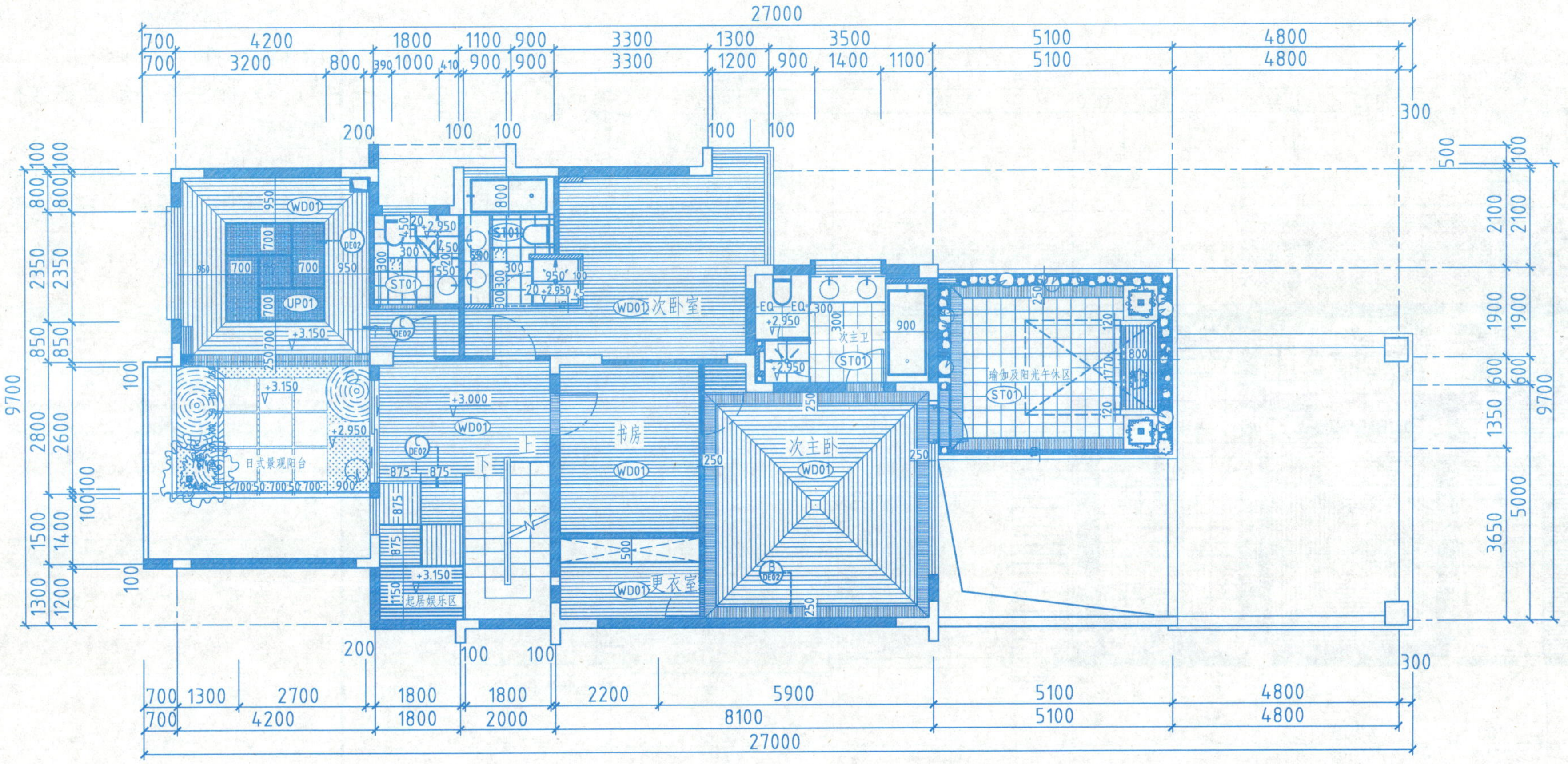

4.2 地面铺装图的识读指导

1）阅读图名和所注比例，地面铺装图的比例为1:100（或1:50、1:75）。

2）地面铺装图的阅读方法和顺序基本类同于平面布置图，但阅读重点是各房间的名称、面积和功能，各个关键部位（地面、楼梯间地面和休息平台、窗台等）的标高。

3）仔细阅读纵、横轴线的排列和编号，以及建筑平面基本结构的尺寸。

4）认真阅读装饰材料表，了解室内地面铺装需要装饰材料的种类、数量、规格和要求，明确各类地面材料的衔接与固定方式。

二层地面铺装图
比例1:100

填充图例：
1　ST01　300×300、600×600、800×800
2　ST02　波打
3　ST03　波打
4　WD01　实木
5　WD02　实木波打
6　GS01
7　　　卵石
8　　　墙体

说明：楼梯平台及踏步均采用 WD01 实木。

图2-8　二层地面铺装图

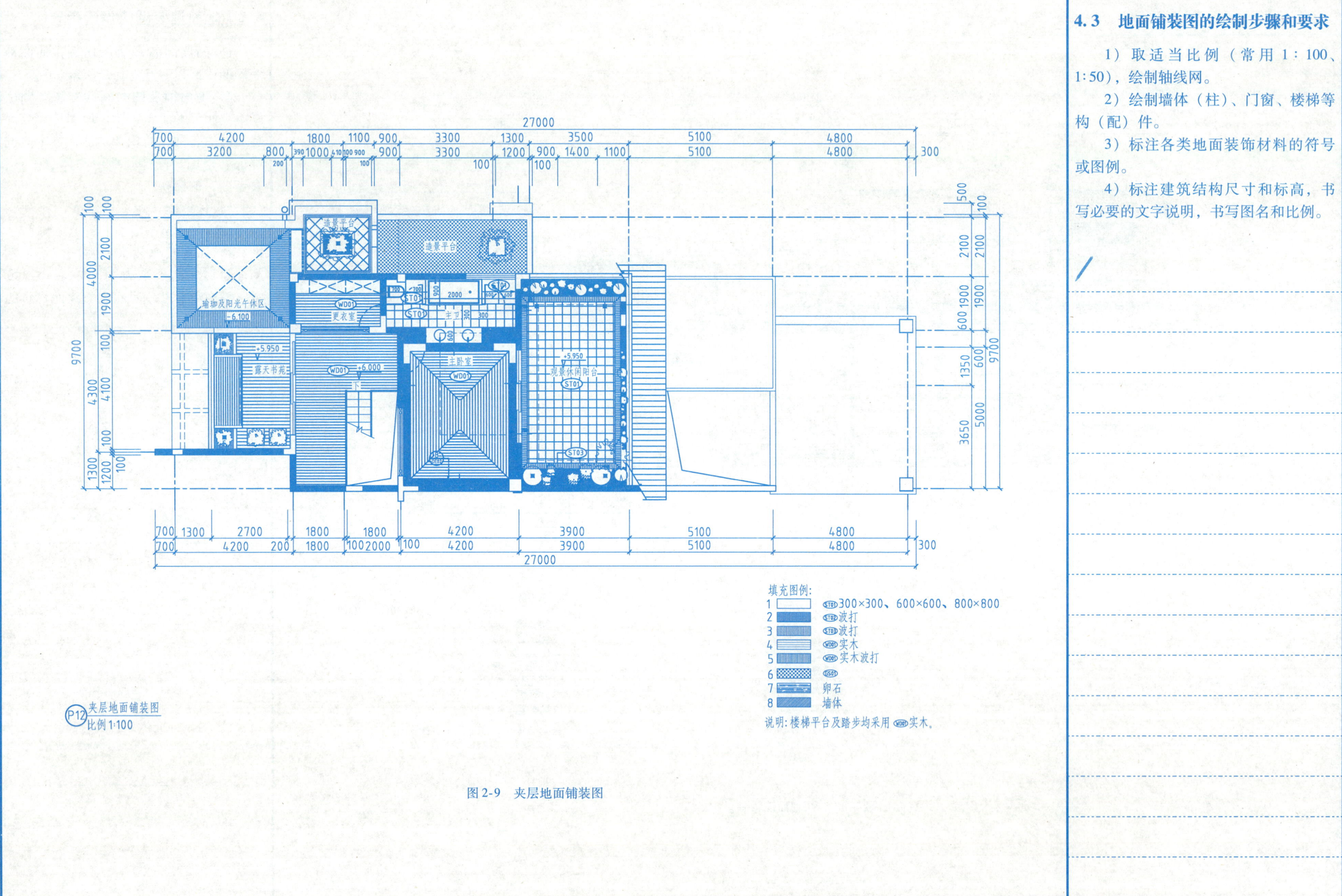

图 2-9 夹层地面铺装图

4.3 地面铺装图的绘制步骤和要求

1) 取适当比例（常用 1∶100、1∶50），绘制轴线网。

2) 绘制墙体（柱）、门窗、楼梯等构（配）件。

3) 标注各类地面装饰材料的符号或图例。

4) 标注建筑结构尺寸和标高，书写必要的文字说明，书写图名和比例。

任务5 识读顶棚装饰图

用一个假想的水平剖切平面,沿需要装饰的房间门窗洞口处作水平剖切,移去下面部分,对剩余的上面部分所作的镜像投影,就是顶棚平面图(图2-10~图2-12)。

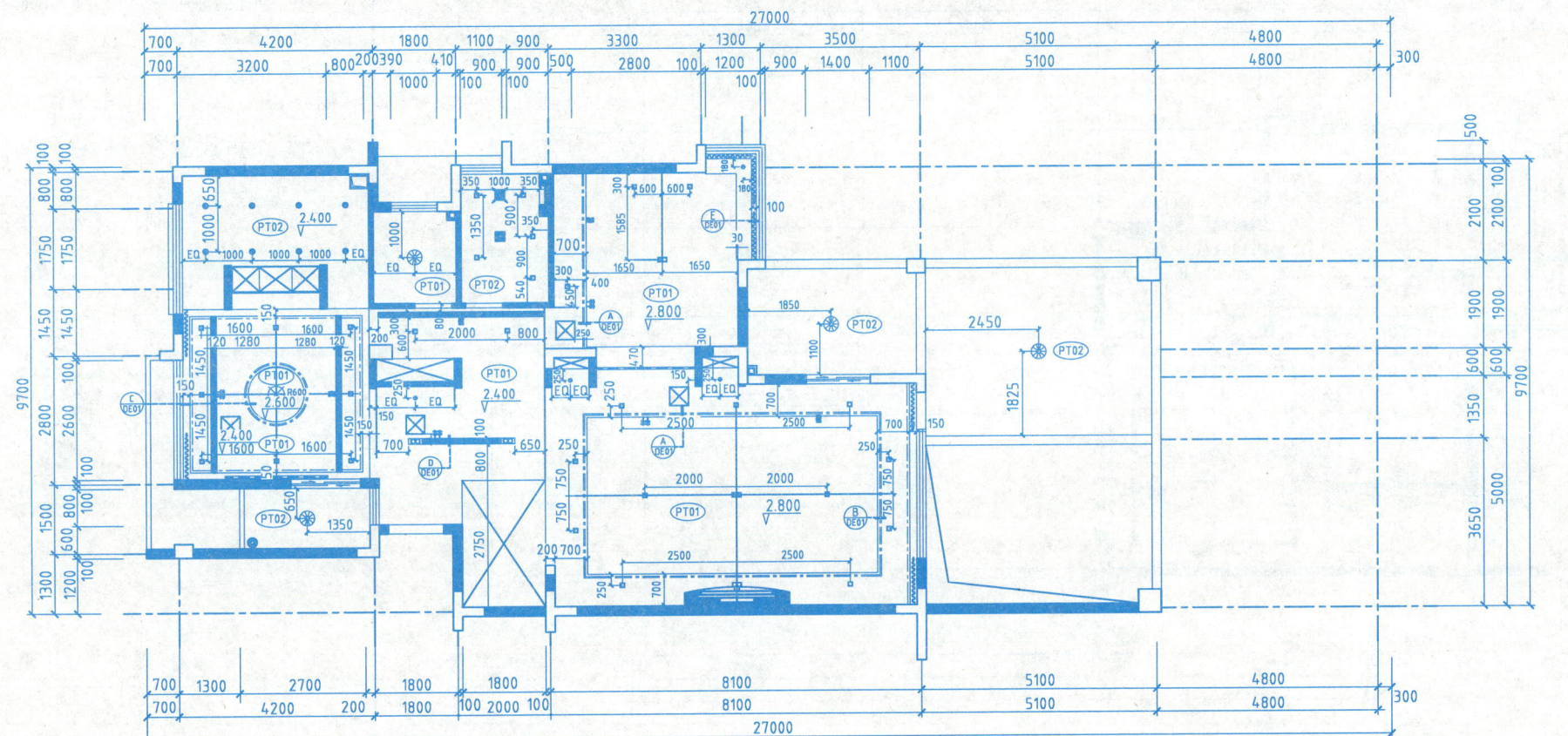

图2-10 一层顶棚布置图

5.1 顶棚装饰图的内容

顶棚平面图主要用来表明顶棚装饰的平面形状、尺寸和材料,以及灯具和其他各种室内顶部设施的位置和大小等。顶棚装饰图表达的内容有:

1)顶棚装饰造型的平面形式和尺寸,并通过附加文字说明其材料规格、色彩及工艺要求。跌级顶棚的变化应结合造型平面分区线用标高的形式表示,由于所注是顶棚各构件底面的高度,因而标高符号的尖端应向上。

2)表明顶部灯具的种类、式样、规格、数量及布置形式和尺寸定位。顶棚平面图上的小型灯具按比例用一个细实线圆表示,大型灯具可按比例画出它的正投影外形轮廓,力求简明概括,并附加文字说明。

3)表明空调风口以及顶部消防报警与音响设备等设施的布置形式与安装位置。

4)表明墙体顶部有关装饰配件(如窗帘盒、窗帘等)的形式与位置。

5)顶棚剖面构造详图的剖切位置及剖面构造详图所在位置。

5.2 顶棚装饰图的识读指导

1）识读图名、比例。
2）了解各房间顶棚的装饰造型式样、尺寸及标高。
3）根据文字说明，了解顶棚所用的装饰材料及规格。
4）阅读灯具表及定位尺寸，了解灯具式样、规格、位置及数量。
5）了解设置在顶棚中的其他设备的规格和位置。
6）注意一些制图符号，如剖面图符号等。

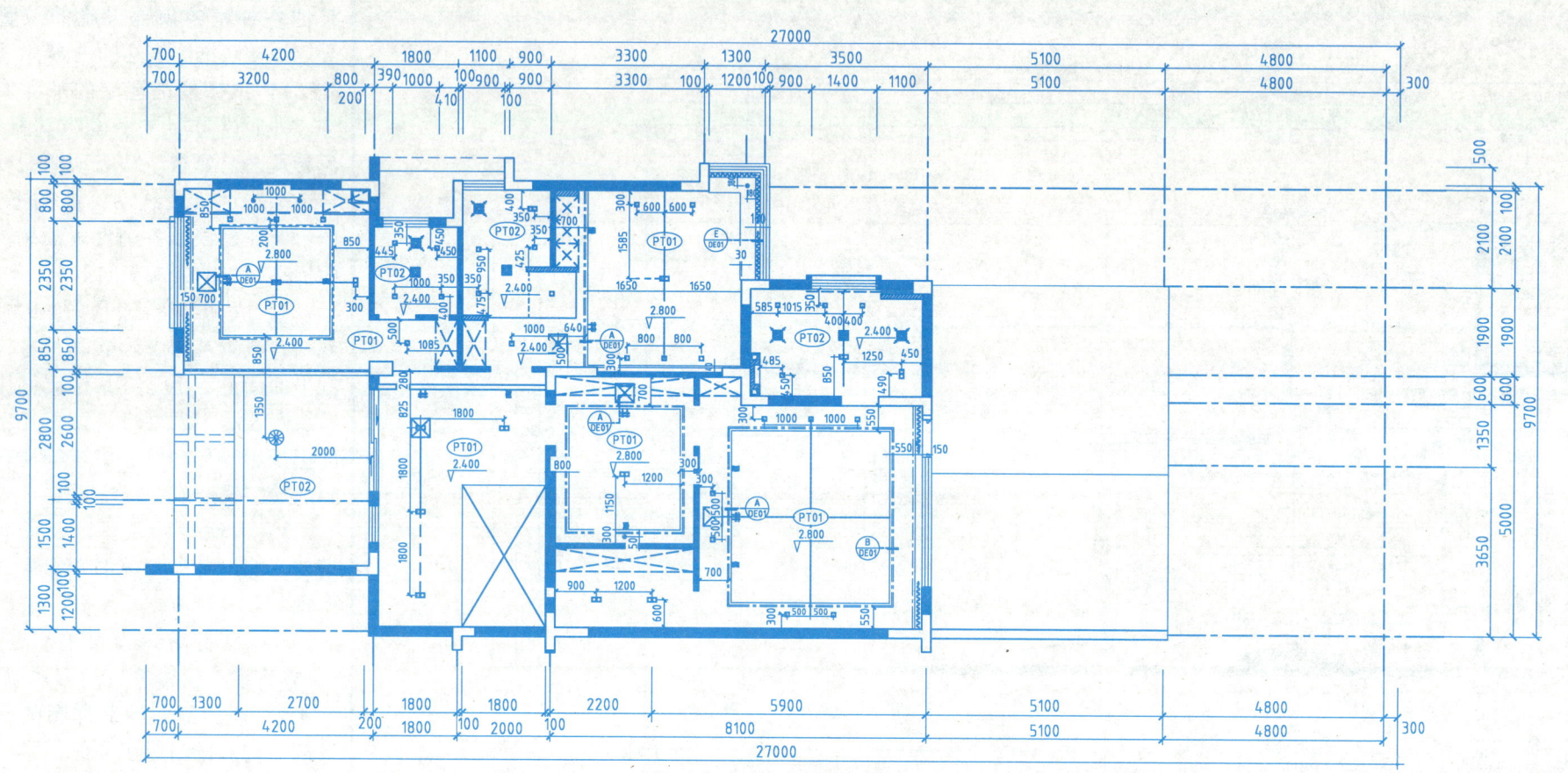

图 2-11 二层顶棚布置图

5.3 顶棚装饰图的绘制步骤和要求

1) 取适当比例（常用 1：100、1：50），绘制轴线网。
2) 绘制墙体（柱）、门窗位置（可以不绘制门窗图例）。
3) 绘制各房间顶棚造型。
4) 布置灯具以及顶棚上的其他设备。
5) 标注顶棚造型尺寸、各房间顶棚底面标高，书写顶棚材料、灯具要求以及其他有关的文字说明。

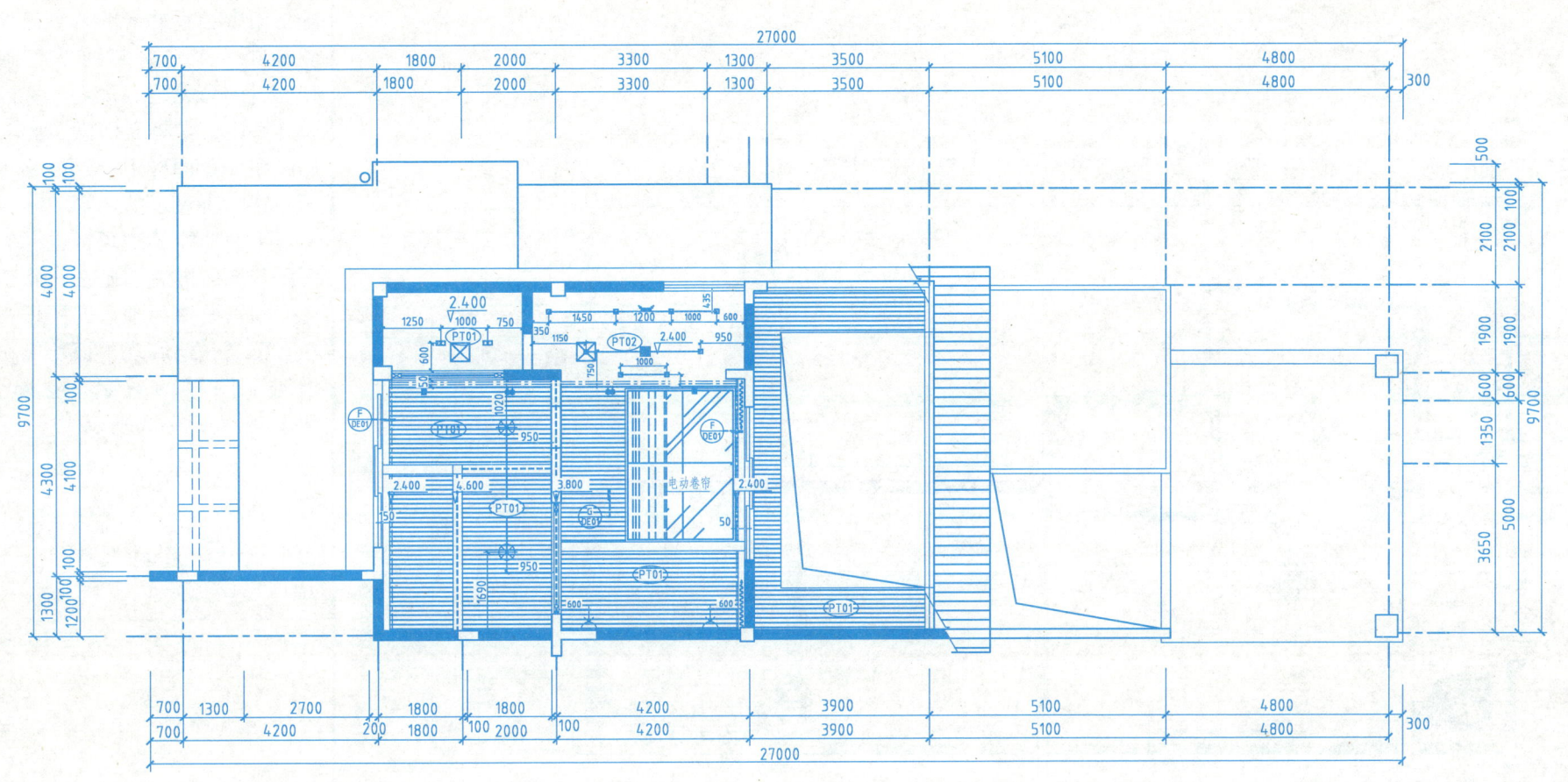

图 2-12　夹层顶棚布置图

任务6 知识拓展——立面索引图

索引符号是为了表达立面图或详细表达图样中某一局部,是建筑装饰平面施工图中必不缺少的符号。索引符号究竟在哪一个建筑装饰平面施工图中出现,目前尚无统一规定。室内装饰简捷设计图中,常将立面索引图与平面布置图画在一张图样上。这种表示方法,平面布置图所表现的内容太多,会影响图样对平面功能的表现,也有的将立面索引图与地面铺装图画在一张图样上。将立面索引图作为独立的图样,可使平面布置图更好地展现平面功能布置,但也增加了图样的数量。立面索引图如图2-13~图2-15所示。

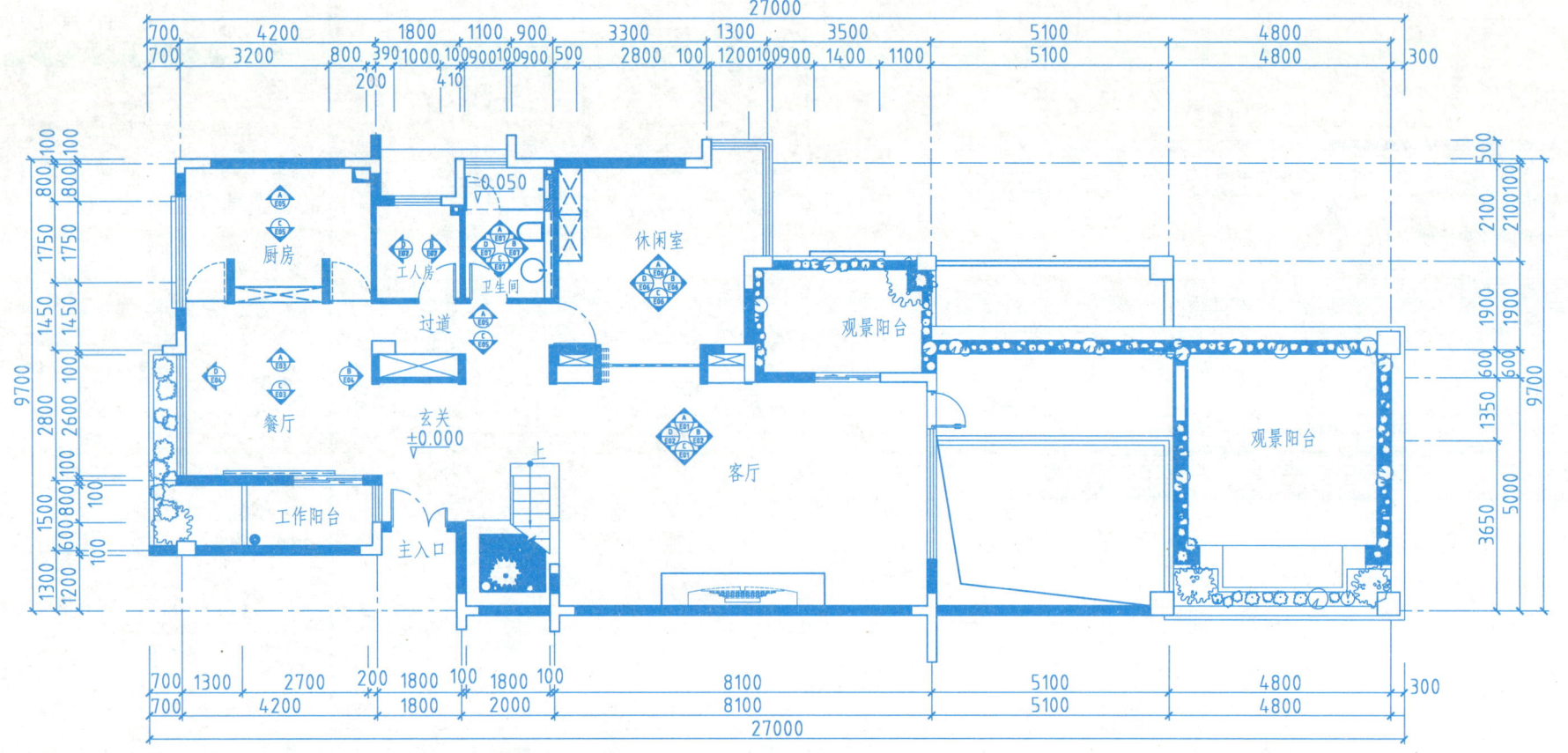

图2-13 一层立面索引图

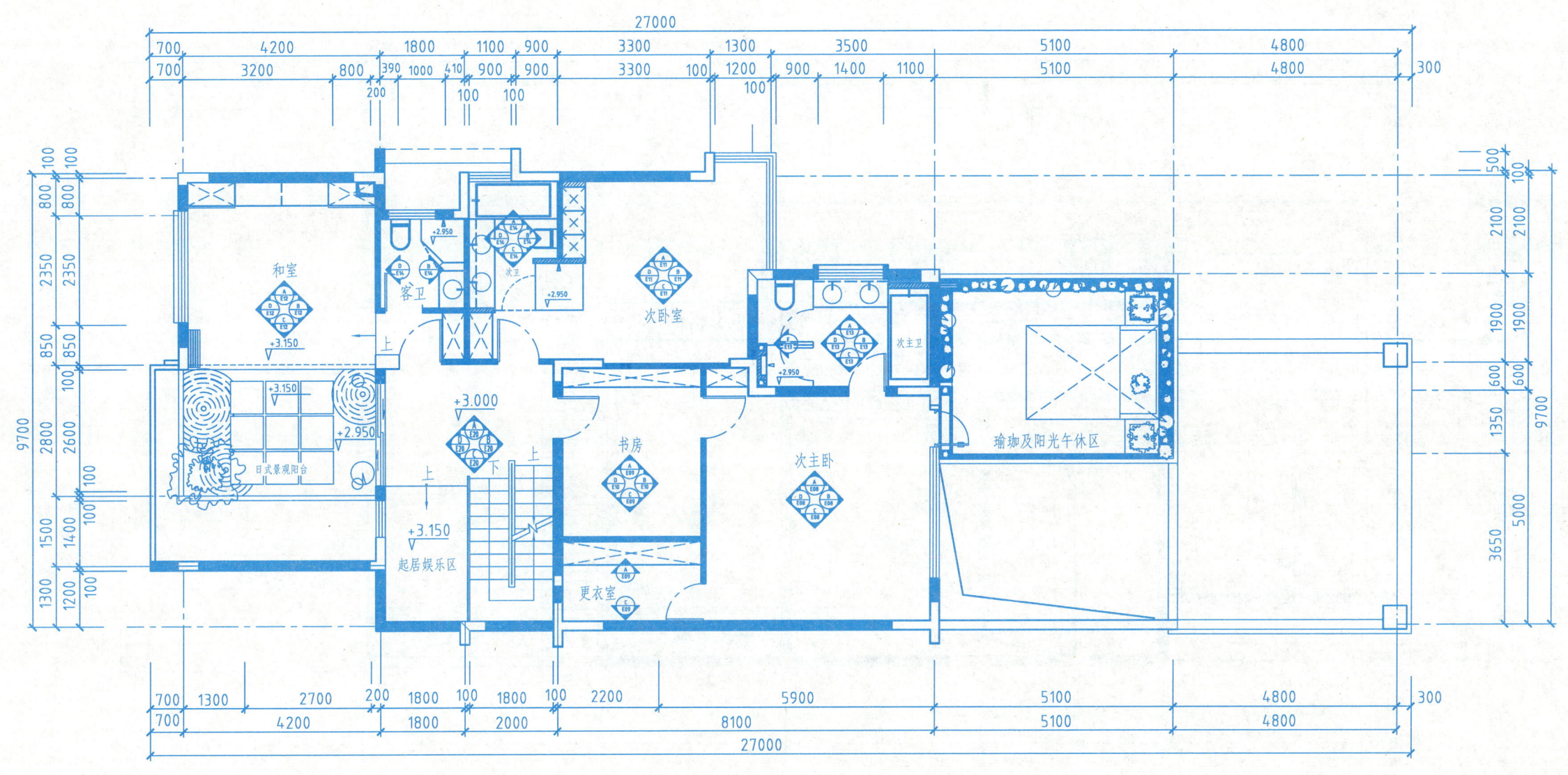

图 2-14 二层立面索引图

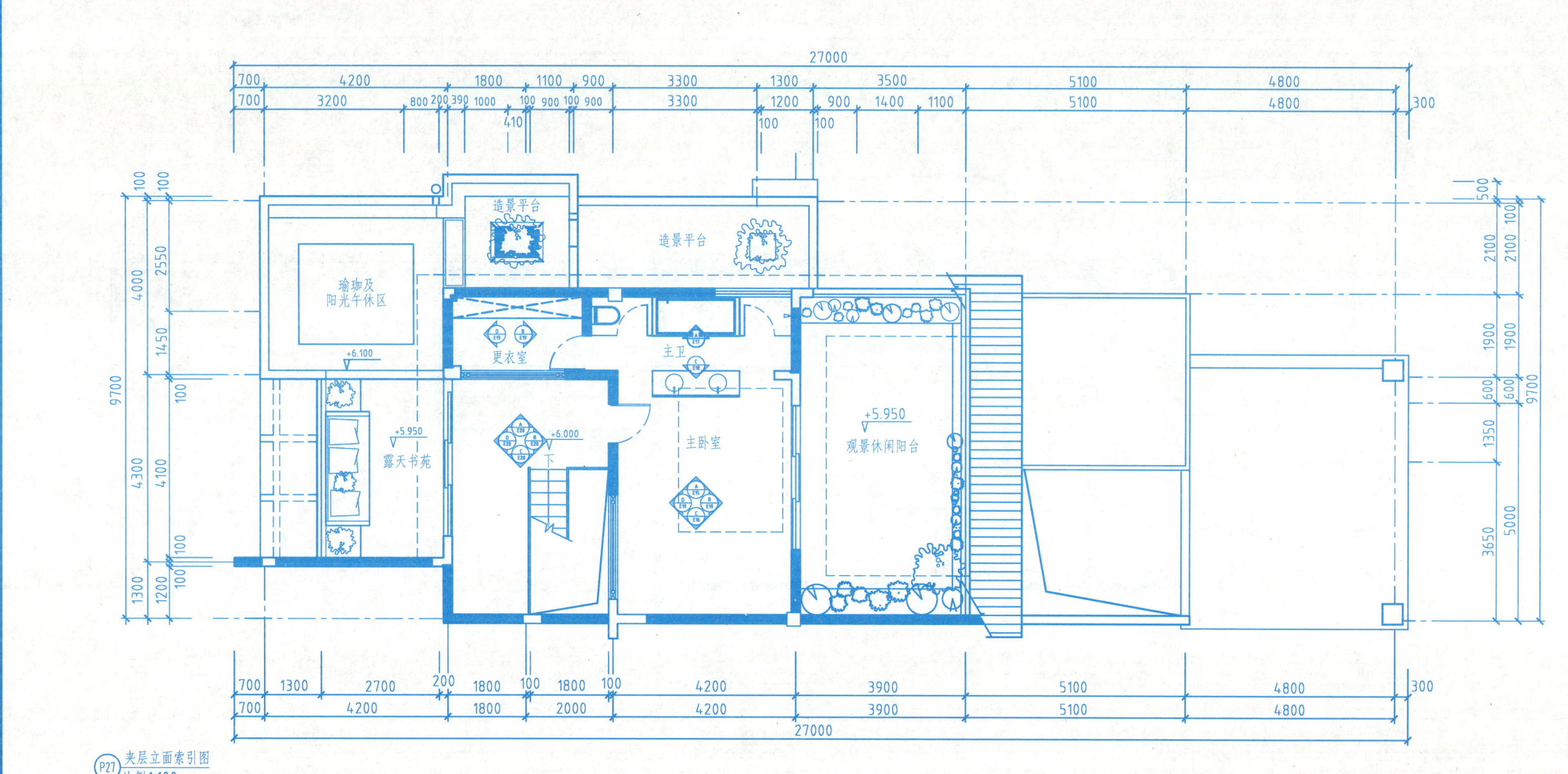

图 2-15 夹层立面索引图

任务7 知识拓展——平面定位图

平面定位图类似于建筑平面图,目的是解决在平面布置图中没有标注的平面定位尺寸问题。

平面定位图中需要标注的平面定位尺寸包括室内建筑构造尺寸和室内装饰构造尺寸。室内建筑构造尺寸有室内隔墙、柱边尺寸,楼梯、门洞等的尺寸;室内装饰构造尺寸有电视背景墙、柜体的外包尺寸,卫浴设备、排水孔洞等尺寸。平面定位图如图 2-16 ~ 图 2-18 所示。

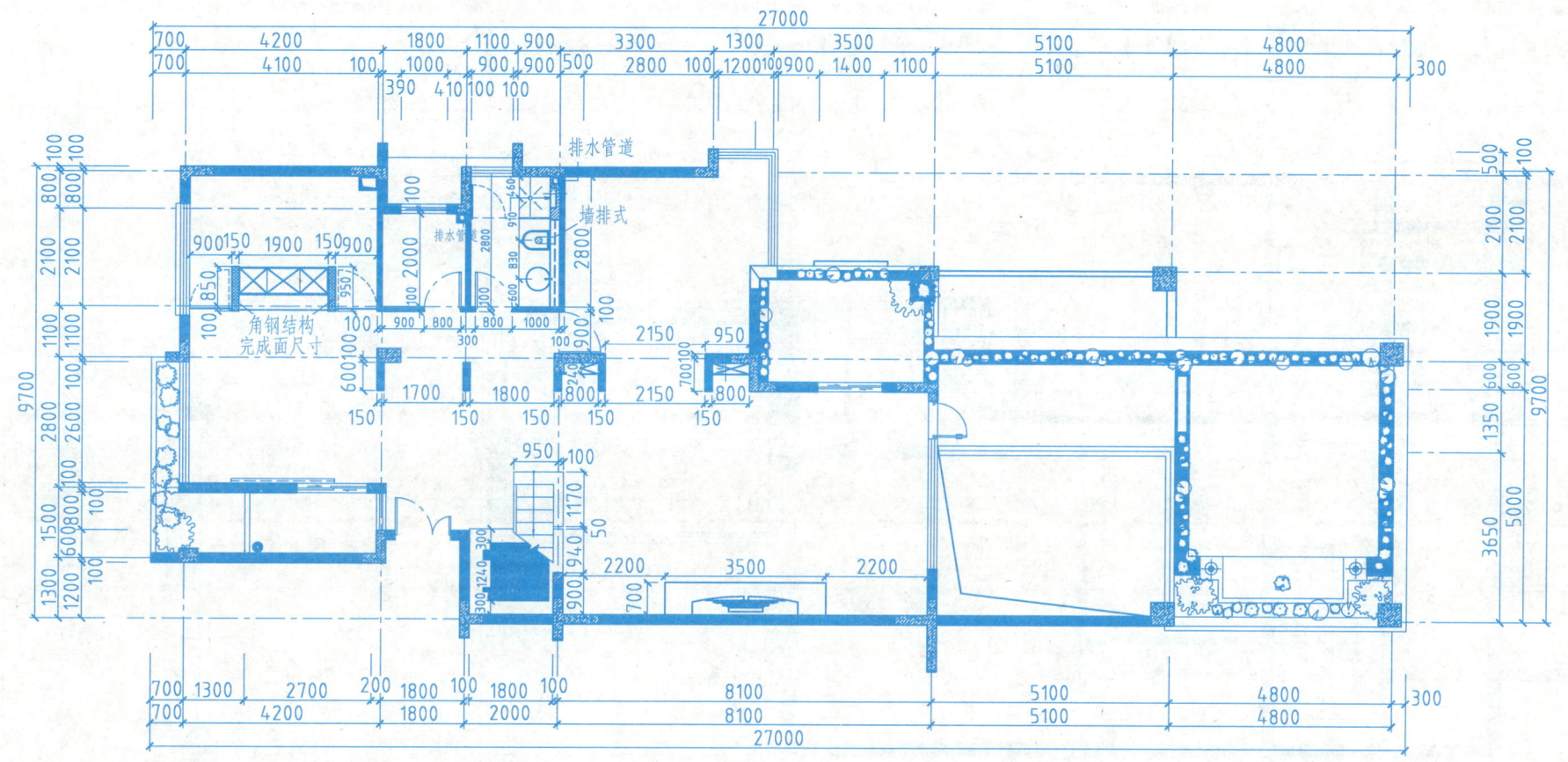

图 2-16　一层平面定位图

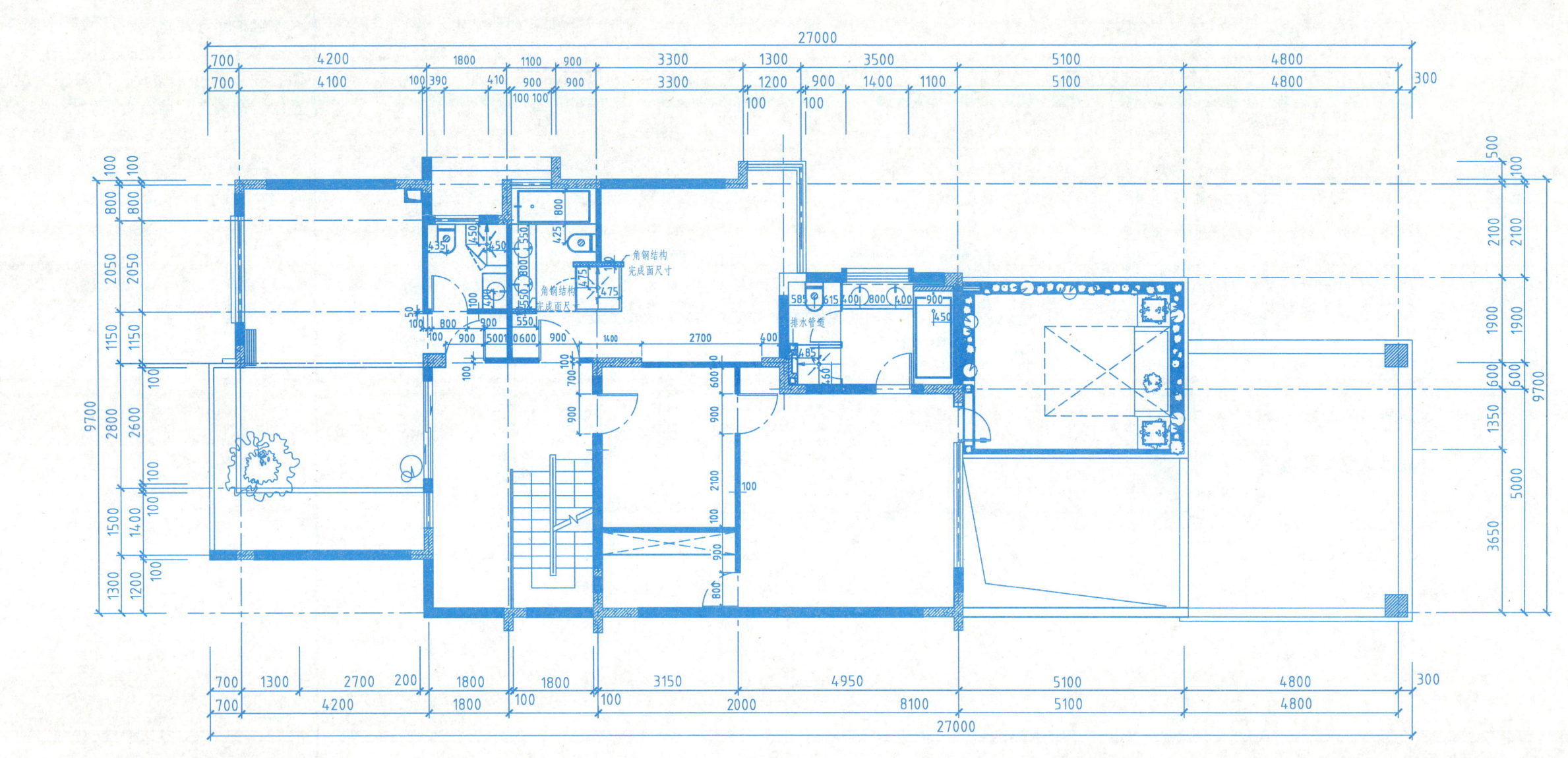

图 2-17 二层平面定位图

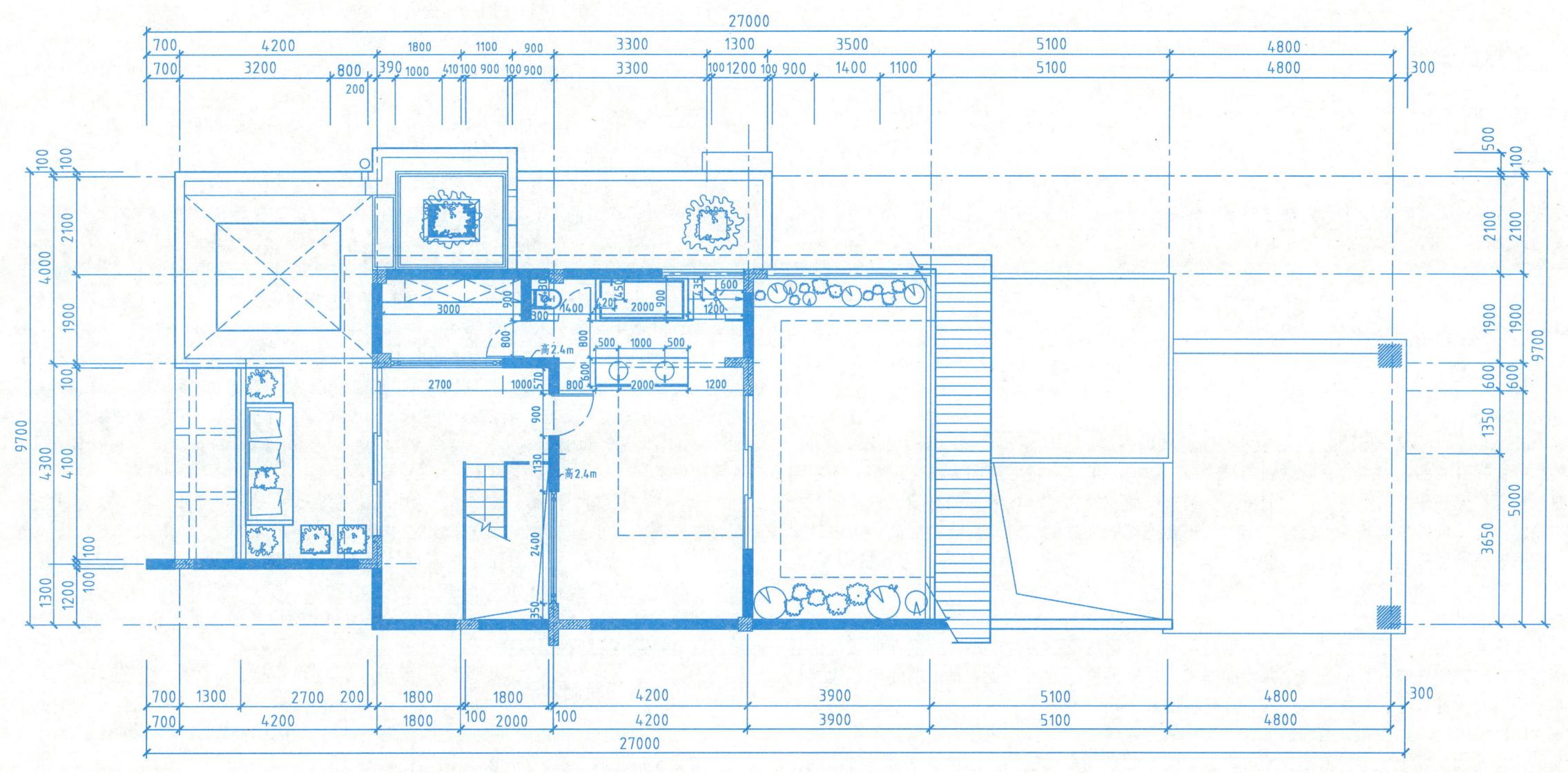

图 2-18 夹层平面定位图

项目二 某别墅建筑装饰工程立面施工图的识读

任务1 知识准备

1.1 立面图的形成与作用

1. 立面图的形成

立面图是建筑物墙面向平行于墙面的投影面上所作的正投影图。若是建筑的外观墙面,则称为外观立面图;若是内部墙面,则称为内视立面图,通常是装饰立面图,且为剖面图,亦即室内竖向剖切平面的正立投影图。

2. 立面图的作用

立面图的作用主要是表达建筑物各个观赏面的外观,如立面造型、材质、比例尺度、家具陈设、壁挂等装饰的位置与尺寸、装饰材料及做法等。

1.2 立面图的种类

1. 内视立面图

就室内装饰来说,内视立面图是指在室内空间见到的内墙面的图示及内视立面中的家具陈设、设施布局、壁挂和有关的施工内容,应做到图像清晰、数据完善。内视立面图多数表现单一的室内空间,但也容易扩展到相邻的空间。图样上不仅要画出墙面布置和工程内容,还必须把该空间可见的家具、设施、摆设、悬吊物等表现出来。同时,还要把视图中的轴线编号、控制标高、重要的尺寸数据、详图索引符号等充实到内视立面图中,满足施工需要。图名应标注房间名称和投影方向,必要时也应把轴线编号加以标注。

2. 内视立面展开图

当一个墙面的转折面尺度比较大或者墙面不是平面时,用正投影方法就很难把墙面的设计内容表达清楚,于是就采用连续展开的方式绘制墙面施工图,这种投影方法的优点是能够完整地表达出墙面的装饰内容和设计尺寸,对施工放线和计算材料用量十分方便。

内视立面图能够表现给观众一面墙的图像,而我们在室内装饰上,却往往希望见到所围绕的各个墙面的图像,这在实际上并不大可能,而表现在图面上则是完全可能的。把构成室内所环绕的各个墙面,拉平在一个连续的平面图上,像一条横幅的画卷,称为内视立面展开图。内视立面展开图把各个墙面的图像连在一起,这样可方便研究各墙面间的统一和反差效果,观察各墙面的相互衔接关系,可以了解各墙面的相关装饰做法。内视立面展开图对室内装饰设计和施工有着特殊的作用。内视立面展开图的表示方法如下:

1)用粗实线把连续墙面的外轮廓线和面与面转折的阴角线画出来,所用比例原则上应与平面一致。

2)用中、细实线作主次区别,分别画出各墙面上的正投影图像。若作墙面施工用,只要画出墙面布置的内容;若为表现设计效果,可在各墙面上的正投影图中布置家具陈设等装饰物品,可能同一物品在图上要出现多次。

3)为区别墙面位置,在图的两端和墙阴角处的下方要标注与平面相一致的轴线编号(注意纵、横轴线的方位)。对施工图而言,还要标注有关施工需要的尺寸数据、标高、详图索引符号、引出线上的文字说明、装饰材料图例等,这些都用细实线表示。

4)图名应明确、清楚,应表示出厅、室的具体名称。

1.3 立面图的识读指导

立面图的识读,应从图名、比例、视图方向、装饰面及所用材料、工艺要求、高度尺寸和相关的安装尺寸等方面识读,具体有以下几点:

1)看清图名、比例和立面图两端的定位轴线及其编号。

2)看清每个立面上有几种不同的装饰面,包括这些装饰面的造型式样、文字说明、所用材料以及施工工艺等。

3)找到室内地面标高、吊顶顶棚的完成面高度尺寸。装饰立面图中标高一般都以室内地面为零,并以此为基准来标明其他高度,如装饰吊顶顶棚的高度尺寸、楼层底面高度尺寸、装饰吊顶的跌级造型相互关系尺寸等。高于室内基准点的用正号表示,低于室内基准点的用负号表示。

4)立面上各种不同材料饰面之间的衔接收口较多,要看清收口的方式、工艺和所用材料。收口方法的详图,可在立面图、剖面图或节点详图上找出,弄清楚装饰结构与建筑结构的衔接,以及装饰结构之间的连接方法。看清结构间的固定方式,以便准备施工时需要的预埋件和紧固件。

5)要注意设施的安装位置、规格尺寸、电源开关、插座的安装位置和安装方式,便于在施工中预留位置。

6)重视门、窗、隔墙、装饰隔断等设施的高度尺寸和安装尺寸,门、窗的开启方向不能弄错。配合有关图样,对这些数据和信息做到心中有数。

7)在条件允许时,最好结合施工现场看施工立面图,如果发现立面图与现场实际情况不符,应及时反映给有关部门,以免造成差错。

阅读室内装饰装修立面图时,要结合平面图和该室内其他立面图和该部位的装饰装修做法综合阅读,全面弄清它的构造关系。

1.4 立面图的绘制步骤

(1)图形比例 室内平面图采用的比例一般是1:100,而立面图采用的比例多为1:50或1:25。

(2)轮廓绘制 绘制墙和楼地面等轮廓线。

(3)绘制吊顶 有吊顶的就要画出吊顶的轮廓线。

(4)绘制墙面 绘制墙面造型线。

(5)绘制家具 绘制立面图中的家具。

(6)文字说明 在立面图中,需要说明墙面、吊顶、家具等的材料、颜色及规格。

(7)尺寸标注 在立面图中,应该标注出空间净高、吊顶高度、家具等的尺寸及各陈设相对位置尺寸等。

任务 2 识读客厅立面图

客厅立面图主要是表达客厅范围内各个立面的造型、材质、比例尺度、家具陈设、壁挂等装饰的位置与尺寸、材料及做法等（图 2-19、图 2-20）。

2.1 客厅立面图的内容

立面图纸通常以立面所在位置、平面中索引符号编号命名，例如客厅 A 立面、卧室 B 立面等。在空间少不容易产生误解的情况下，也可直接命名，例如客厅电视背景墙立面。通常客厅立面图纸表达内容有以下几个方面：

1）图名、比例、立面的位置及编号。

2）客厅立面不同装饰面的尺寸规格、文字说明、所用材料等。

3）客厅地面到吊顶顶棚完成面的高度尺寸、装饰吊顶的跌级造型关系及尺寸、地面高差变化等。

4）客厅立面中各种不同材料之间的衔接收口、收口方式以及工艺和所用材料。如有详图要查找出具体做法。

5）客厅中插座、开关的位置、规格、型号。

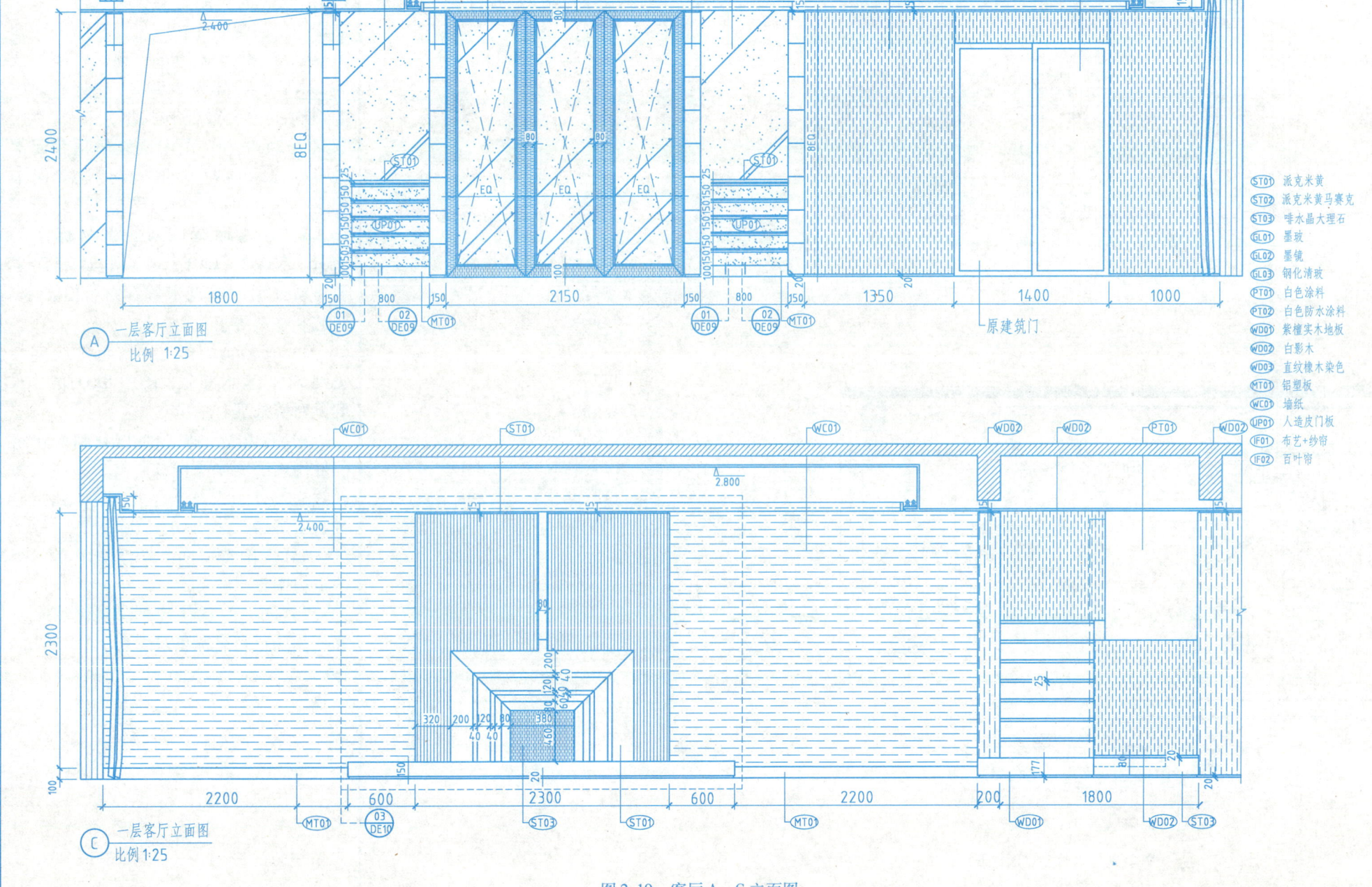

图 2-19 客厅 A、C 立面图

2.2 客厅立面图识图指导

1）在 A 立面图中用相对于本层地面的标高，标注楼梯踏步位置。如图中每步标有 150mm，即表示每步高 0.150m。

2）顶棚面的距地标高及其跌级（凸出或凹进）造型的相关尺寸。如 A 立面图中的顶棚面在大梁处有凸出（即下落），凸出为 0.100m；顶棚距地最低为 2.40m，最高为 2.80m。B 立面图中的顶棚面在大梁处有凸出（即下落），标高为 2400mm；图中层级吊顶凹回部分没有标示高度，可以看其他立面来确定。

3）B 立面图墙面的主材标注为 ST01、WD02、IF01，可以知道墙面主要材质分别为派克米黄石材、白影木、布艺和纱帘等。

4）在装饰装修立面图纸中经常会见到 EQ，表示等分，图中 8EQ 表示八等分对缝处理。

5）在 B 立面图中可以看到原建筑门处用虚线绘制了两条斜线，一般认为两线交接处为铰链、合页位置，此门应为右侧开启。

6）视图符号。A 立面图中有 4 个节点视图索引符号。

7）图中的材料代号，在识图时要和所注的材料名称相对应。

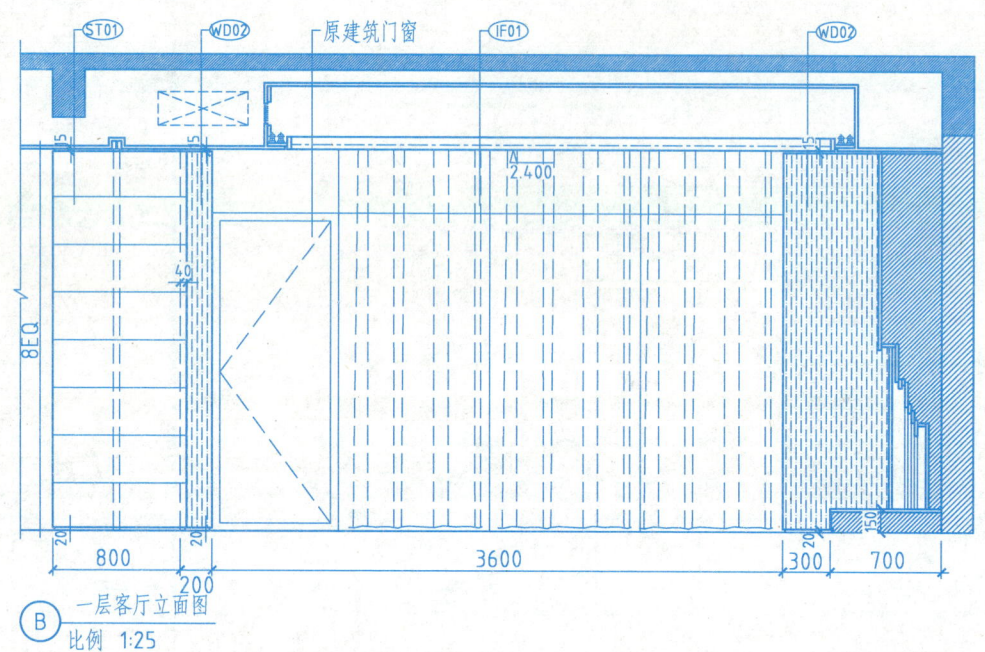

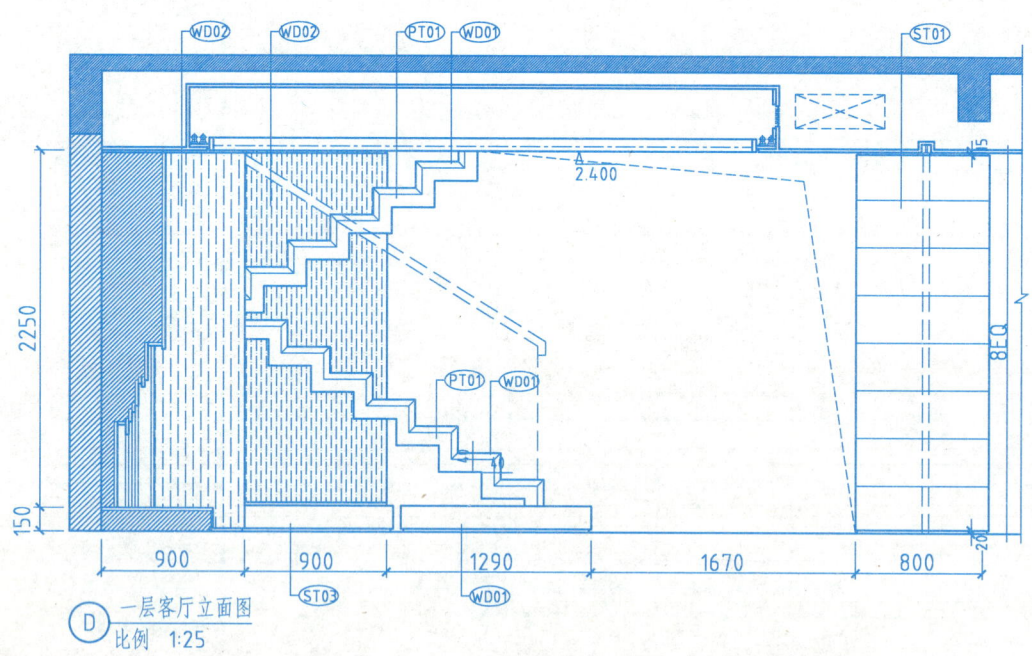

图 2-20 客厅 B、D 立面图

任务3 识读餐厅立面图

餐厅在整个居室空间中有着极其重要的作用。餐厅往往与厨房紧密联系在一起，施工图中它成为涉及专业领域最广、施工难度最大的部分，涉及水（暖）、电、通风等专业，一定要做好各专业的协调。该别墅餐厅立面装饰施工图如图 2-21、图 2-22 所示。

3.1 餐厅立面图的内容

餐厅立面的装饰除了要依据餐厅和居室整体环境相协调、对立统一的原则以外，还要考虑到它的实用功能和美化效果的特殊要求。一般来讲，餐厅较之卧室、书房等空间所蕴含的气质要轻松活泼一些，并且要注意营造出一种温馨的气氛，以满足家庭成员的聚合心理。可利用不同材料质地、肌理的变化给人带来不同的感受，但不可盲目堆砌，应根据餐厅的具体情况灵活安排，加以点缀，不能喧宾夺主、杂乱无章。

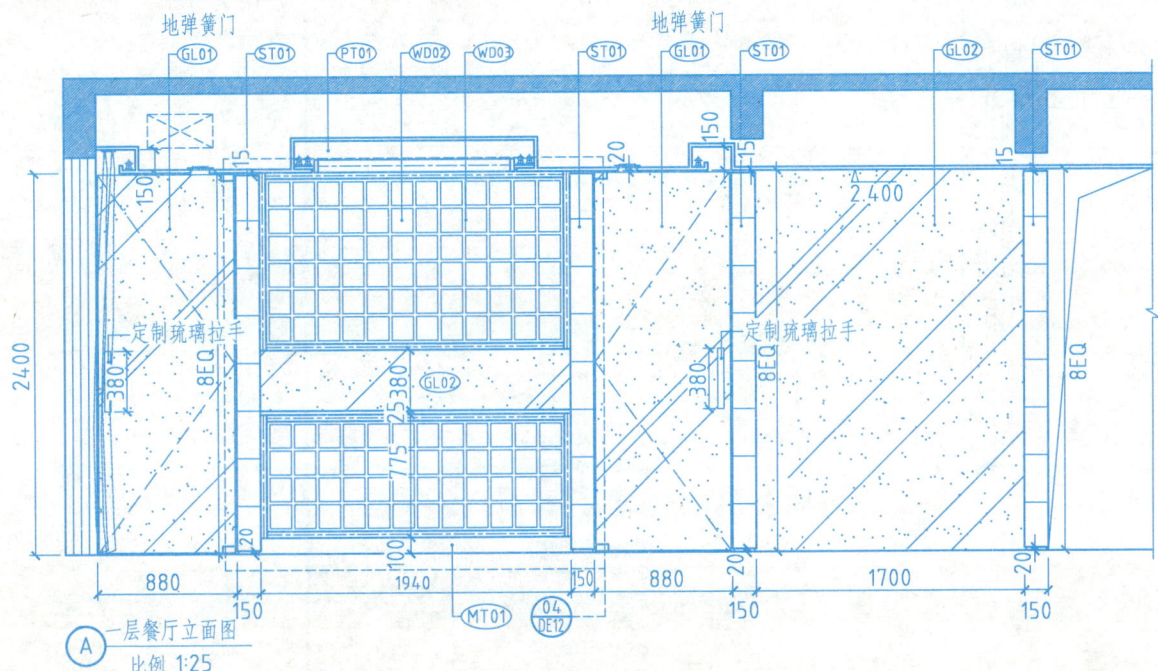

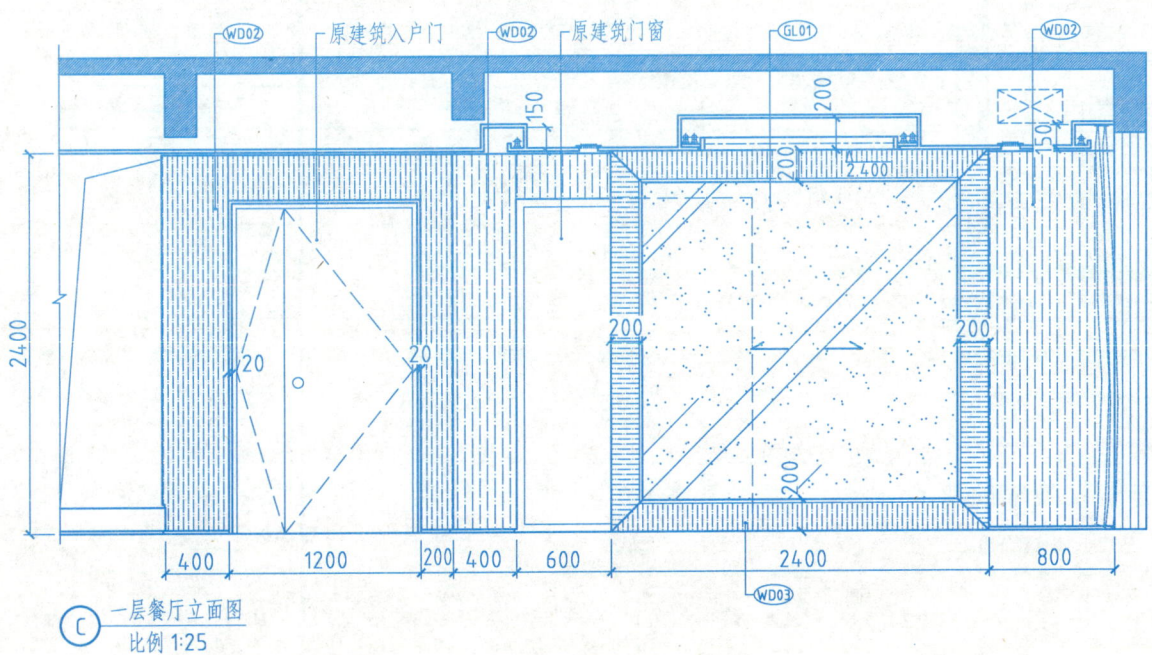

图 2-21 餐厅 A、C 立面图

3.2 餐厅立面图识读指导

1）首先要分清楚立面所在位置，要看清楚门、窗、隔墙、装饰隔断等设施的高度尺寸，门窗开启方向不能弄错。

2）要弄清楚装饰结构与建筑结构的衔接，以及装饰结构之间的连接方法。

3）要注意设施的安装位置、规格尺寸、电源开关、插座的安装位置和安装方式等。

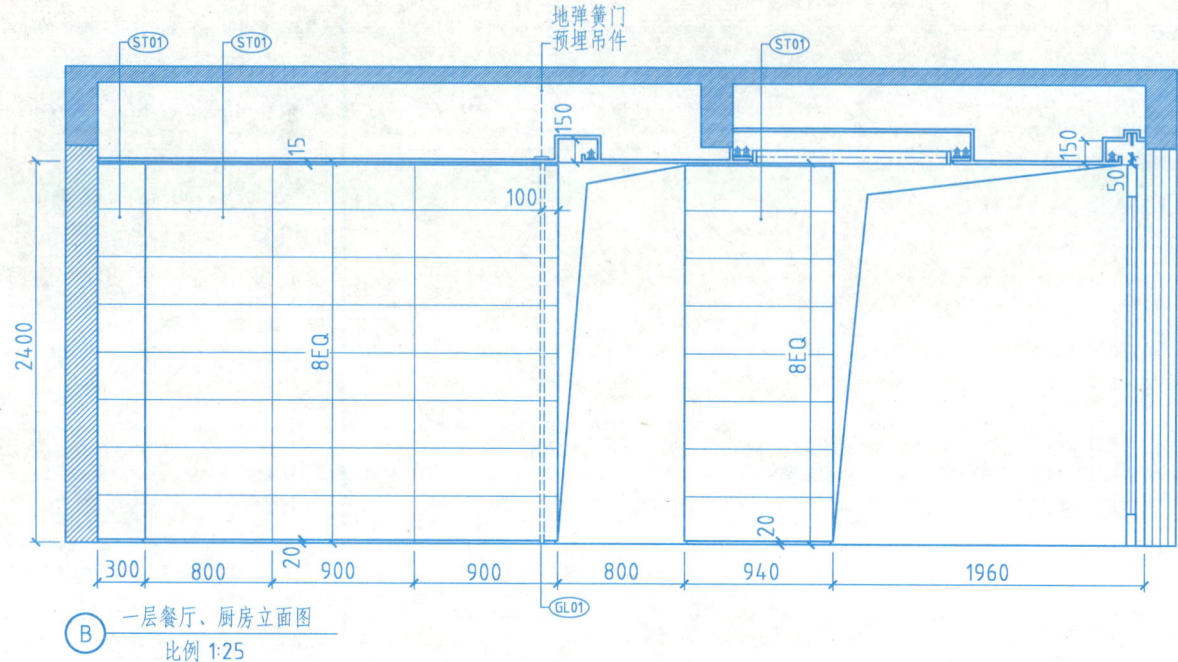

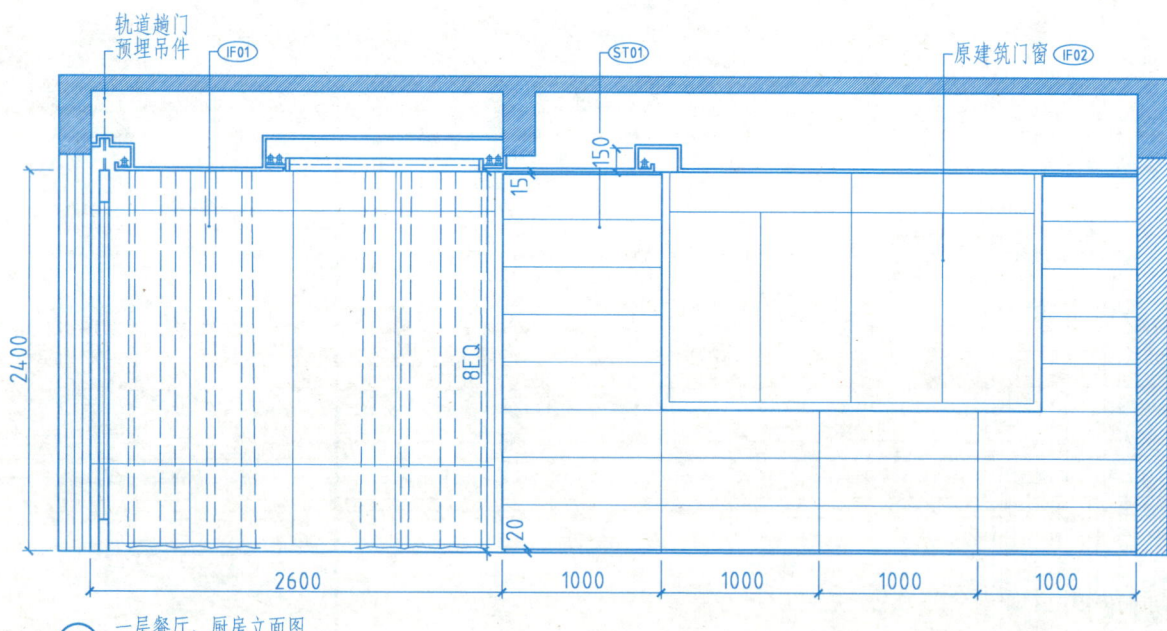

图 2-22　餐厅 B、D 立面图

任务 4 识读卧室立面图

卧室立面图不同于卧室平面图,在卧室立面图中,可以很清晰地看到各种家具、摆件在卧室中的空间比例关系,为了能更好地掌握各个空间及立面图纸的识读能力,选取二层卧室立面图纸进行举例说明,如图 2-23、图 2-24 所示。

4.1 卧室立面图的内容

1)室内立面图的顶棚轮廓线,可根据具体情况只表达吊平顶或同时表达吊平顶及结构顶棚。

2)在装修开始的时候,卧室立面图有助于安排卧室里各个局部空间的高度关系。

3)表达卧室墙面的装饰手法及所用材料。

4)必要的尺寸、标高、材料及需要表达的固定家具、非固定家具、灯具、开关、插座面板的定位。

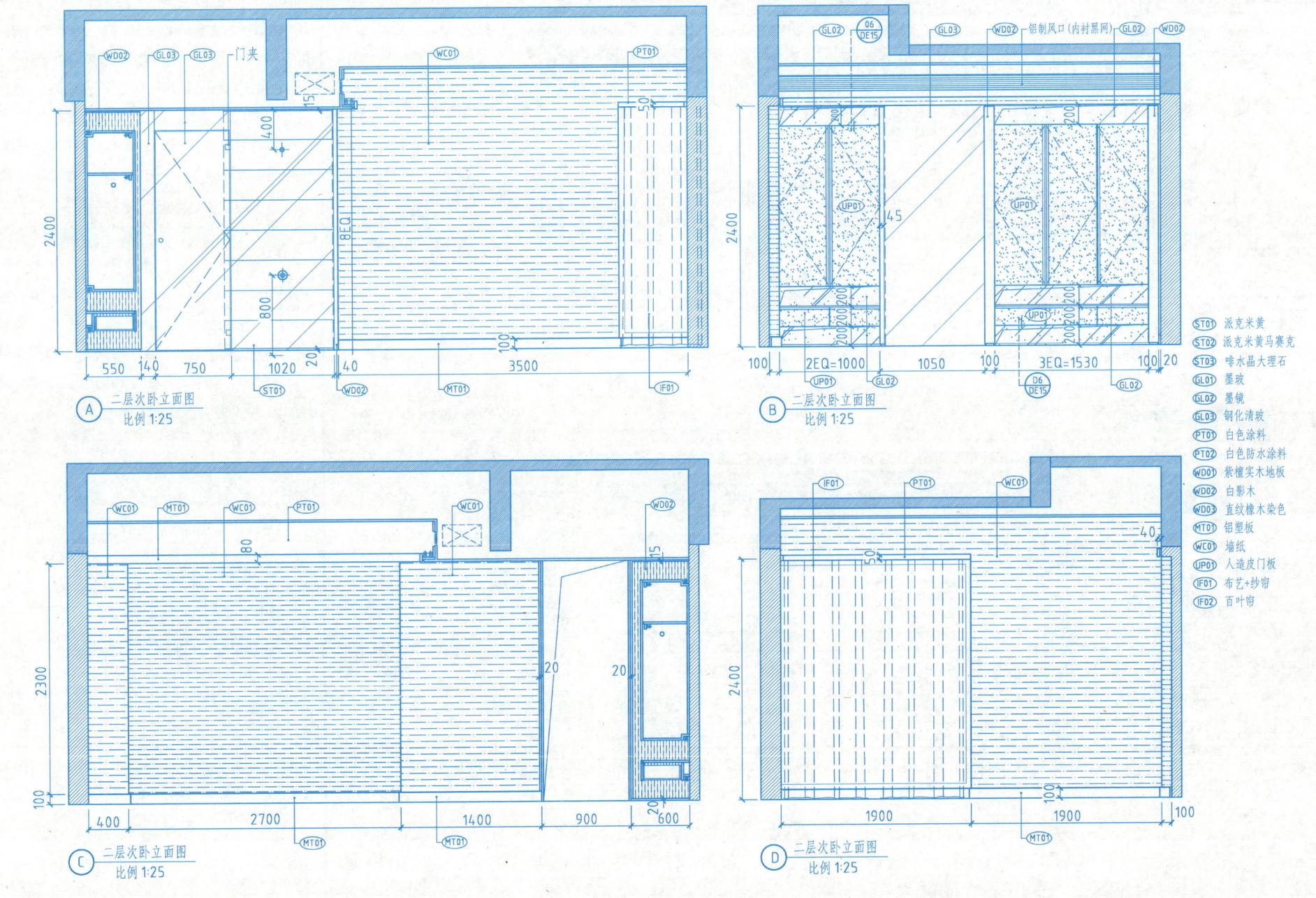

图 2-23 二层次卧立面图

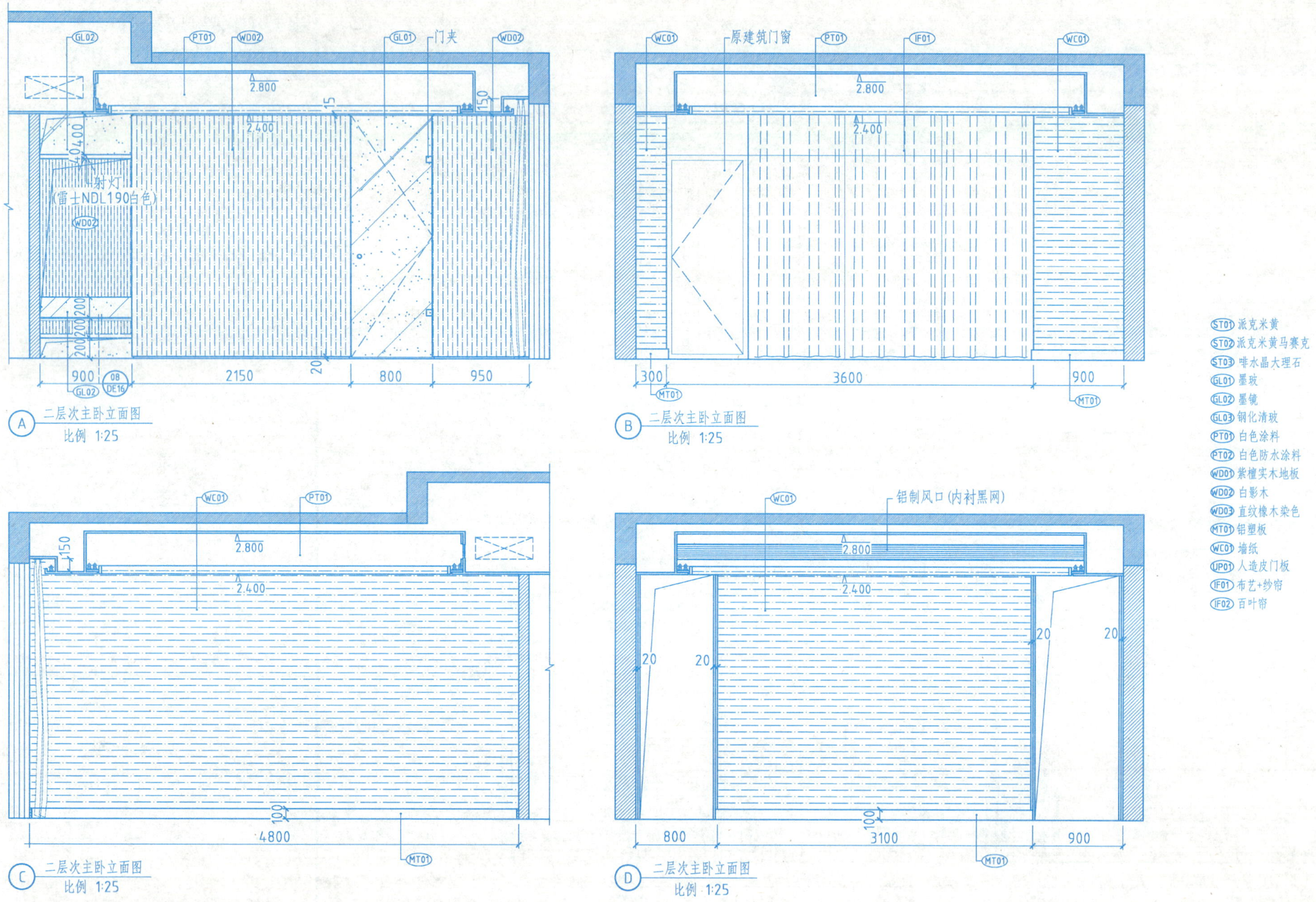

4.2 卧室立面图识图指导

1）在 A 立面图中，可以看到层级吊顶，因为有通风设备，高差为 400mm。顶部层高为 2.8m，降低部分层高为 2.4m。暗藏双排 T5 灯管灯槽。墙面主要以 WD02 白影木为主要饰面，墙地交接处无踢脚，地面有 20mm 预留缝隙。墙面左侧有洞口，上面洞口高 400，墨镜饰面。中间洞口 WD02 白影木饰面，顶部装有雷士射灯。根据平面图纸，可以知道通往卫生间的门宽为 800mm，左侧开启，采用墨色钢化玻璃。

2）在 B 立面图中，可以看到左、右侧墙面采用壁纸装饰，墙面与地面转角处采用金属踢脚。保留原有建筑门窗，有窗部分用 IF01 布艺＋纱帘装饰。

3）C 立面图中，墙面大面积采用壁纸，与地面交接处用金属踢脚。

4）D 立面图，左右两侧有洞口，中间 3100mm 采用 WC01 壁纸，与地面交接处采用 100mm 高金属踢脚。顶端有铝制风口（内衬黑网）。

图 2-24 二层次主卧立面图

任务5 识读卫生间立面图

卫生间作为房屋中必需的生活空间，在立面上要体现简洁、实用，墙面材料多为瓷砖，吊顶多为铝扣板吊顶，以该别墅二层主卫为例，如图2-25所示。

卫生间立面图识图指导：

1）A立面图中，墙面装饰为派克米黄瓷砖铺贴，浴室柜的门板材质是人造皮，窗帘采用的是百叶窗帘。

2）B立面图中，浴缸一周也用派克米黄瓷砖进行了铺贴。

3）C立面图中，门背后和墙面上分别运用了两种玻璃材质进行装饰。

4）D立面图中，两扇门上也安装了玻璃（此图是关上门的造型）。

5）E立面图是将两扇门打开后看到的立面造型。

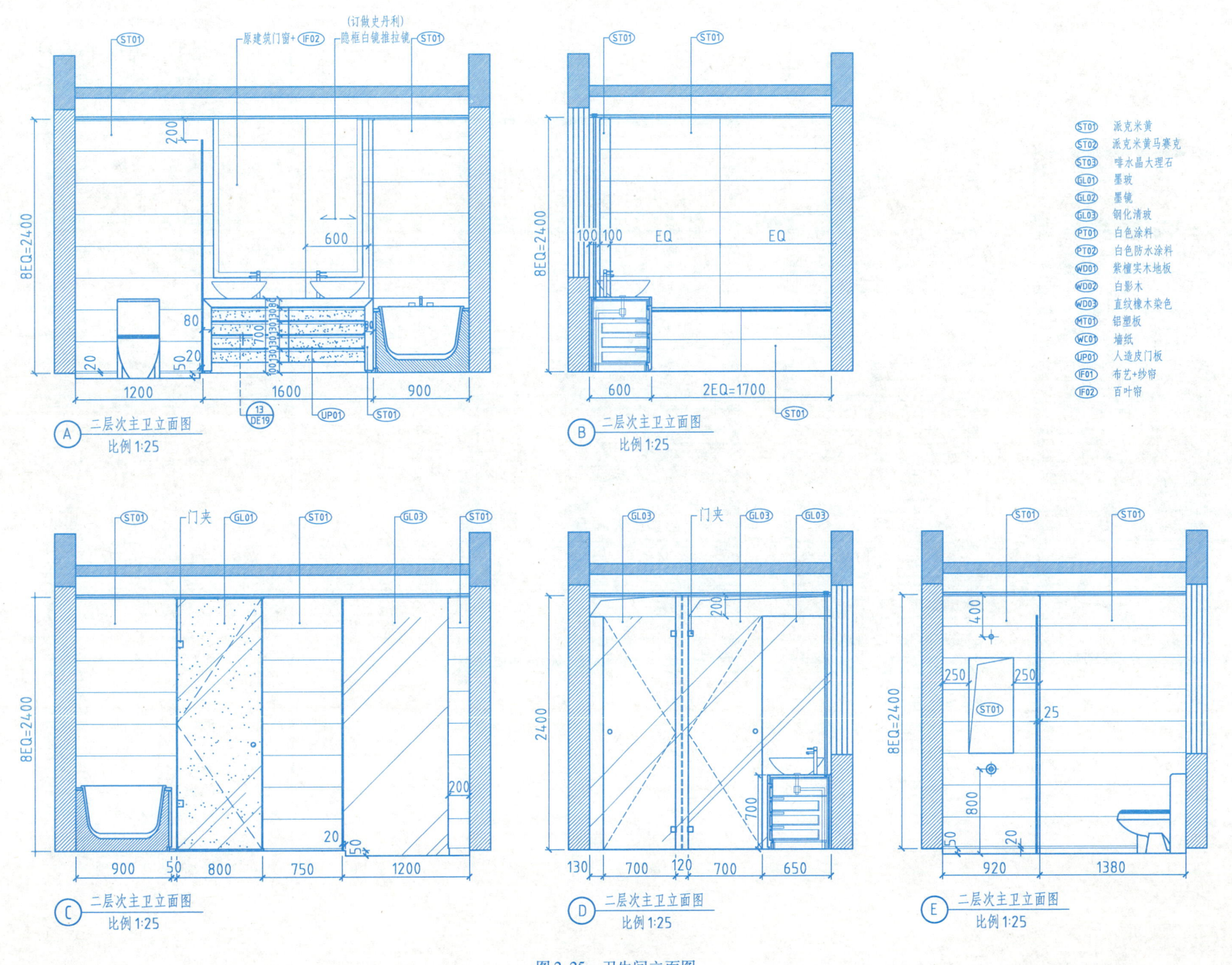

图2-25 卫生间立面图

任务6 知识拓展——识读楼梯间立面图

楼梯是联系别墅上下空间的枢纽，楼梯间的设计就显得很重要，如图2-26所示为别墅楼梯间的立面图。

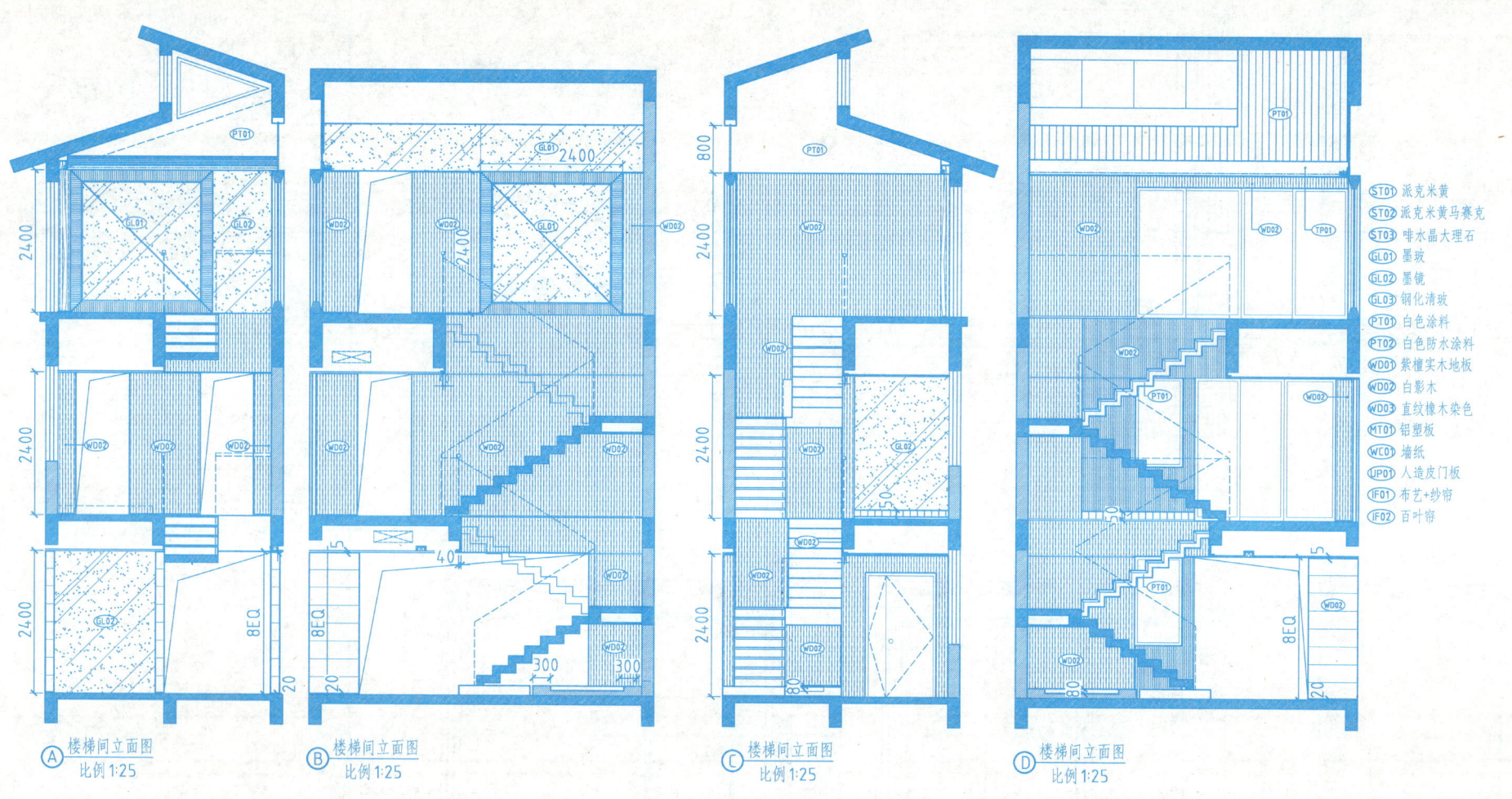

图2-26 楼梯间立面图

楼梯间立面图识图指导：

1）楼梯间立面图识读重点在于旋转平台立面以及梯段立面选用材料。装饰装修工程是在已完成工程基础上进行再设计与施工，现场施工过程中很多尺寸因为具体情况需要变更。因此要灵活处理具体数据，充分理解设计师意图，不能不顾现场实际情况死板地按照图纸中的数字施工。

2）图中A、B、C、D立面所用装饰材料以墨镜、白影木为主。跌级吊顶以上部分采用白色防水涂料。

3）识图过程中要注意不同材料所用位置以及各个立面材料的衔接收口。

项目三 某别墅建筑装饰工程剖面施工详图的识读

任务1 知识准备

1.1 装饰剖面图

装饰施工的工艺要求较细、较精，节点和装饰构件详图是不可缺少的图样。虽然在标准图集中也有较常用的装饰做法详图可以套用，但由于装饰材料及工艺做法等的不断更新，尤其是设计者的新构思，更需要用详图来表现，其形式有剖面图、断面图、局部放大图等。

装饰剖面图是用假想平面将室外某装饰部位或室内某装饰空间垂直剖开而得的正投影图。它主要表明上述部位或空间的内部结构情况，或者表明装饰结构与建筑结构、结构材料与饰面材料之间的构造关系等。

1. 建筑装饰剖面图的内容

1）顶棚、墙柱面、地面、门、橱窗等造型较为复杂部位的形状尺寸、材料名称、材料规格、工艺做法等。
2）现场制作的家具、装饰构件等。
3）特殊的工艺处理方式（收口做法）。
4）详细的尺寸标注。
5）其他文字说明等。

2. 建筑装饰剖面图的识读

1）阅读建筑装饰剖面图时，首先要求对照平面布置图，看清楚剖切面的编号是否相同，了解该剖面的剖切位置和剖视方向。
2）在众多图形和尺寸中，要分清哪些是建筑主体结构的图形和尺寸，哪些是装饰结构的图形和尺寸。
3）当装饰结构与建筑结构所用材料相同时，它们的剖断面的表示方法是一致的。
4）通过对剖面图中所示内容的阅读研究，明确装饰工程各部位的构造方法、构造尺寸、材料要求与工艺要求。
5）阅读建筑装饰剖面图要结合平面布置图和顶棚平面图进行，某些室外装饰剖面图还要结合装饰立面图来综合阅读，全方位地理解剖面图内容。

1.2 装饰详图

1. 装饰构配件详图

建筑装饰所属的构配件项目很多，包括各种室内配套设置体，还包括结构上的一些装饰构件。装饰构配件详图的主要内容有：详图符号、图名、比例；构配件的形状、详细构造、层次、详细尺寸和材料；构配件各部分所用材料的品名、规格、色彩以及施工做法和要求；部分尚需放大比例详示的索引符号和节点详图。

阅读装饰构配件详图时，应先看详图符号和图名，弄清楚从何图索引而来。有的构配件详图只有立面图和平面图，有的装饰构配件详图的立面形状或平面形状及其尺寸就在被索引图样上，不再另行画出。因此，阅读时要注意联系被索引图样，并进行周密地核对，检查它们之间在尺寸和构造方法上是否相符。通过阅读，了解各部件的装配关系和内部结构，紧紧抓住尺寸、详图做法和工艺要求三个要点。

2. 装饰节点详图

装饰节点详图是将两个或多个装饰面的交汇点或构造的连接部位按垂直和水平方向剖开，并以较大比例绘出的详图。它是装饰工程中最基本和最具体的施工图，有时供构配件详图引用，有时又直接供基本图所引用。

节点详图的比例常采用1∶1、1∶2、1∶5或1∶10，其中比例为1∶1的详图又称为足尺图。

3. 装饰详图的识读

1）结合装饰施工平面图和装饰施工立面图，了解装饰装修详图源自何部位，找出与之相对应的剖切符号或索引符号。
2）熟悉并研究装饰施工详图所示内容，进一步明确装饰工程各组成部位或其他图纸难以表明的关键细部做法。
3）由于装饰工程的工程特点和施工特点，表示其细部做法的图纸往往比较复杂，不能像土建和安装工程图纸那样广泛运用国标、地标等标准图册，所以读图时要反复查阅图纸，特别要注意剖面详图和节点图中各种材料的组合方式及工艺要求等。

1.3 剖面图及详图的绘制步骤

1）取适当比例，根据物体的尺寸绘制大体轮廓。
2）考虑细节，将图中较重要的部分用粗、细线条加以区分。
3）绘制材料符号。
4）详细标注相关尺寸与文字说明，书写图名和比例。

任务 2 识读电视背景墙剖面图

对应平面图和立面图了解电视背景墙的施工特点和细部做法，如图 2-27、图 2-28 所示。

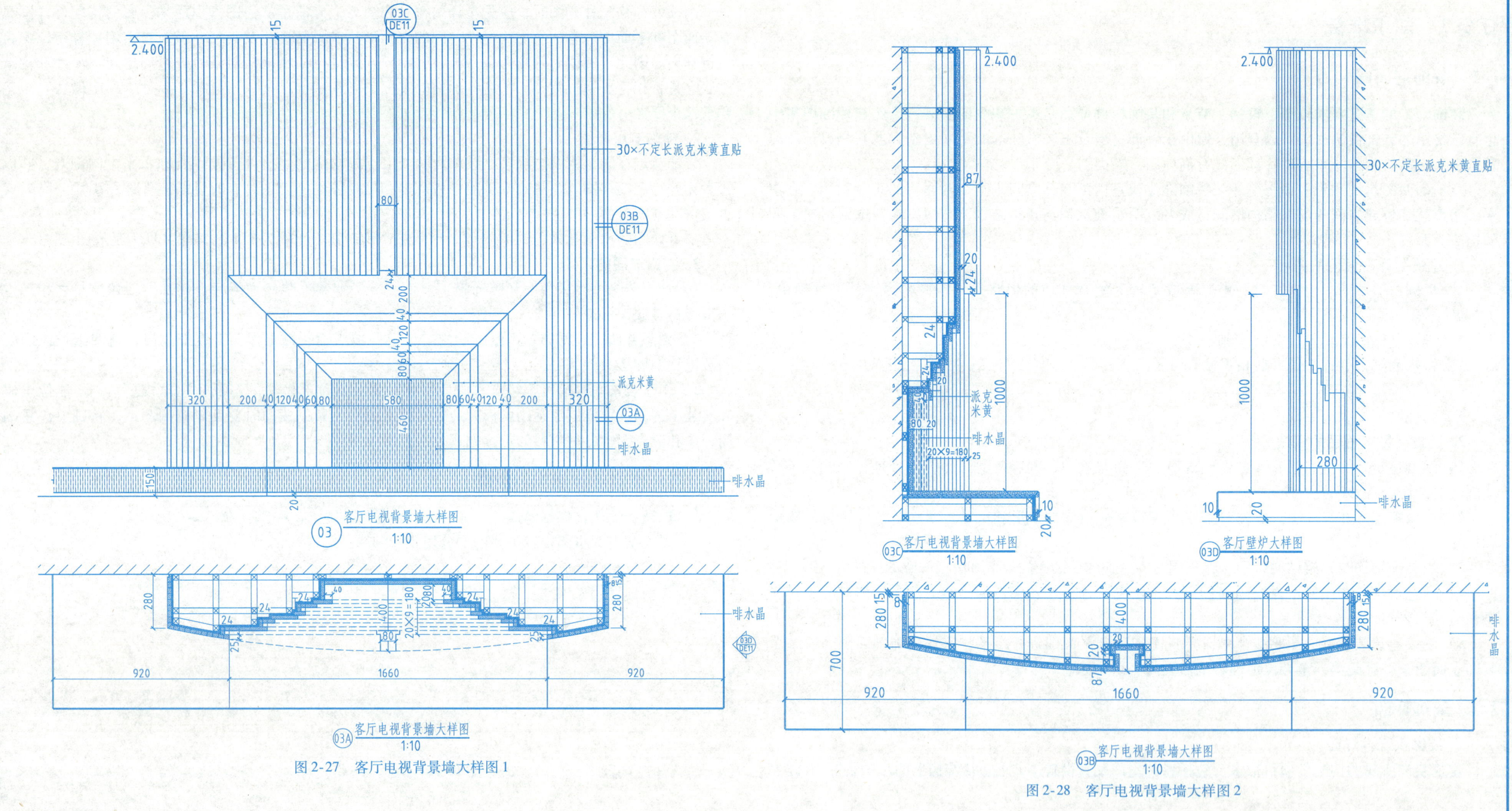

图 2-27 客厅电视背景墙大样图 1

图 2-28 客厅电视背景墙大样图 2

电视背景墙剖面图识读指导：
1）读图名和比例。对应平面图和立面图，了解该图在平面和立面中所处的位置，图名与索引符号一一对应，客厅电视背景墙大样图采用了 1:10 的比例。
2）读电视背景墙大样图，了解其构造形式。
3）读标高和尺寸，掌握各种尺寸关系。

任务3　识读顶棚剖面图

对应平面图和立面图了解顶棚的施工特点和细部做法，如图2-29所示。

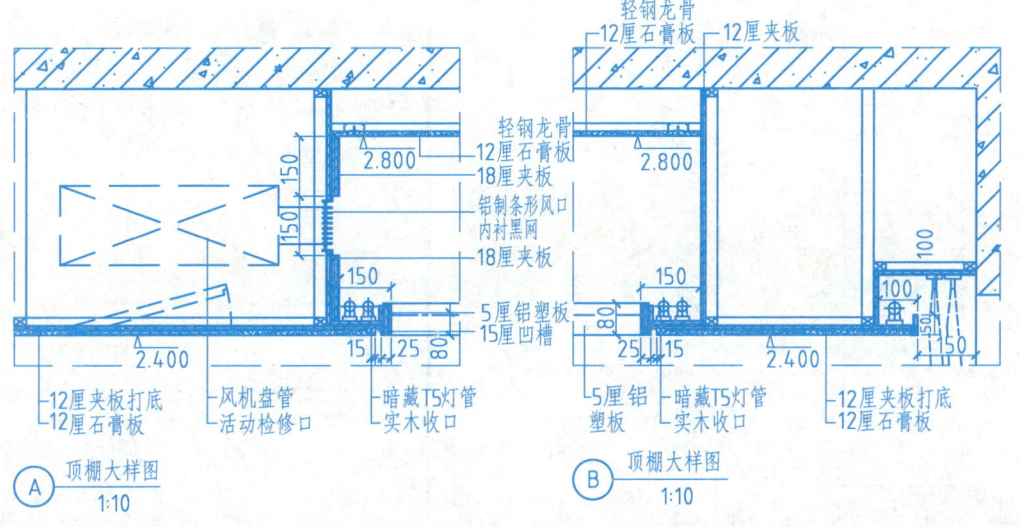
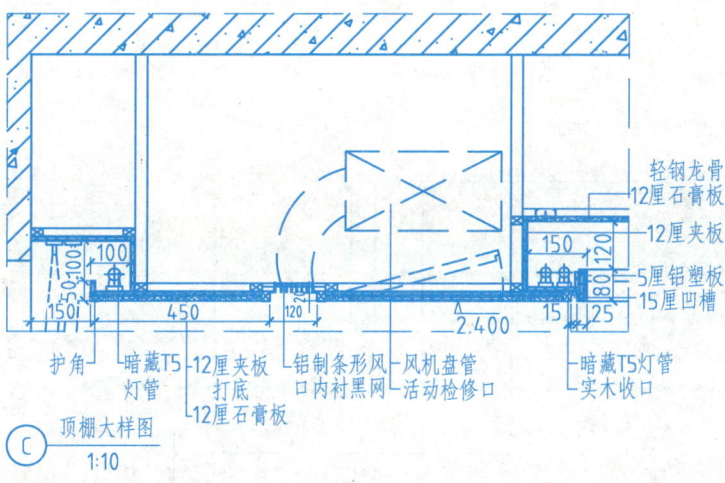
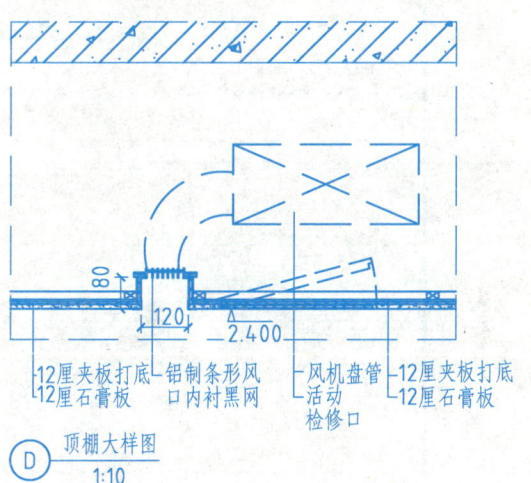
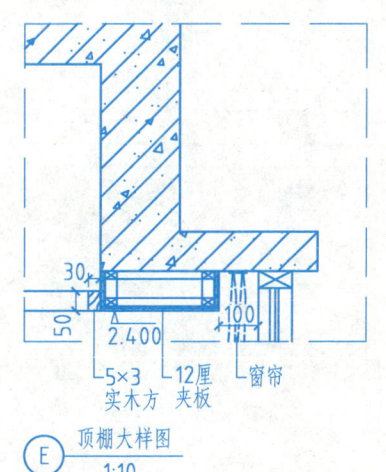
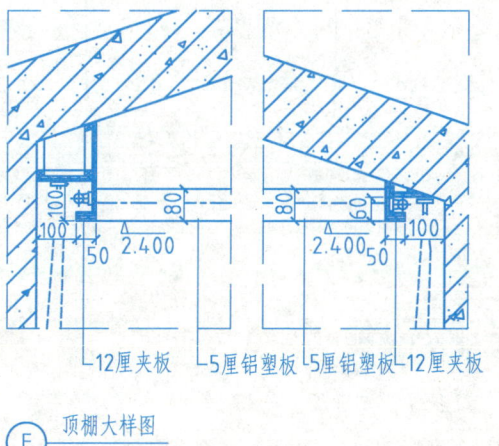

图2-29　顶棚大样图

顶棚剖面图识读指导：

1）读图名和比例。对应平面图和立面图，了解该图在平面和立面中所处的位置，图名与索引符号一一对应，顶棚大样图采用了1∶10的比例。

2）读顶棚大样图，了解其构造形式。如顶棚采用轻钢龙骨，12厘夹板打底，面铺12厘石膏板。

3）读标高和尺寸，掌握各种尺寸关系。如顶棚的板底标高为2.800m，风机盘管活动检修口下部板底标高为2.400m。

任务4 识读墙身石材、木饰面剖面图

对应平面图和立面图了解墙身石材、木饰面的施工特点和细部做法,如图2-30所示。

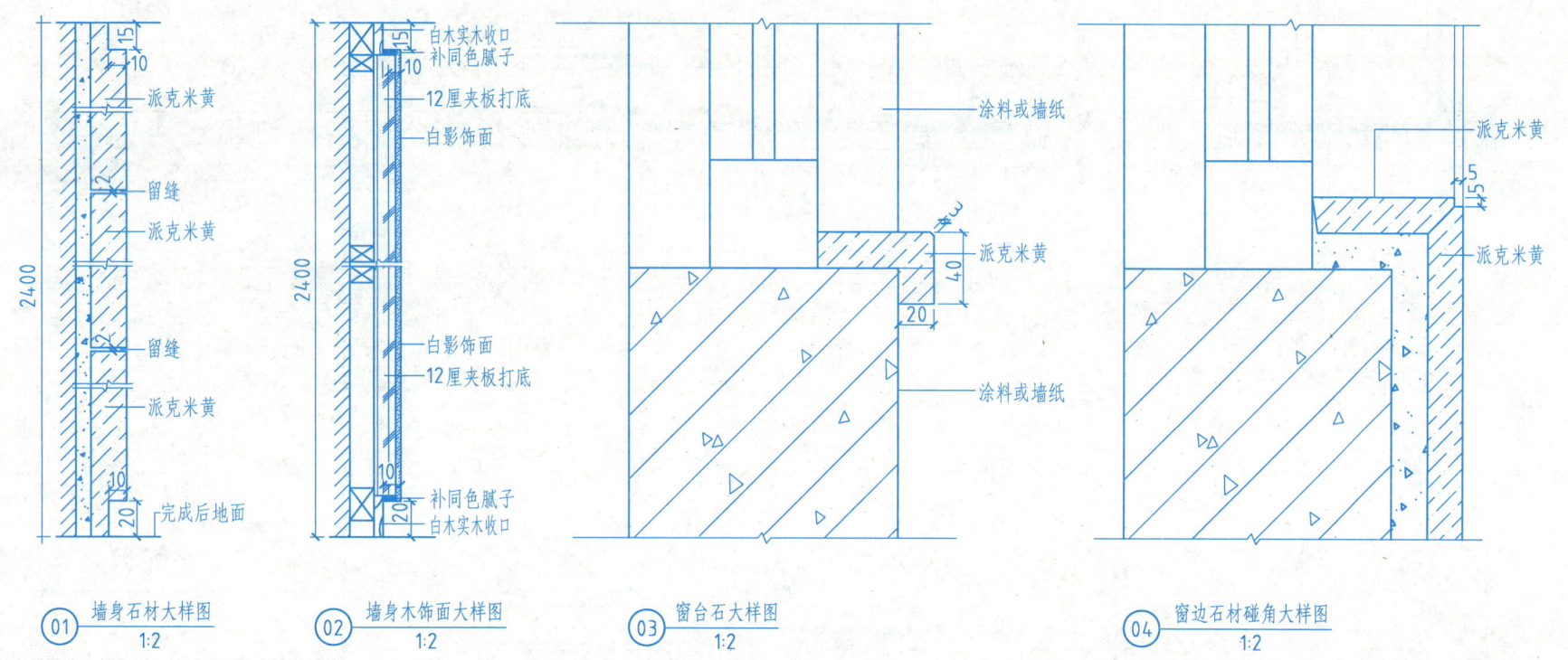

图2-30 墙身大样图

墙身剖面图识读指导:

1)读图名和比例。对应平面图和立面图,了解该图在平面和立面中所处的位置,图名与索引符号一一对应。墙身石材、木饰面大样图采用了1:2的比例。

2)读墙身大样图,了解其构造形式。如墙身木饰面大样图采用木龙骨,12厘夹板打底,端部采用白木实木收口,补同色腻子。

任务 5　识读家具、陈设大样图

对应平面图和立面图了解家具、陈设的施工特点和细部做法，图 2-31 为衣柜大样图，图 2-32 为客厅装饰柜大样图。

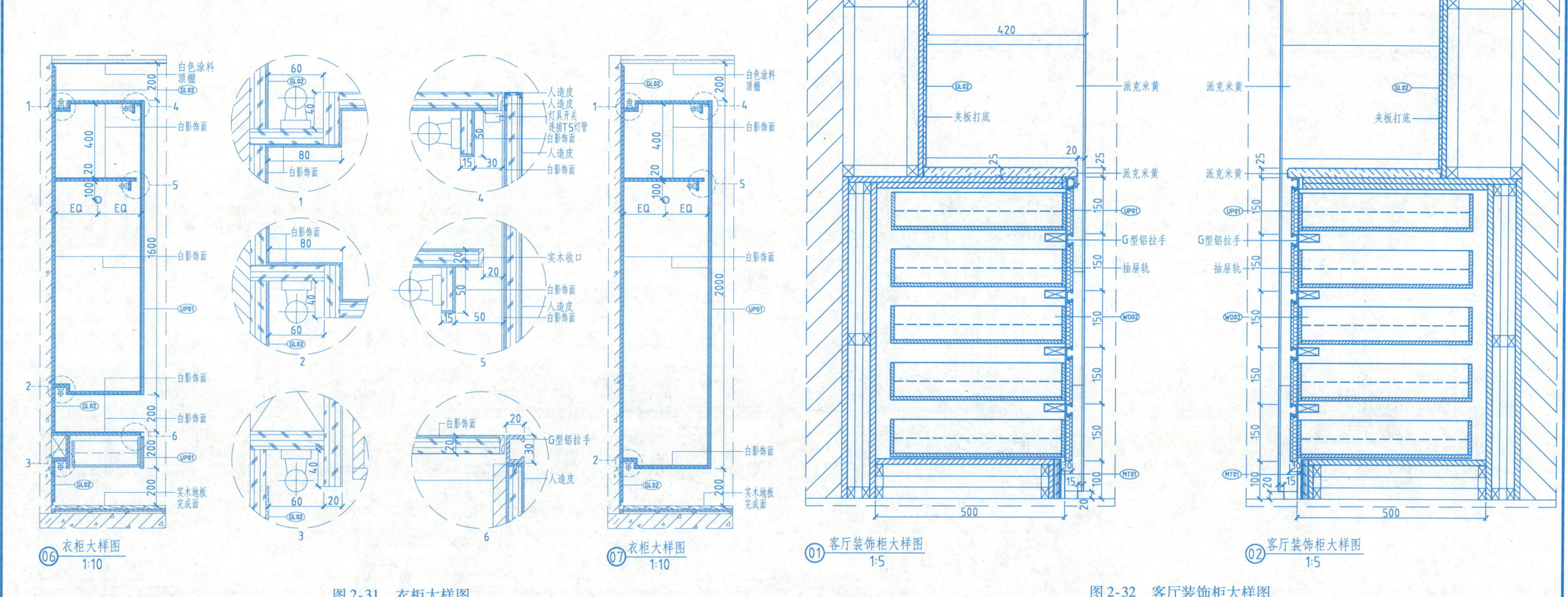

图 2-31　衣柜大样图

图 2-32　客厅装饰柜大样图

家具、陈设大样图识图指导：
1）读图名和比例。对应平面图和立面图，了解该图在平面和立面中所处的位置，图名与索引符号一一对应。衣柜大样图采用了 1∶10 的比例，客厅装饰柜大样图采用了 1∶5 的比例。
2）读衣柜大样图、客厅装饰柜大样图，了解其构造形式。
3）读尺寸，掌握各种尺寸的关系，深入掌握节点详图的构造情况。

任务6 知识拓展——识读隔断、楼梯大样图

对应平面图和立面图了解隔断、楼梯的施工特点和细部做法，图2-33为玻璃隔断大样图，图2-34为楼梯大样图。

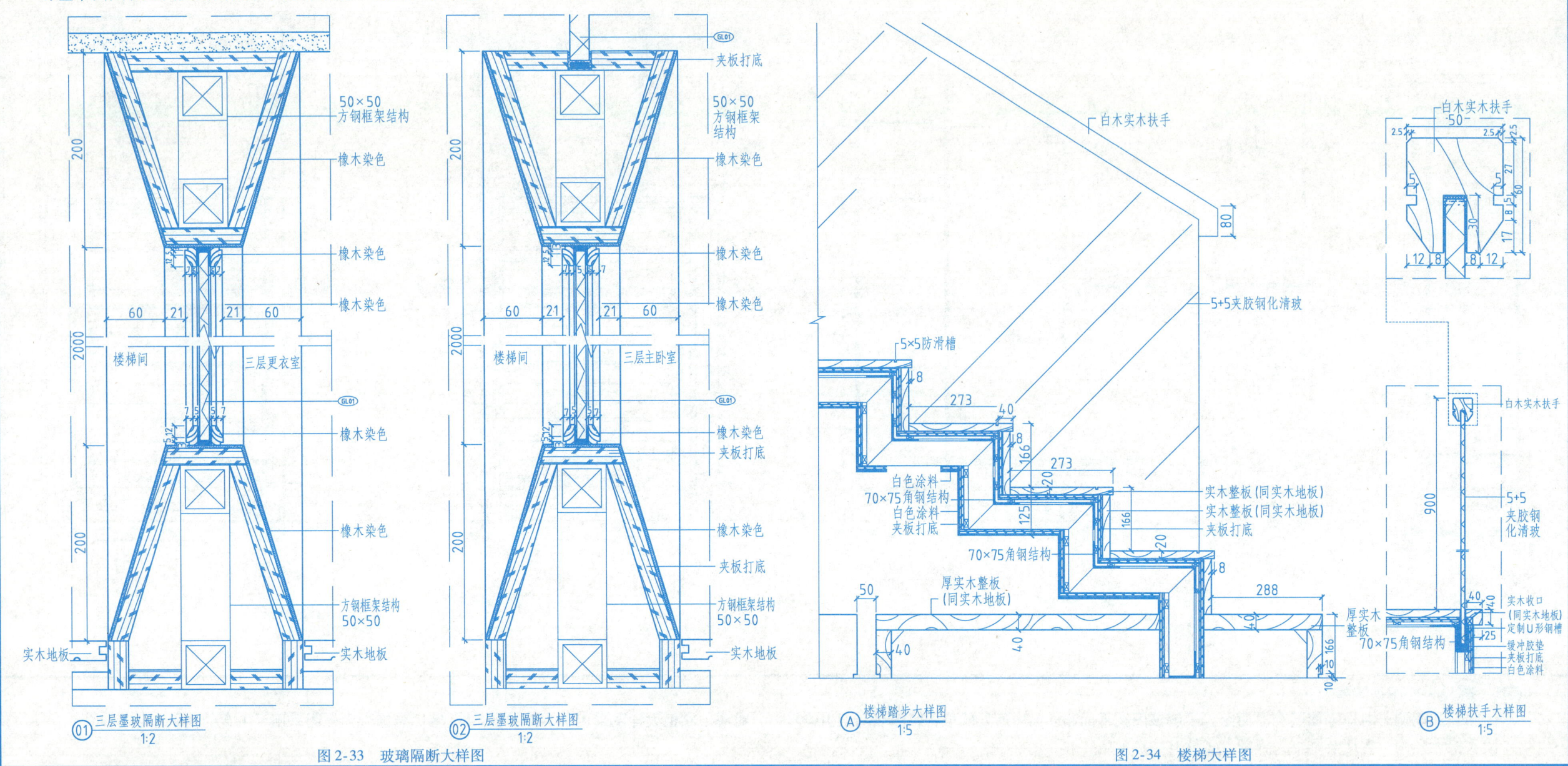

图2-33 玻璃隔断大样图　　　　　图2-34 楼梯大样图

隔断、楼梯大样图识图指导：
1）读图名和比例。对应平面图和立面图，了解该图在平面和立面中所处的位置，图名与索引符号一一对应。玻璃隔断大样图采用了1∶2的比例，楼梯踏步、扶手大样图采用了1∶5的比例。
2）读隔断、楼梯大样图，了解其构造形式。
3）读标高和尺寸，掌握各种尺寸的关系；读图时注意将该图尺寸与其他相关图样对应起来。

项目四 某别墅建筑装饰工程设备施工图的识读

任务1 知识准备

装饰设备施工图主要包括室内照明、强电、弱电等电气图以及室内给水排水施工图。

1.1 电气施工图

电气施工图一般由施工说明、电气平面图、电气系统图、详图、设备布置图、电气原理接线图等组成。

1）施工说明主要说明电源的来路、线路的敷设方法、电气设备的规格及安装要求等。

2）电气平面图是电安装的重要依据，它是将同一层内不同高度的电气设备及线路都投影到同一平面上，如图2-35是某办公楼一层照明平面图示例。

3）电气系统图主要表明工程的供电方案，标有整个建筑物内部的配电系统和容量分配情况、配电装置、导线型号、穿线管径等。图2-36是某办公楼室内电气照明系统图示例。

4）详图是电气安装工程的局部大样图，主要表明某部位的具体构造和安装要求。

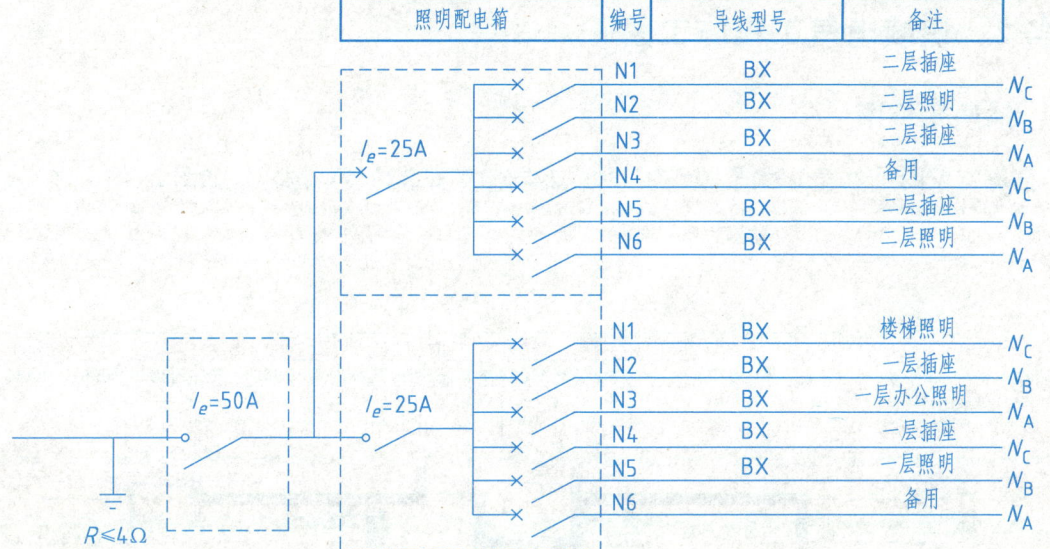

图2-36 电气照明系统图

1.2 室内给水排水施工图

室内给水排水施工图是指房屋建筑内需要供水的厨房、卫生间等房间，以及工矿企业中的锅炉房、浴室、实验室、车间内的用水设备等的给水和排水工程。室内给水系统由房屋引入管、水表节点、给水管网（干管、立管、横支管）、给水附件（水龙头、阀门）、用水设备（卫生设备等）、水泵、水箱等附属设备组成。室内排水系统由污（废）水收集器、排水横支管、排水立管、排水干管和排出管组成。室内给水排水管网的组成如图2-37所示。

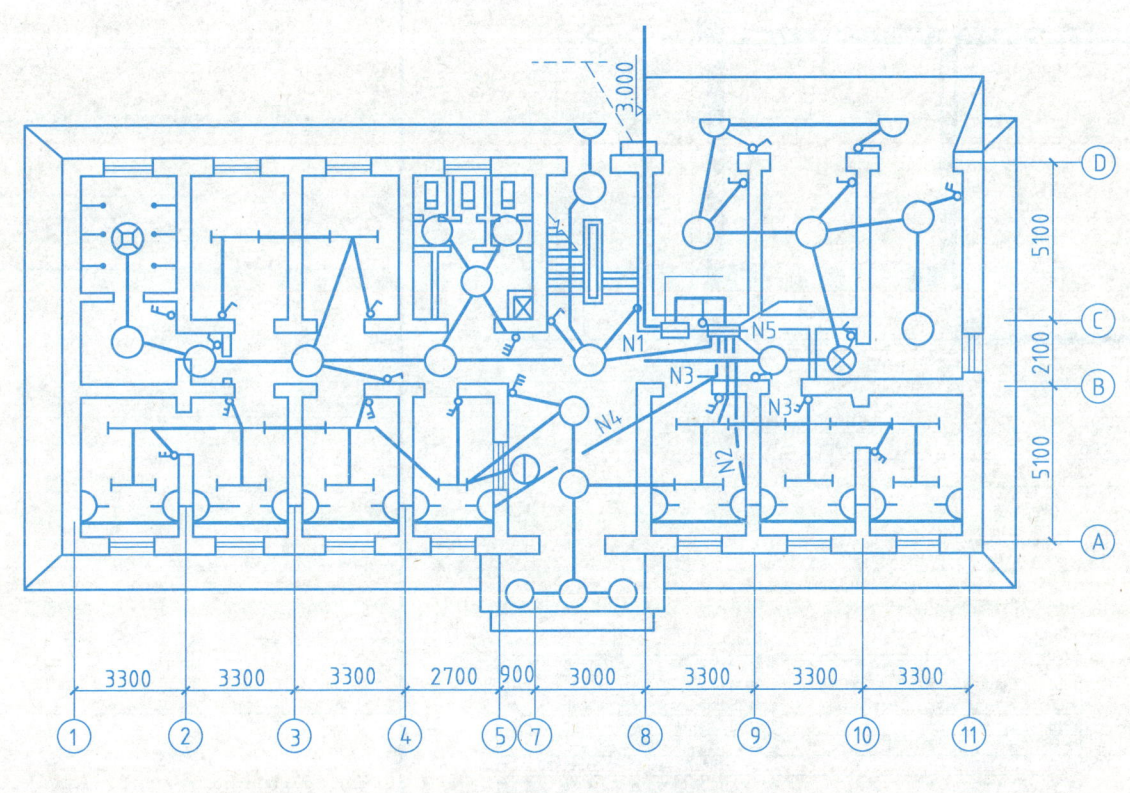

图2-35 一层照明平面图

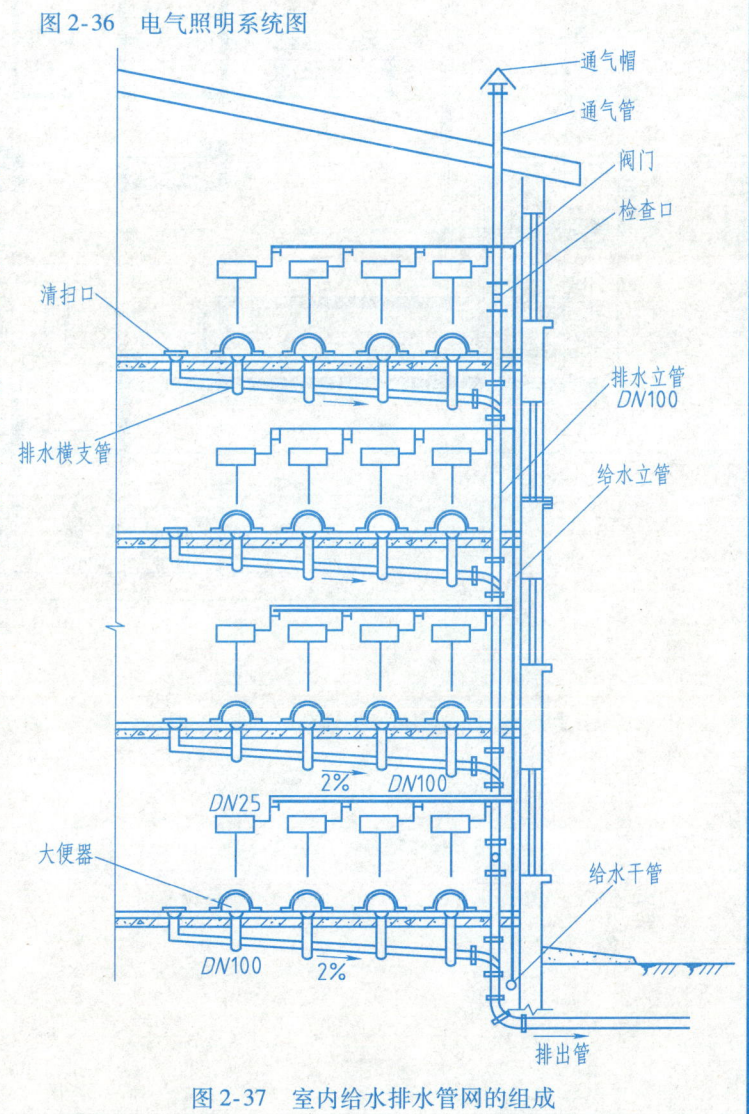

图2-37 室内给水排水管网的组成

任务 2　识读电气工程施工图

2.1　插座定位图

插座定位图是电气工程图中反映各种强弱电插座安装位置的图样，如图 2-38～图 2-40 所示。

电气施工图的内容：

1）电气平面图是电气安装的重要依据，它是将同一层内不同高度的电气设备及线路都投影到同一个平面上。建筑电气平面图是设计各楼层或区域的布置图，包括设备符号、线缆走向、安装位置等。由于它是一个平面图，也就是二维图，其中的设备元器件等的竖向位置无法体现，只能在说明或图例中标示出来。

2）电气施工图中，各种电气设备是用图例符号来表示的。

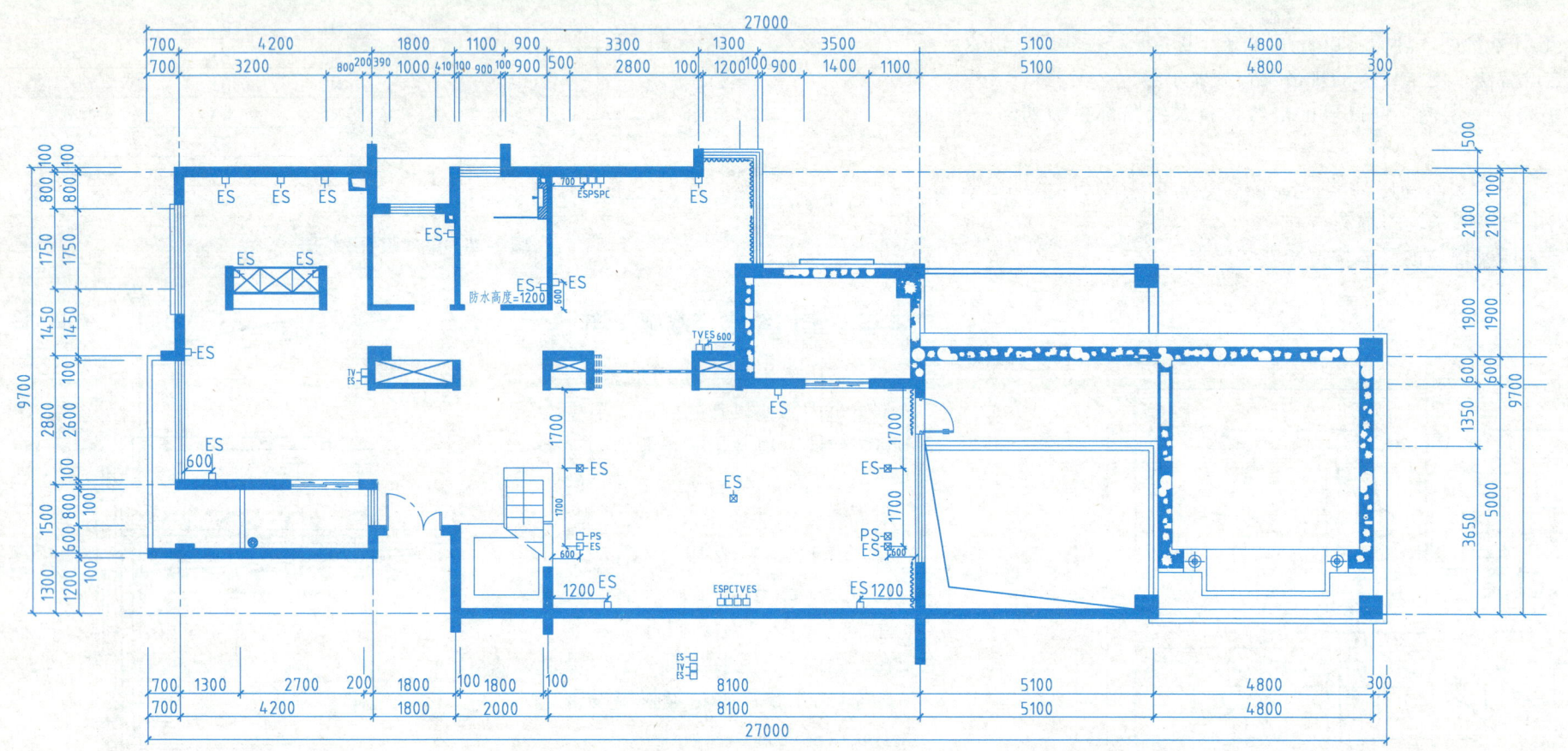

图 2-38　一层插座定位图

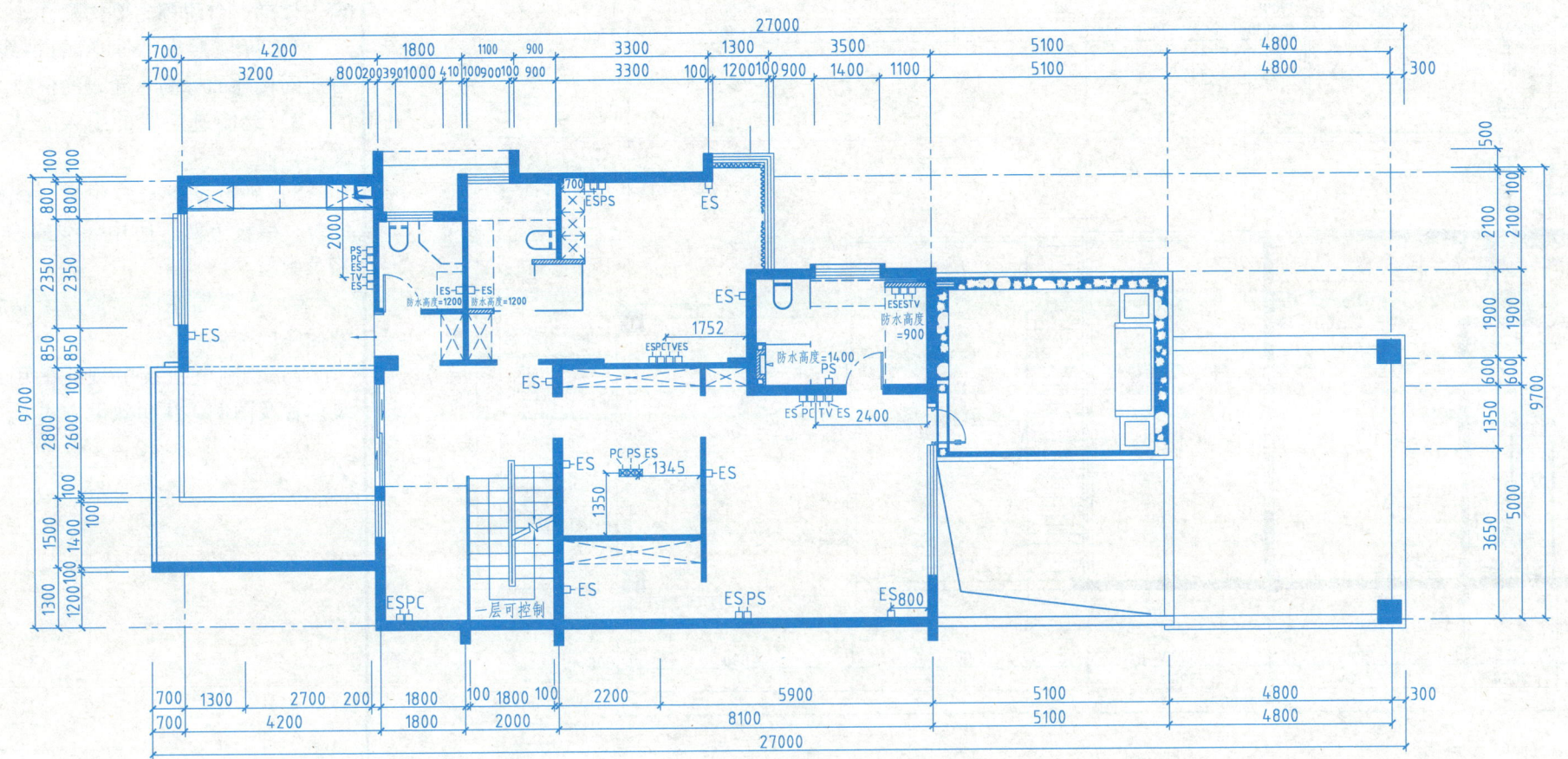

图 2-39 二层插座定位图

电气施工图识读指导：

1）在识图时，应抓住要点进行识读，如：在明确负荷等级的基础上，了解供电电源的来源、引入方式及路数；了解电源的进户方式是由室外低压架空引入还是电缆直埋引入；明确各配电回路的相序、路径、管线敷设部位、敷设方式以及导线的型号和根数；明确电气设备、器件的平面安装位置。

2）电气施工与土建施工结合得非常紧密，施工中经常涉及各工种之间的配合问题。电气施工平面图只反映了电气设备的平面布置情况，结合土建施工图的阅读还可以了解电气设备的立体布设情况。

3）阅读电气施工图，识读配电系统图、照明与插座平面图时，应首先了解室内配线的施工顺序。根据电气施工图确定设备安装位置、导线敷设方式、敷设路径及导线穿墙或楼板的位置；结合土建施工进行各种预埋件、线管、接线盒、保护管的预埋；装设绝缘支持物、线夹等，敷设导线；安装灯具、开关、插座及电气设备；进行导线绝缘测试、检查及通电试验。

4）识读时，施工图中各图纸应协调配合阅读，为说明配电关系时需要有配电系统图；为说明电气设备、器件的具体安装位置时需要有平面布置图；为说明设备、材料的特性、参数时需要有设备材料表等。这些图纸各自的用途不同，但相互之间是有联系并协调一致的。在识读时应根据需要，将各图纸结合起来识读，以达到对整个工程或分部项目的全面了解。

插座定位图的绘制步骤及要求：

1）取适当比例（常用1∶100、1∶50），绘制轴线网。

2）用细实线绘制墙体（柱）、门窗、楼梯、台阶等主要构配件。

3）标注照明平面图的轴线尺寸、各房间楼地面标高、导线的根数。

4）绘制进户线的引入方式及注写文字说明。

5）确定设备安装位置，线路敷设部位，敷设方法，所用导线的型号、规格及数量。

6）布置插座的位置，绘制各种类型插座的图例。

7）绘制电信及电视线的引入、安装位置及图例，注明敷设方式。

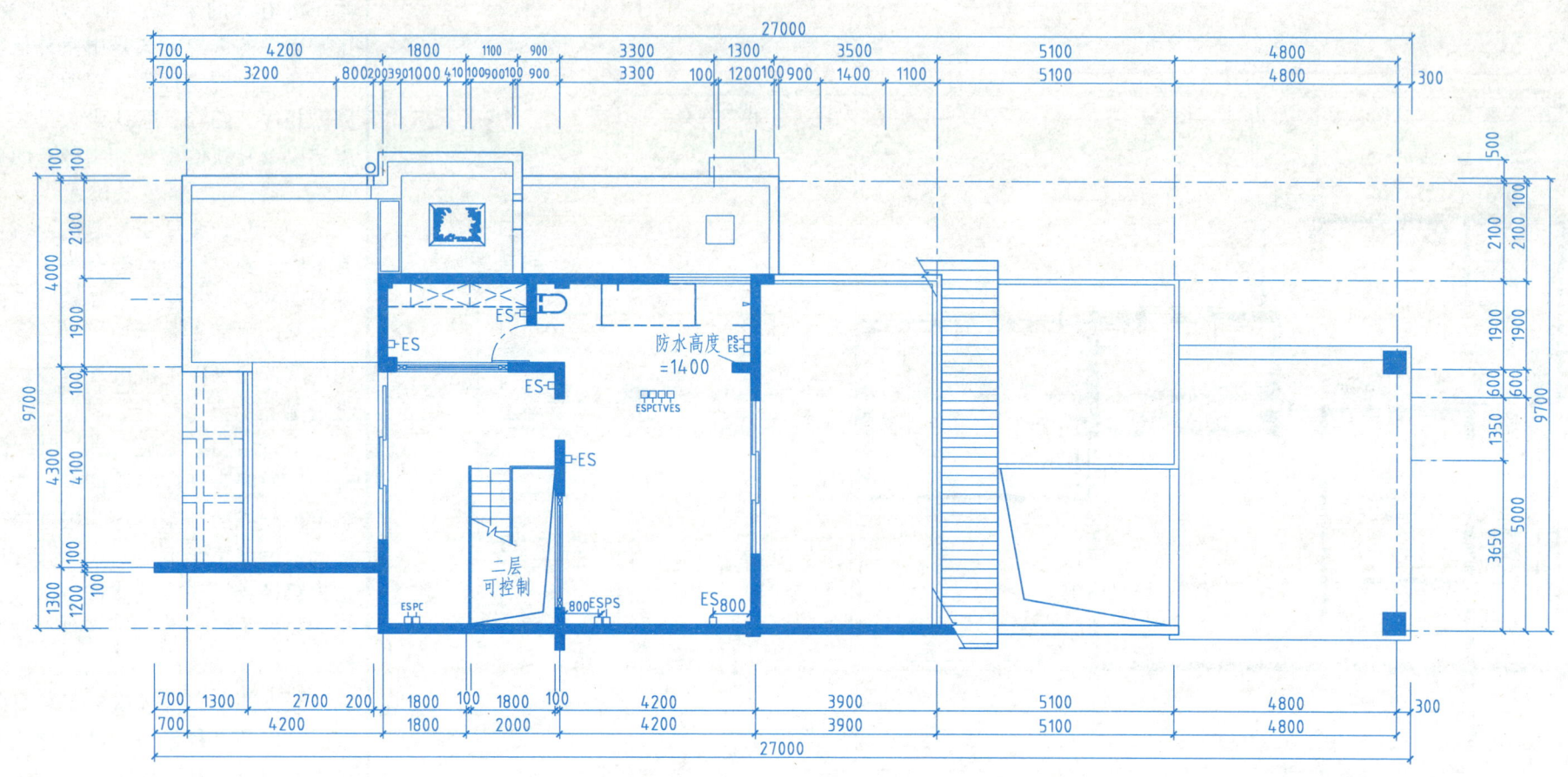

图 2-40 夹层插座定位图

2.2 照明控制图

照明控制图是电气工程图中反映各种灯具、设备等安装位置以及开关和布线的图样,如图2-41~图2-43所示。

照明控制图的绘制步骤和要求:

1)取适当比例(常用1∶100、1∶50),绘制轴线网。
2)用细实线绘制墙体(柱)、门窗、楼梯、台阶等主要构配件。
3)绘制配电箱图例及各回路的路径。
4)布置灯具和开关的位置,绘制灯具和开关的图例。
5)标注照明平面图的尺寸、各房间楼地面标高、导线的根数。
6)灯具要求以及其他有关的文字说明。

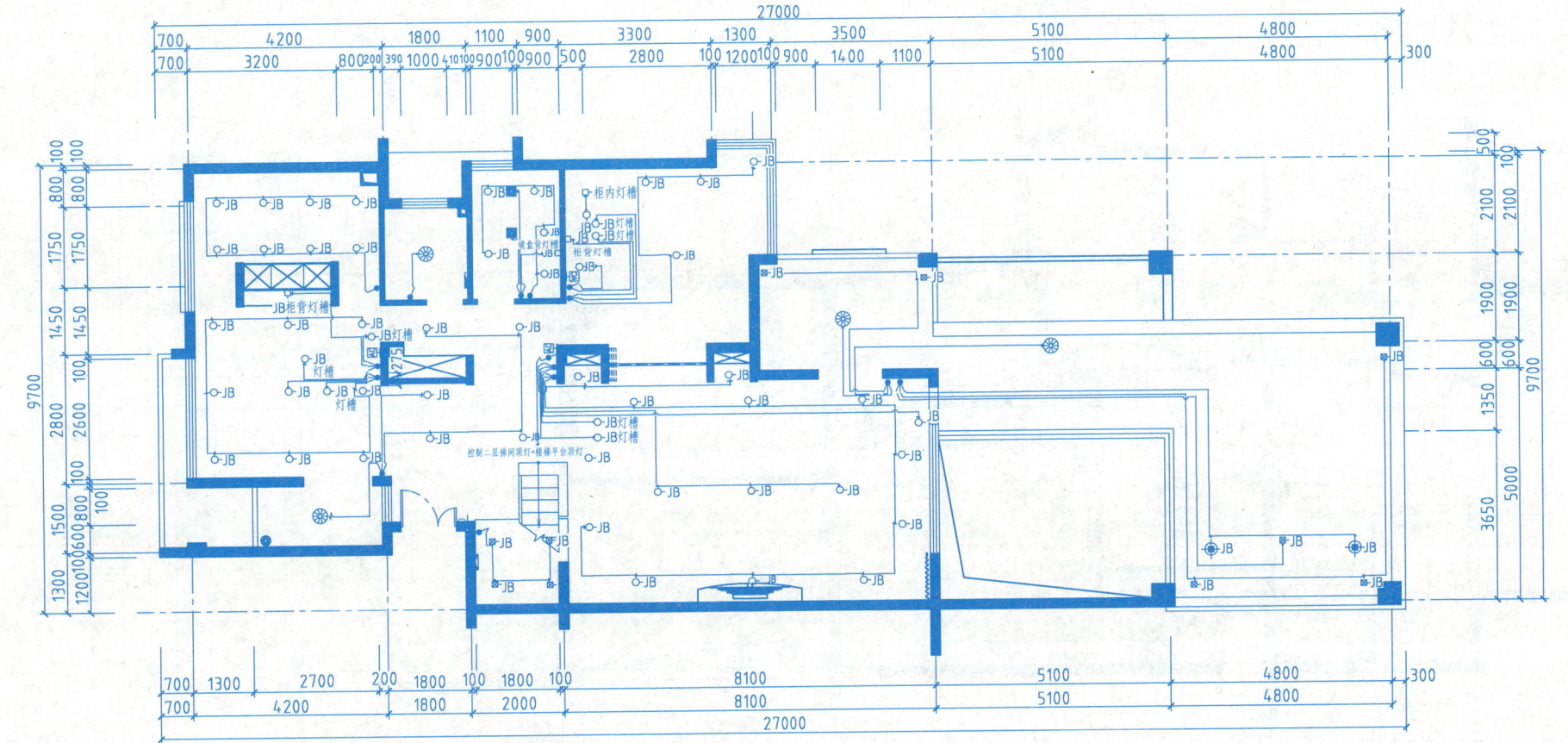

图2-41 一层照明控制图

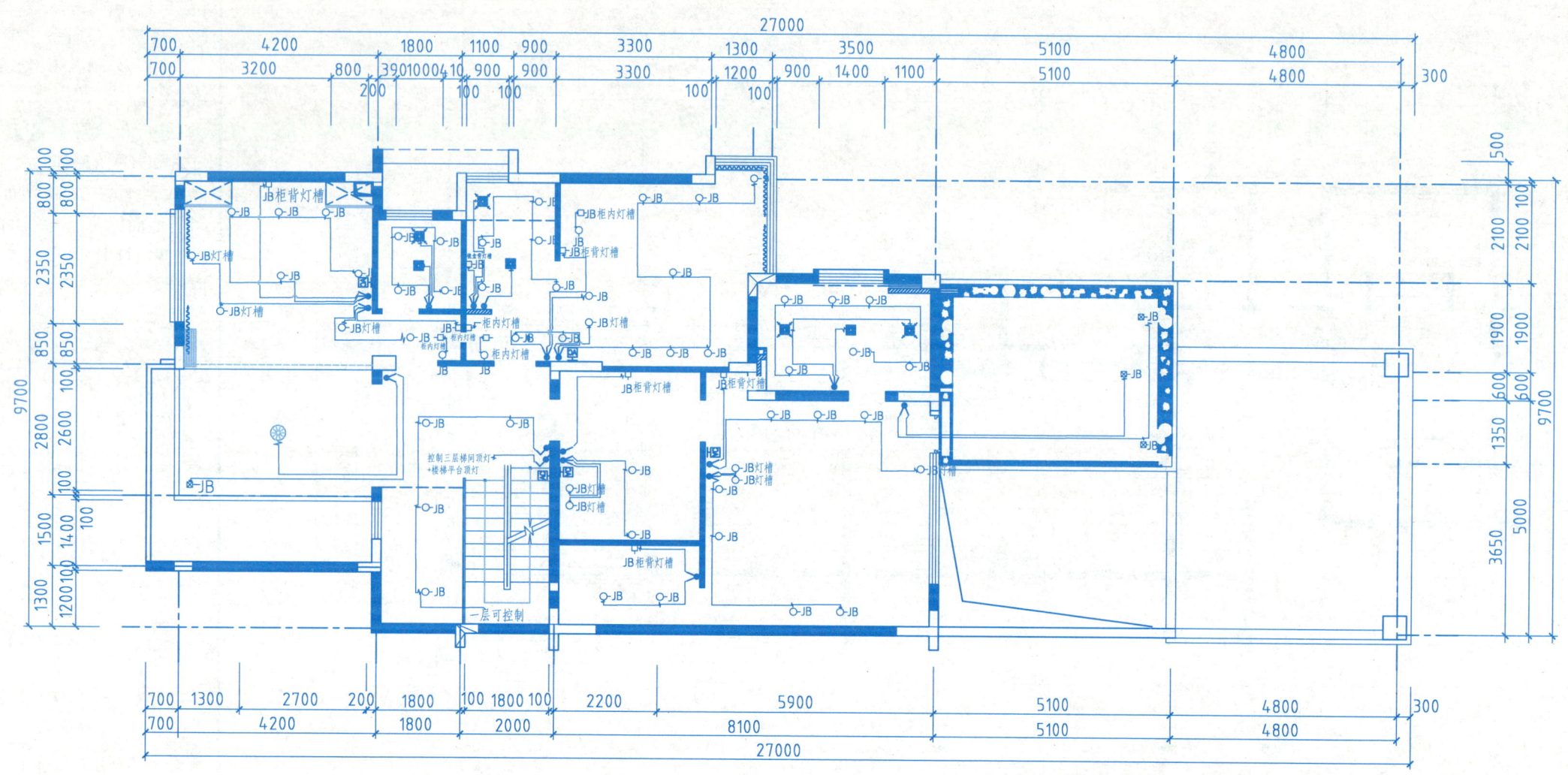

图 2-42 二层照明控制图

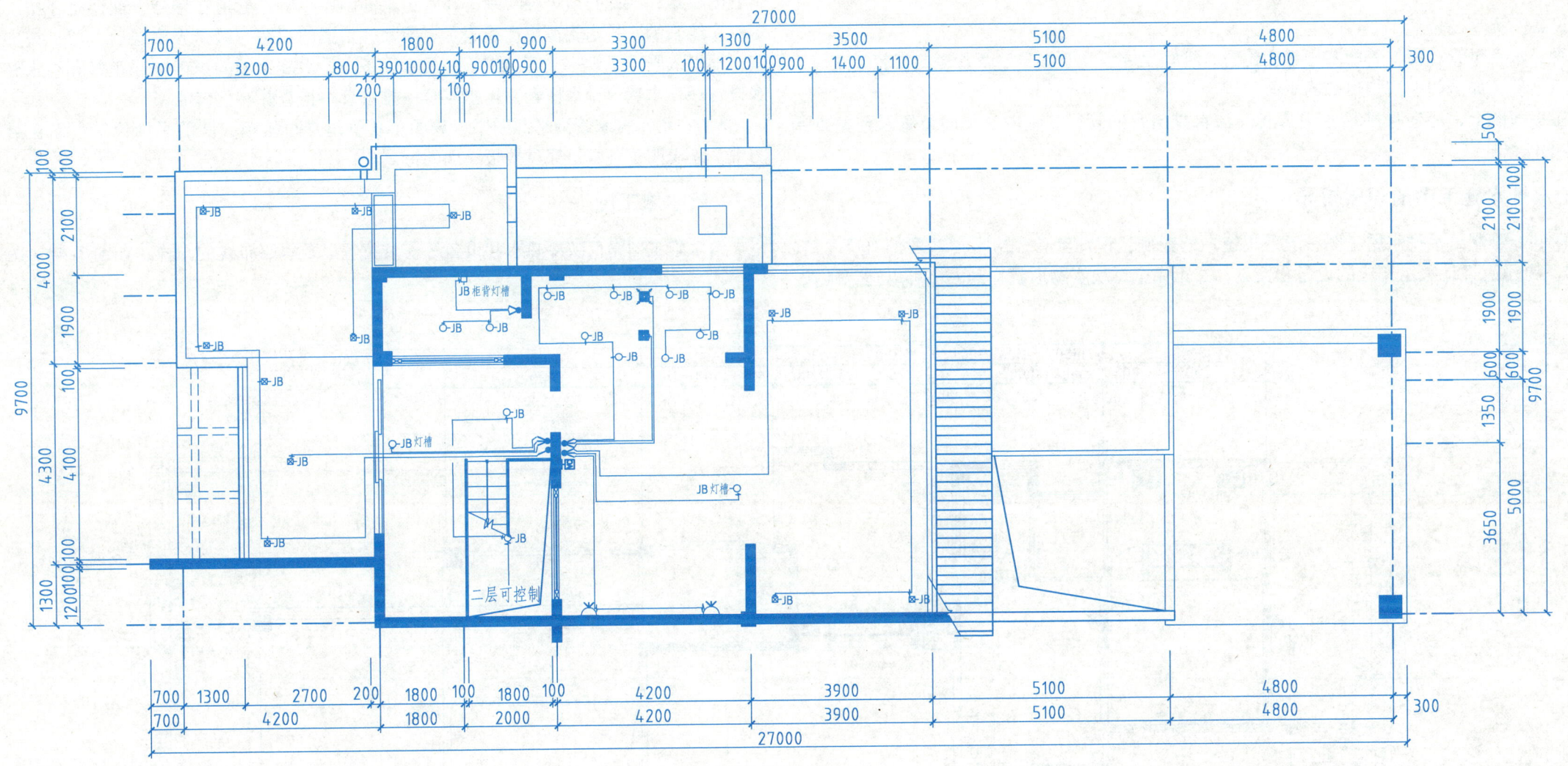

图 2-43 夹层照明控制图

任务 3　识读给水排水工程施工图

3.1　室内给水排水施工图的内容

1）用水设备的类型及位置。
2）各立管、水平干管、横支管的各层平面位置、管径尺寸、立管编号以及管道的安装方式。
3）各管道零件，如阀门、清扫口等的平面位置。
4）在底层平面图上，还应反映给水引入管、污水排出管的管径、走向、平面位置及与室外给水、排水管网的联系。

3.2　室内给水排水施工图的识读指导

1）熟悉图例。绘制给水排水施工图一般采用统一的图例，识图者首先应对这些图例有所了解。这些图例符号只是示意性地表示相应的设备和器具，并不完全反映实物形状，其大小可以适当地按比例缩放，也可根据使用位置旋转适当角度，以方便制图。

2）识读给水排水平面图。了解建筑物内部的管道与用水设备的布置。与建筑施工图一样，把管道与设备布置相同的楼层绘制在一个平面图中，称为标准层平面图。底层平面图因要表示引入管和排出管的位置，因此必须单独绘制。在管道平面图中，不论管道在楼层上面还是在楼层下面，给水管道用粗实线表示，排水管道用虚线表示。给水施工图的识图一般是先底层后上层，按进水的方向顺序识读，即引入管→干管→主管→支管→用水设备。排水施工图的识读顺序正好和给水施工图相反，即用水设备→存水弯→排水横管→排水主管→排水管→检查井→化粪池。

3）在给水排水管网平面图中，表明了各管道穿过楼板、墙的平面位置，而在给水排水管网轴测图中，还表明了各管道穿过楼板、墙的标高。

3.3　给水施工图

给水施工图是反映冷热水和设备等安装位置以及水路布线的图样，如图 2-44～图 2-46 所示。

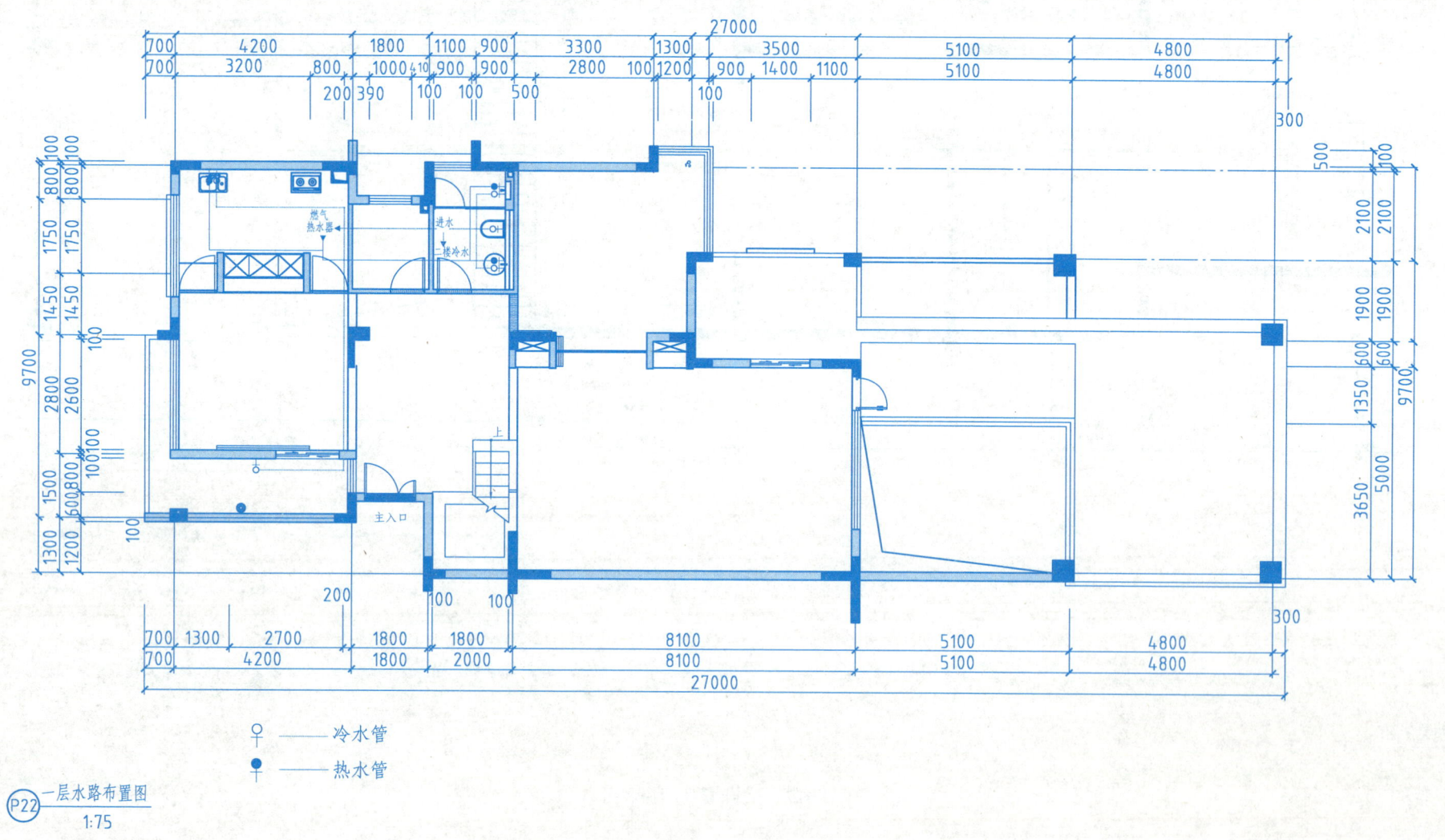

图 2-44　一层水路布置图

给水施工图绘图步骤和要求:

1) 采用的比例可与建筑平面图相同,也可根据需要将比例放大绘制,尺寸一定要与建筑平面图相同。

2) 各层的卫生设备用宽度 $b/2$ 的中实线直接抄绘到平面图上,不标注尺寸,如果有特殊要求则可标注安装时的定位尺寸。

3) 绘制平面布置图中的管道,热水与冷水的进水阀用不同的图例表示,热水管与冷水管也用不同的线宽或虚实线表示。

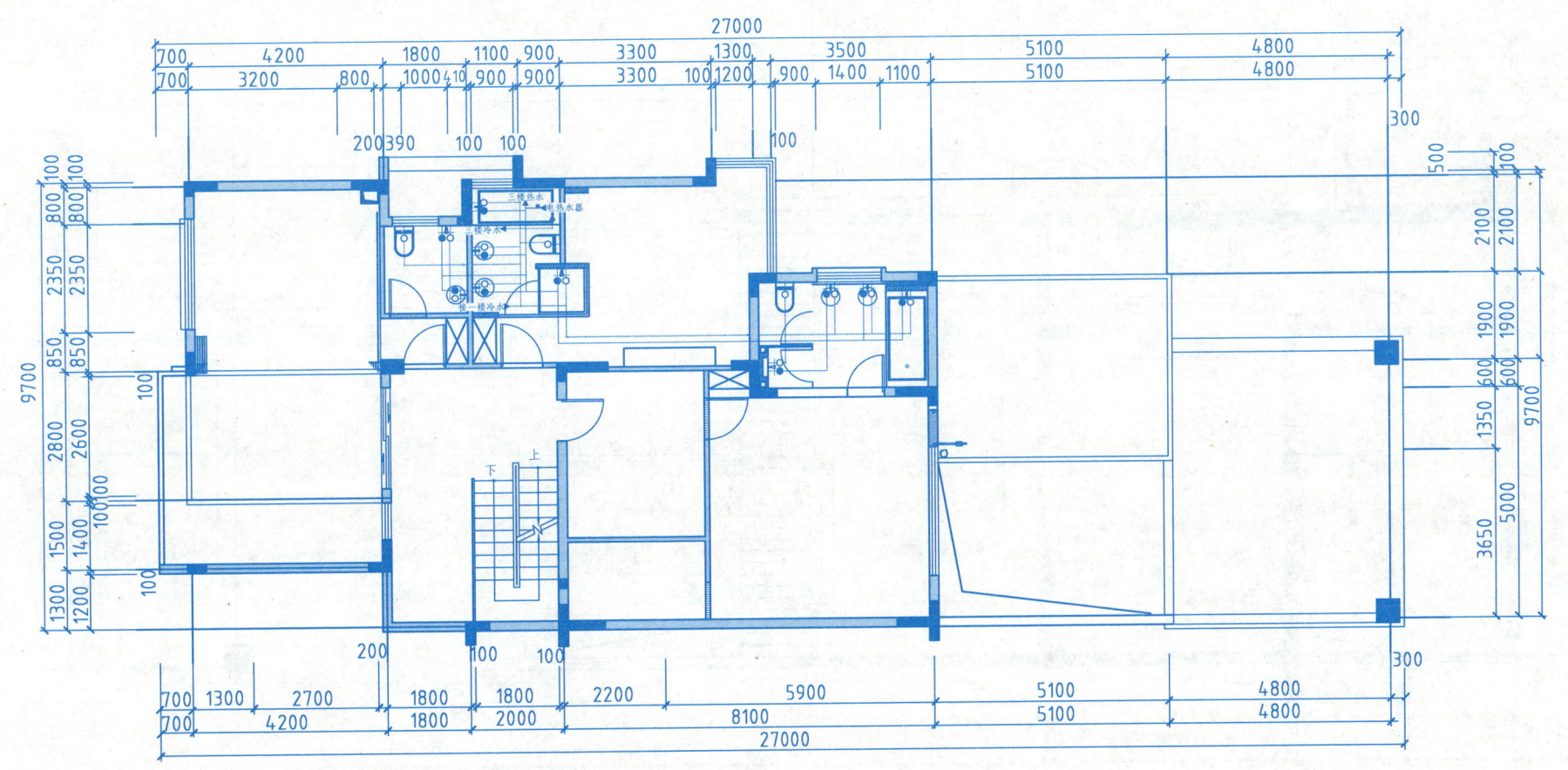

图 2-45 二层水路布置图

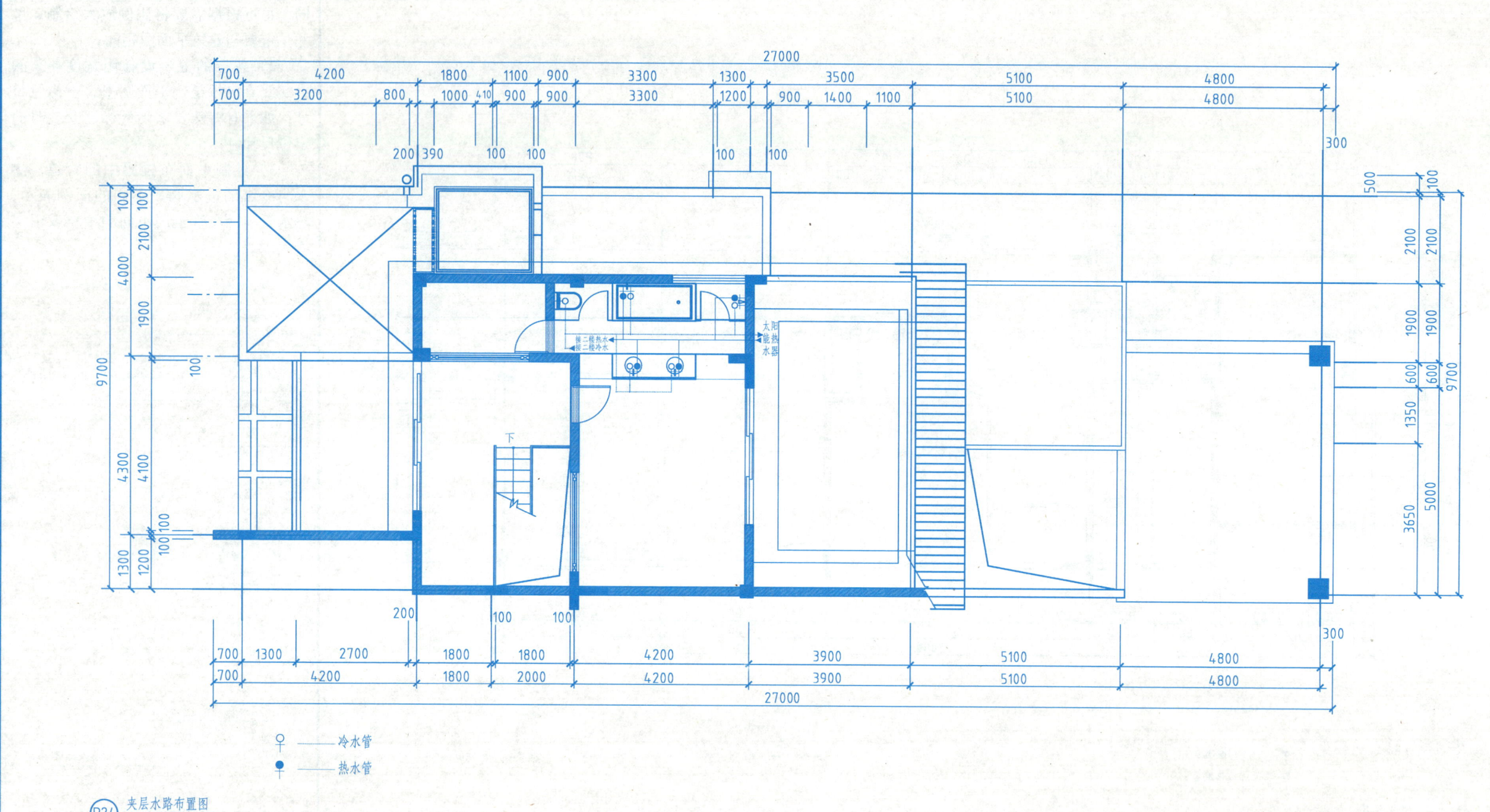

图 2-46 夹层水路布置图

3.4 排水施工图

排水施工图是反映各种排水设备等安装位置以及排水布线的图样，如图2-47～图2-49所示。

排水施工图绘图步骤和要求：

1）采用的比例可与建筑平面图相同，也可根据需要将比例放大绘制，尺寸一定要与建筑平面图相同。

2）各层的排水设备用宽度 $b/2$ 的中实线直接抄绘到平面图上，不标注尺寸，如果有特殊要求则可标注安装时的定位尺寸。

3）绘制平面布置图中的生活污水和雨水的下水管以及排水线路。

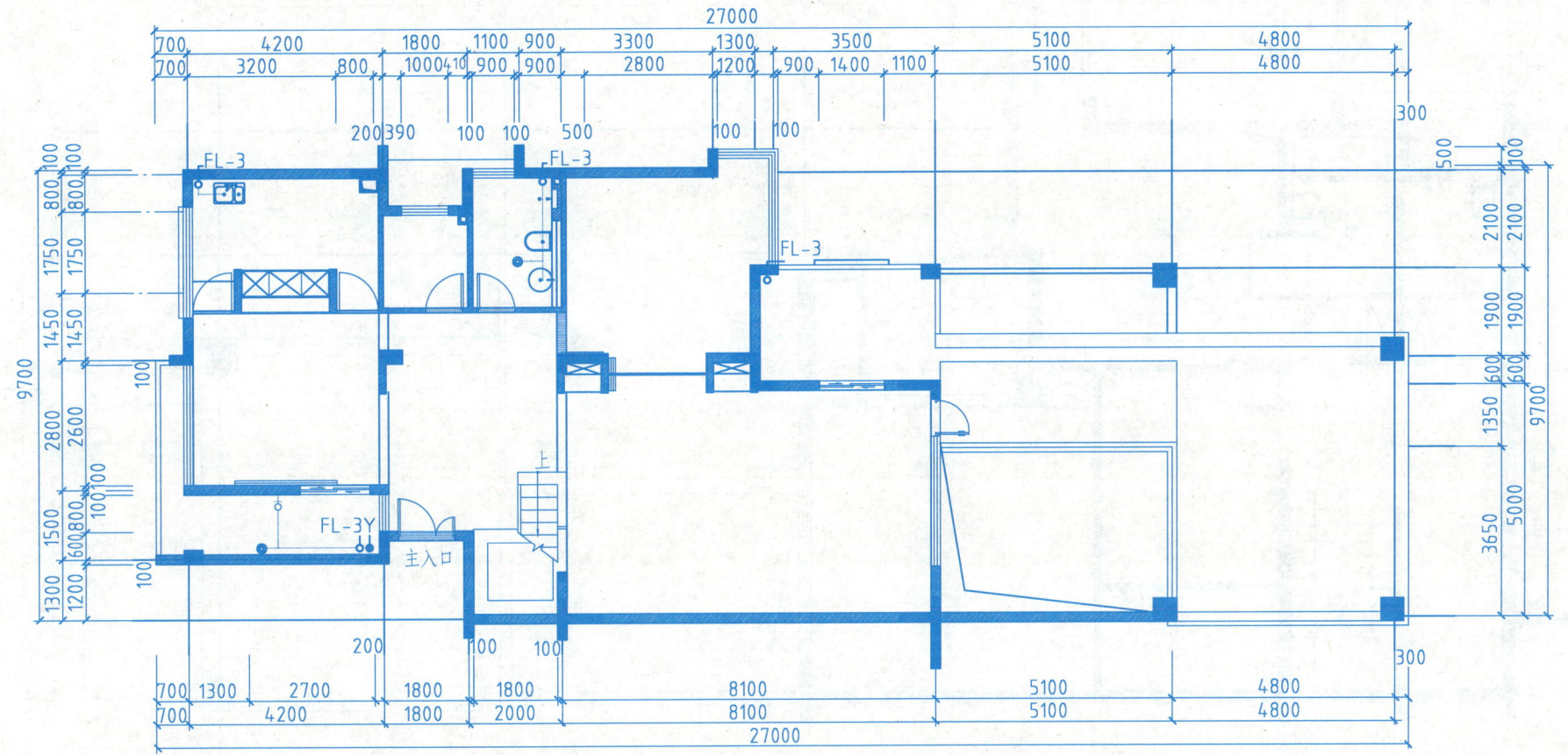

图2-47　一层排水布置图

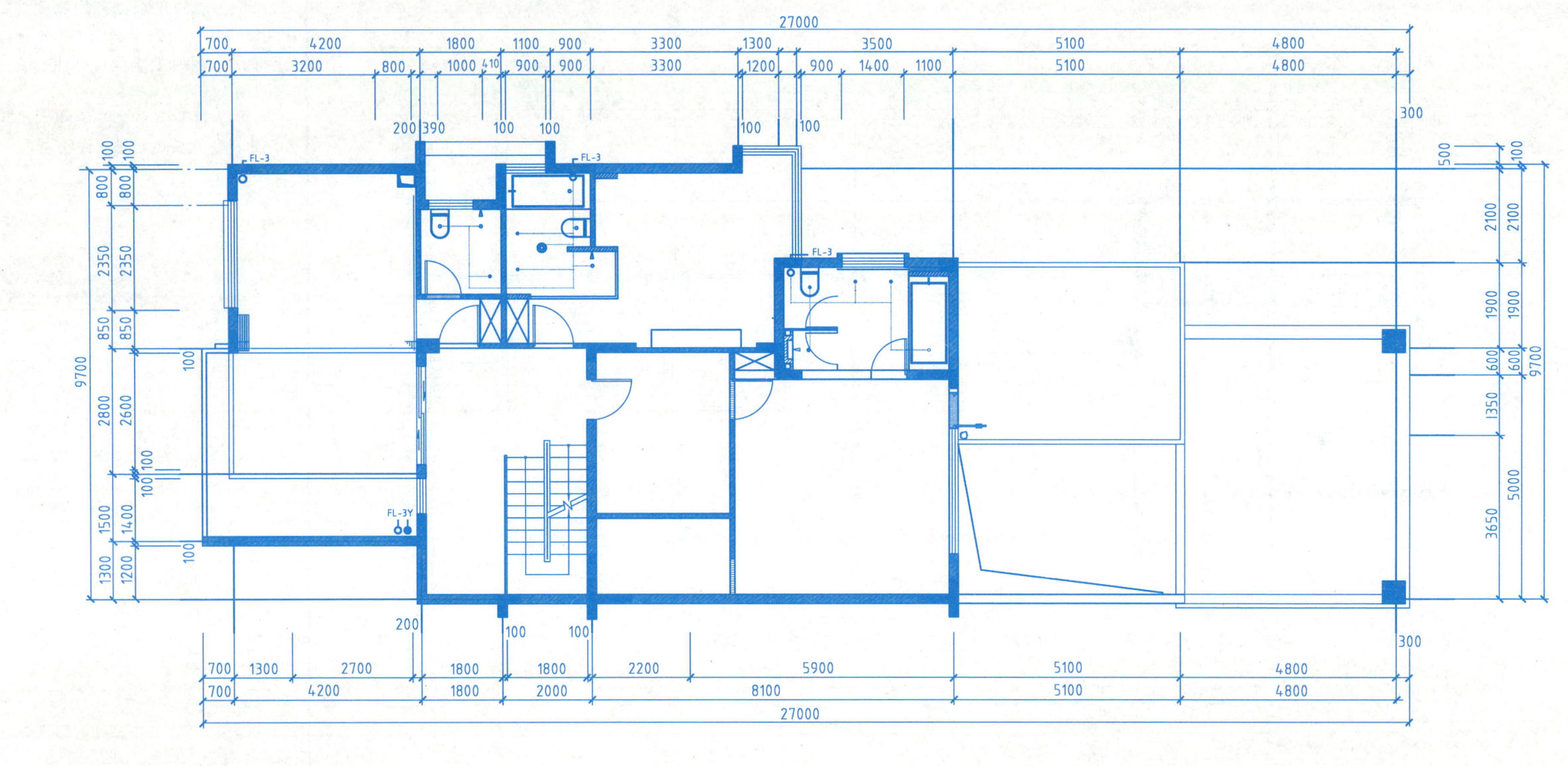

图 2-48 二层排水布置图

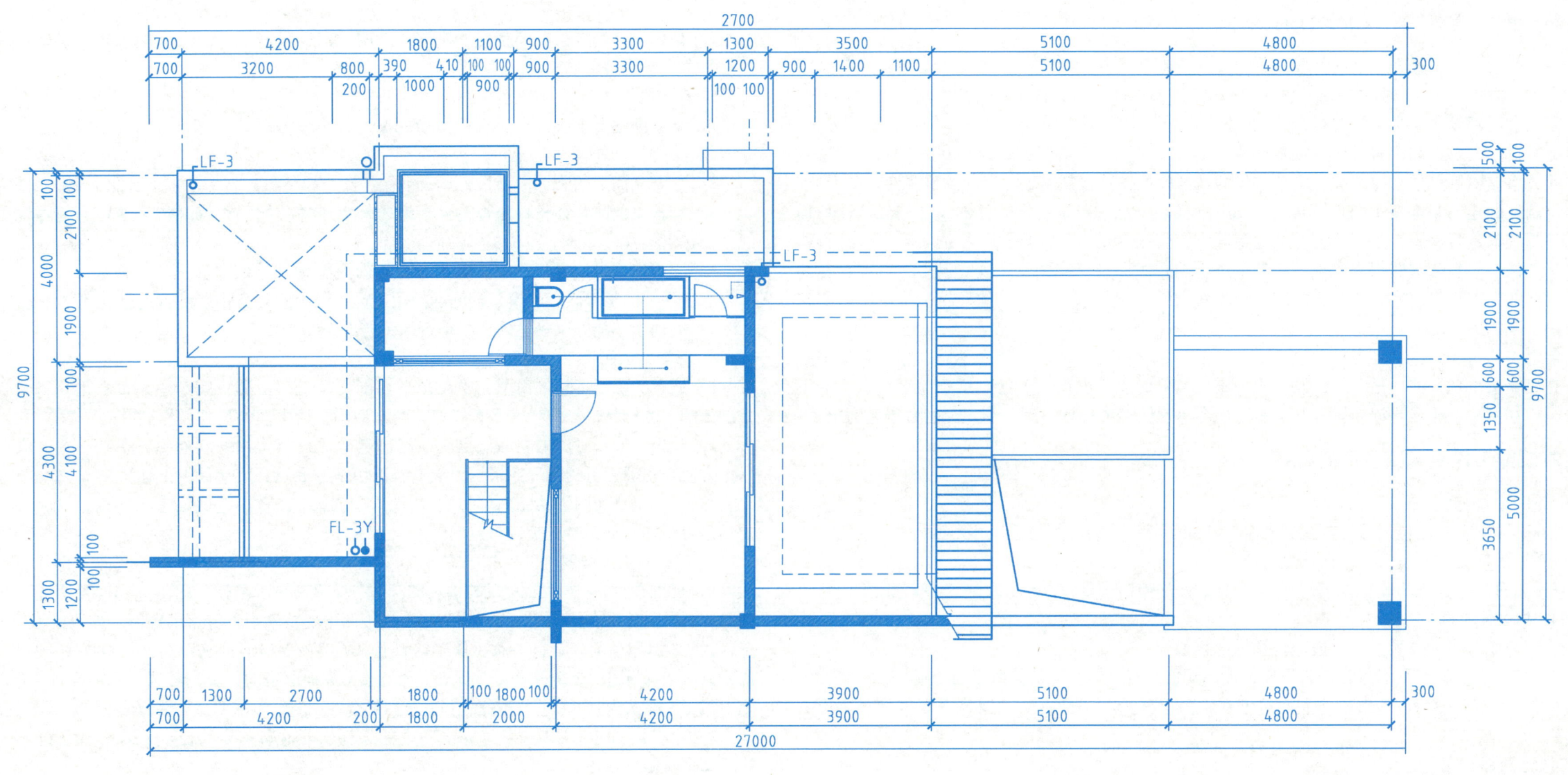

图 2-49　夹层排水布置图

项目五　建筑装饰工程施工图的自审与会审

任务1　建筑装饰工程施工图自审

1.1　建筑装饰工程施工图自审的目的

任何一项建筑装饰工程开工之前都要充分做好准备工作，其中对施工图的审核是施工准备阶段的重要技术工作之一。为了做好施工前的准备工作，施工图的审核可以分为设计单位自审、施工部门阅读自审、会同建设单位与设计单位会审三个阶段。

作为施工技术人员，如果对设计图纸不理解，发现不了图纸中的问题，就会在施工生产中造成困难。因此，审核图纸是做好建筑装饰施工工作的基本前提，这就是施工图审核的重要性。

设计绘制好的建筑装饰施工图是设计人员的思维成果，是对建筑装饰装修的设计构思。这种构思形成的建筑装饰是否完善，是否切合环境的实际、施工条件的实际、施工水平的实际等，是否能在一定施工条件下实现，这些都要求施工人员通过读图，领会设计意图，发现并提出图纸中存在的问题，由设计部门和建设单位、施工部门统一意见对图纸做出修改、补充，使建筑装饰施工图能够正确指导建筑装饰工程施工。

建筑装饰工程施工图包括各专业的设计施工图纸，由于各专业的设计程序不同，综合到一个工程中时，有时会出现一些矛盾。一些缺乏现场施工经验的设计人员绘制的图纸难免会存在一些不合理之处，或在构造上施工难以实现，甚至有可能会出现错误的设计，因此施工图的自审尤为重要。

1.2　建筑装饰工程施工图自审的内容

1. 审核平面尺寸定位图

1）查看平面图上的定位尺寸注写是否齐全、详细，分尺寸的总和与总尺寸是否相符。

2）查看地面定位尺寸是否与立面造型对应。

3）查看地面定位是否影响家具的使用，如地面插座的使用需要考虑能隐藏在家具或陈设下面。

2. 审核平面布置图

每个房间都应有平面布置图，一般应审核的内容如下：

1）审核房间平面布置图的布置是否合理，使用功能是否齐全，人流路线是否流畅。

2）通过平面布置图可以看出落地立面造型在平面上的形状、所占空间及与平面家具和陈设的关系是否得当。

3. 审核地面铺装图

1）查看地面铺装材料、规格是否标示清楚。

2）查看地面铺装图是否标示地面铺设方向和铺设位置，地面铺装是否考虑设施设备的布置，设计是否合理，在施工中是否能够实现。如地漏位置的设计，需考虑铺设施工时地砖容易裁切。

3）审查地面拼花设计是否考虑家具与陈设的布置，在施工后是否影响美观。

4. 审核顶棚平面图

1）从顶棚平面图上可以了解房屋吊顶后的标高，核实顶棚平面图上的标高是否符合空间使用的要求，审核楼板结构尺寸在完成吊顶造型后是否与吊顶标高相符。如房屋梁底比较低，吊顶造型设计时应着重考虑梁的尺寸。

2）审核顶棚造型的构造做法，吊顶装饰造型是否能够施工，材料与施工工艺是否能达到设计的要求等。

3）查看顶棚选择的装饰材料是否适用于顶部，其安全性如何，如大块玻璃、石材都是在顶部慎用的材料。

4）顶棚造型设计时常常要隐藏各种管线，通过图纸查看顶棚设计尺度是否考虑了隐藏设备的尺度。

5）顶棚设计有灯具、烟感器、喷淋及空调风口等设施设备，通过图纸查看这些设施设备的布置是否合理，是否影响美观等。

5. 审核立面图

1）从立面图上了解标高及装饰造型的尺寸，审核分尺寸与总尺寸有无误差，是否矛盾。检查立面高度是否与吊顶标高一致。

2）核查立面上的装饰造型是否具有可操作性，如材料与施工工艺是否能达到设计的要求等。

3）审核立面的装饰材料是否符合当地的外界条件，如是否容易污染或在当地环境中容易被腐蚀，或在当地气候特征下容易变形或不宜维护等。

4）立面造型设计时常常需要隐藏一些立面上的构件，如水管、暖气管等。这时需要审核立面造型的处理手法是否会影响设备设施的使用，设备设施的自身特性是否会影响到立面造型的美观。

5）立面上不能完全表达的造型是否标示有剖面图或详图。

6. 审核剖面图

1）通过看图纸了解剖面图在平面图上的剖切位置，根据看图与想象审核剖切得是否准确。检查剖面图上的标高与竖向尺寸是否相符，与立面图上所标注的尺寸、标高有无矛盾。

2）建筑装饰施工图的立面造型或顶棚造型常常绘制详细的剖面图，在剖面图上应有明确的标示，方便查找被索引的图形。根据图纸查看剖切是否准确、尺寸是否正确。

3）详细的剖面图需绘制内部构造做法，通过图纸查看构造做法是否准确，材料的图例和尺寸标示是否正确，剖切厚度是否与造型厚度一致等。

7. 审查节点大样图

1）仔细查看节点或局部处的构造详图。构造详图有的在成套施工图中，有的采用标准图集。施工图中的详图，必须结合该详图所在建筑装饰施工图中的被索引部分一起审阅。如石材干挂节点的大样图，就要看被索引部分是在平面还是在立面上。了解该大样图的来源后，再看详图上的标高、尺寸、构造细部是有问题，或是否能实现施工。凡是选用标准图集的，要先看选得是否合适，即该标准图与施工图能不能结合上。有些标准图在与施工图结合使用时，可能要做一些修改，这就需要提出来。

2）审核详图时，尤其要注意标准图中的零件、配件目前是否已经淘汰，或已经不再生产，不能不加调查随便使用。

任务2　建筑装饰工程施工图会审

2.1　建筑装饰工程施工图会审的目的

施工图纸是施工的依据，图纸会审的目的是领会设计意图，熟悉图纸内容，明确技术要求，及早发现并消除设计中的不合理之处，提出施工方案、施工工艺等。未经图纸会审的工程一律不准开工。

2.2 会审方法

(1) 综合会审

1) 由施工单位联系建设单位、监理及设计院确定图纸会审时间。
2) 图纸会审一般由建设单位组织,监理公司主持,设计单位和施工单位、协作单位参加,多方进行图纸会审。
3) 图纸会审时,首先由设计单位的工程设计者向与会者说明拟建工程的设计依据、意图和功能要求,并对特殊结构、新工艺、新材料、新产品和新技术提出设计施工要求。然后施工单位根据自审记录以及对设计意图的了解,提出对设计图纸的疑问和建议,最后在统一认识的基础上,对所探讨的问题逐一做好记录,形成图纸会审纪要,正式行文,参加单位共同会签、盖章,作为设计文件并与技术文件一起用于指导施工,以及建设单位与施工单位进行工程估算的依据。

(2) 内部系统会审

1) 由分公司或项目部施工管理部组织,项目部总工、技术科各专业工程师参加。
2) 审查设计的完善性,确认整体设计的合理性,发现有无影响施工、生产的重大设计缺陷;各单位之间的协调性,以及根据设计选择合理的施工方案、施工工艺等。
3) 复核各专业会审中存在的问题,并提出解决方法,对不能解决的,做出记录并在综合会审中提出。

(3) 专业会审

1) 由分公司或项目部专职工程师组织,技术员、施工员参加。
2) 对本单位工程施工图纸进行熟悉和会审,掌握设计意图,确定施工措施,发现设计中的错误等,并对会审中存在的问题做出记录。

2.3 图纸会审内容

1) 所有施工图(包括标准图和复用图)和设计文件是否齐全,采用的标准规范是否明确。
2) 各种材料的型号、规格、数量是否满足施工需要。
3) 设计与施工的主要技术方案是否相适应。
4) 图纸设计深度能否满足施工需要。
5) 对于加工要求施工单位的能力能否达到。
6) 扩建工程新老厂及新老系统之间的衔接是否吻合,施工过渡是否可行,特别要注意除了按图面检查外,还应按实际情况加以校核。
7) 各专业之间设计是否协调。检查设备外形尺寸与基础尺寸,建筑物预留孔及预埋件与安装图纸要求,设备与系统连接部位,管线之间的相互关系是否正确。
8) 施工中涉及的新材料、新工艺、新技术是否清楚,其品种、数量、规格能否满足设计要求。
9) 总图、分部图、分项图、构件图之间是否协调一致;安装图纸和土建图纸是否协调一致。
10) 根据图纸目录,核对施工图纸是否齐全完整,图纸的尺寸、坐标、标高等有关数据是否明确。
11) 各类管道、电缆等布置是否合理,坐标、规格是否正确。
12) 设备管口方位、接管规格与管道安装图、土建基础图是否吻合。
13) 各专业工程设计是否便于施工、经济合理。
14) 能否满足生产运行安全、经济的要求和检修作业的合理性。

2.4 会审时间安排

1) 专业会审应安排在系统会审前,对所发现的问题在内部系统会审时进一步复核后作出决定。
2) 内部系统会审安排在综合会审前,对所发现问题汇总后交综合会审部门审定。
3) 内部系统会审应在单位工程开工前完成,对会审中发现的问题应在综合会审会议上协商决定,由监理公司负责提出变更通知单发送有关单位。

2.5 图纸会审其他一般规定

1) 图纸会审前,参加人员应熟悉图纸,准备意见,进行必要的核对和计算工作。
2) 图纸会审应由专人作详细记录。
3) 委托外单位加工的图纸应由委托单位进行审核后交出,对加工单位提出的设计问题由委托单位提交设计单位解决。
4) 图纸会审完成即提交开工报告,办理材料报验,工程开工。

任务 3 建筑装饰工程施工图审查实训

3.1 实训目的

1) 在正确识读建筑装饰施工图的基础上,能对建筑装饰工程施工图进行自审,相互对照,找出常见问题,能对一般问题提出修改建议。
2) 能编制图纸的自审记录。
3) 能按照图纸会审要求编制图纸会审纪要。

3.2 实训内容和基本要求

(1) 实训内容
1) 以本模块提供的别墅施工图为例,进行施工图识读,编制自审记录。
2) 按照图纸会审程序要求,分四组模拟图纸会审,形成会审纪要。

(2) 基本要求
1) 熟悉图纸,了解设计意图、设计要求,澄清疑点,清除施工图中存在的错、漏、碰问题。
2) 模拟图纸会审,熟悉图纸会审程序,能解决图纸中存在的问题。

3.3 实训方法和具体步骤

1) 熟悉图纸,对施工图进行校核,找出图纸中存在的问题,对表达遗漏的内容进行补充,对存在的碰头、错误、不合理或无法施工的内容提出修改建议,对不能判断的疑难问题要记录下来,最终形成图纸自审记录。
2) 熟悉图纸会审的基本程序,然后按照下面的程序分组进行模拟图纸会审。
① 建设单位小组代表主持会议。
② 设计单位小组进行图纸交底。
③ 施工单位小组、监理单位小组提出问题。
④ 逐条研究,各方统一意见后形成会审记录。
⑤ 各方签字、盖章后生效。

装饰施工图自审记录

项目名称：

项目		审查内容	意见	
规范标准	规范			
	标准			
技术文件	审图重点	各专业施工图的张数、编号与图纸目录是否相符；施工图纸与施工图设计说明有无矛盾；立面、剖面及大样节点索引是否与指引位置相符；物料、电气、消防、水暖图是否与图纸标注相符；平、立、剖及节点大样的尺寸、材料、标高之间有无矛盾；电施、水施、设施与装修有无冲突		

项目		审图要点	成果评价		简评
			满足	不满足	
技术文件	设计说明	图纸的编制概况、特点；图纸中出现的符号、绘制方法、特殊图例等说明			
		各专业施工图的张数、编号与图纸目录是否相符			
		物料、电气、消防、水暖图是否与图纸标注相符			
		装饰设计在遵循防火、生态环保等规范方面的说明			
		对设计中所采用的新技术、新工艺、新设备和新材料的情况说明			
		装饰设计在结构和设备等技术方面对原有建筑进行改动的情况			
		对工程所可能涉及的声、光、电、防潮、防尘、防腐蚀、防辐射等特殊工艺的设计说明			
		施工用料和做法的说明			
	平面图	轴线编号、轴线间尺寸应保持与原有建筑设计图一致；检查各功能空间地面、主要楼梯平台的标高			
		立面索引位置是否与立面图相符			
		平面定位图			
		装饰设计新发生的室内外墙体和管井等的定位尺寸、墙体厚度与材料种类			
		装饰设计新发生的室内外门窗洞口定位尺寸、洞口宽度与高度尺寸、门窗编号等			
		装饰设计新发生的楼梯、自动扶梯、平台、台阶、坡道等的定位尺寸、设计标高、其他必要尺寸、材料种类			
		固定隔断、固定家具、装饰造型、栏杆等的定位尺寸，其他必要尺寸及材料			

（续）

项目	审查内容	意见	
	平面布置图		
技术文件	功能分区图：各功能空间的名称、面积		
	家具布置图：所有可移动的家具和隔断的位置、布置方向、柜门开启方向，家具上摆放物品的位置、定位尺寸和其他必要尺寸		
	洁具布置图：所有洁具、洗涤池、上下水立管、排污孔、地漏、地沟的位置；排水方向、定位尺寸和其他必要尺寸		
	绿化布置图：盆景、绿化、草坪、假山、喷泉、踏步和道路的位置；绿化品种、定位尺寸和其他必要尺寸		
	电气布置图：电源插座、通信和电视信号插孔、开关等的位置、定位尺寸		
平面图	消防布置图：防火分区、消防通道、消防监控中心、防火门、消防前室、消防电梯、疏散楼梯、防火卷帘、消防栓、消防按钮、消防报警等的位置；必要的定位尺寸和其他必要尺寸		
	地面铺装图		
	装饰材料的种类、拼接图案、不同材料的分界线		
	装饰构成的定位尺寸、标准和异形材料的单位尺寸		
	装饰嵌条、台阶和梯段防滑条的定位尺寸、材料种类		
	顶棚装饰图		
	轴线编号、轴线间尺寸应保持与原有建筑顶面图一致；检查各功能空间顶棚的标高		
	详图索引位置是否与节点大样图相符		
	造型布置图：顶棚造型、天窗、构件、装饰垂挂物及其他装饰配置的位置、定位尺寸、材料		
	灯具及设施布置图：明装和暗藏的灯具、发光顶棚、空调风口、喷头、探测器、扬声器、防火卷帘、疏散和指示标志牌等的位置、定位尺寸		
剖面、立面图	剖面、立面图		
	详图索引位置是否与节点大样图相符		
	顶棚剖切部位的定位尺寸、相关控制尺寸；地面标高、顶棚标高		
	墙面和柱面、装饰造型、固定隔断、固定家具、装饰配置、广告灯箱、门窗、栏杆、台阶等的位置、定位尺寸及相关控制尺寸		
	立面和顶棚剖切部位的装饰材料、材料分块尺寸、材料拼接线和分界线定位尺寸等		
	立面上的灯饰、电源插座、通信和电视信号插孔、开关、按钮、消防栓等的位置、定位尺寸		

(续)

项　目		审　查　内　容	意　见
技术文件	剖面、立面图	剖切部位装饰结构各组成部分以及这些组成部分与建筑结构之间的关系，详细尺寸、标高、材料、连接方式	
		墙柱面的定位尺寸、其他相关尺寸及材料	
		顶棚、天窗等剖切部分的位置和关系，定位尺寸、其他相关尺寸及材料	
		地面高差处的位置，定位尺寸、其他相关尺寸及标高	
	节点详图		
		节点内部的结构形式，原有建筑结构、面层装饰材料、隐蔽装饰材料、支撑和连接材料及构件、配件以及它们之间的相互关系，材料、构件、配件等的详细尺寸、名称	
		面层装饰材料之间的连接方式、连接材料、连接构件等，面层装饰材料的收口、封边、详细尺寸及名称	
		装饰面上的设备和设施安装方式及固定方法，收口、收边方式及详细尺寸	
	物料表		
		物料编号、名称、品牌、规格、厂家、样式及使用区域	
	物料表	饰面材料明细表	
		家具订货明细表	
		灯具订货明细表	
		卫生洁具与配件订货明细表	
		门窗订货和制作明细表	
		装饰配置和部件明细表	
		特殊设备和设施订货明细表	
综合意见			

图纸会审记录

编号：

工程名称		日　期	
时　间		地　点	

序　号	提出的图纸问题	图纸修订意见

建设单位：	监理单位：	设计单位：	施工单位：
日期：	日期：	日期：	日期：

模块三 工程实例实战篇

内容概述：通过建筑装饰施工图的绘制，进一步了解一套完整建筑装饰施工图的组成；了解各类建筑装饰施工图所表达的内容；掌握建筑装饰施工图的绘图要点。

学习目标：通过绘制建筑装饰施工图，明确建筑装饰施工图的组成；明确各类建筑装饰施工图所表达的内容；能按建筑制图的国家标准绘制一至两套完整的建筑装饰施工图。

教学建议：可以让学生绘制本模块中三个项目的施工图，了解普通住宅装饰项目、公共装修项目以及玻璃幕墙装修项目。请学生自己分析不同类型装饰施工图的特点和绘制方法，学以致用。

项目一 某住宅室内装饰工程

任务1 布置实训任务

1.1 实训目的

1）在正确识读建筑装饰施工图的基础上，了解住宅的特征和设计要点。
2）培养空间想象能力，掌握住宅空间的布局方法。
3）培养执行制图标准的习惯，掌握住宅建筑空间图纸的绘制技能。

1.2 实训内容和基本要求

1. 实训内容

1）以本项目提供的住宅装饰施工图为例，进行施工图识读。
2）按照施工图制图要求，抄绘该套施工图。

2. 基本要求

1）熟悉图纸，了解设计意图、设计要求，掌握施工图中表达的所有内容。
2）熟悉图纸绘制步骤，能准确无误地绘制完整的施工图。

1.3 实训方法和具体步骤

1）熟悉图纸，看图纸目录、总设计说明，了解项目内容。
2）按照下面的顺序进行图纸绘制：平面图、立面图、剖面图、详图、设备图。

任务2 了解工程概况及设计说明

2.1 工程概况

1）本工程为××市保利华都25#楼1单元602室。

2）本工程建筑面积约为170m^2。
3）本工程性质为住宅装饰装修工程。
4）本工程为新建工程。

2.2 设计说明

1. 设计依据

1）建设方提供的室内设计要求及其他相关资料。
2）《建筑内部装修设计防火规范》（GB 50222—1995）。
3）《建筑装饰装修工程质量验收规范》（GB 50210—2001）。
4）国家现行的有关规范、标准和规定。

2. 一般说明

1）本设计所注装修尺寸单位为毫米（mm），标高单位为米（m）。
2）凡楼层地面有地漏处的找坡及其范围应以原建筑设计为准。
3）本设计所选用的产品和材料需符合国家相关的质量检测标准。
4）所有装修材料均应采用不燃或难燃材料，木材必须进行防火处理，埋入结构的部分应进行防腐处理，类似的材料应严格按照国家规范进行处理。
5）建筑装修施工时，需与其他各工种密切配合，严格遵守国家颁布的有关标准及各项验收规范。

3. 建筑装修施工概况

1）本装修涉及的装修材料有大理石、木材、石膏板、涂料、油漆及多种灯具等。
2）本建筑装修的做法除注明之处外，其他做法均按国家的标准图集的做法施工，并须严格遵守相应的国家验收规范。

4. 图纸辅助说明

1）活动家具、灯饰在施工图中只作示意，具体参考实际图样。
2）大型的壁饰、装饰画已在施工图中示意，具体待定。
3）对于工艺品的选择，具体待定。
4）墙体及门窗洞口尺寸定位，除注明者外，均同原建筑设计图。

5. 主要材料及施工工艺说明

（1）主要材料说明

1）进口大理石，打蜡磨光度在5度以上（详见材料样板），厚度基本一致，产品选用"A级"。国产花岗石、大理石的产品质量要符合国家A级产品标准。
2）建筑装修的做法除注明之外，其他做法均按国家标准图集的做法施工。木方不管是国产还是进口，都选用与表面饰板相同纹理及颜色的A级产品，含水率控制在15%以内。

3）乳胶漆及聚氨脂漆，均为合资企业生产的亚光漆（个别地方除外）。

4）轻钢龙骨及石膏板吊顶材料，均选用合资企业生产的防火、防潮产品。

（2）施工工艺要求

所有施工必须按照国家施工及验收规范及相应的产品说明进行施工。

1）墙、地面：

① 采用抛光花岗岩、大理石。石材施工要严格进行试拼、标号，避免色差及纹路凌乱，以保证视觉效果；同时要求饰面平整，垂直度、水平度好，缝线笔直，接缝严密，无污染及反锈反碱，并无空鼓等现象。凡是白色、浅色花岗石、大理石，贴前都要做防污及防浸透处理。木质地板铺设，需先确保地面基层平整，再行铺设。

② 所有外墙内侧的墙面（批水泥或木装饰）均要进行防水处理。

以上工程应注意同各专业安装工程相互配合，尤其需同专业的明露设备（如照明控制、强弱电插座及控制等）协调施工，以保证装修效果。

2）顶棚：此部分工程也应同各专业施工相互配合，吊顶饰面及喷涂面应平整均匀，风口、音响及灯具等应与顶棚衔接紧密、排布整齐，检查口应统一规格，结合吊顶内专业管线的情况合理布置。

3）门窗：详见施工图。

4）家具：

① 固定家具请参照详图，具体尺寸依据实际现场确定。

② 卫生间洁具参考实际图样。

5）灯具：灯具安装应排列整齐，布置均匀，某些场合如需专业设计应结合设计的风格进行处理。

6. 专业要求

1）空调暖通系统：空调暖通系统同原建筑设计。

2）强弱电系统：开关、插座、报警器明露件的样式、颜色应与内饰协调统一并排列整齐。

7. 其他要求

1）所有做法均以详图为准。

2）工程施工必须严格按照中华人民共和国现行的施工验收规范执行，各工种相互协调配合。

3）铺设地毯时须在地毯下面铺设胶垫。

4）图中所有木材需做防火、防腐、防白蚁等处理。

5）图中若有尺寸与设计及现状矛盾，可根据现场情况适当调整。

2.3 图纸目录

	图号	内容	比例		图号	内容	比例		图号	内容	比例
		客厅效果图		26	E－26	过道 C 立面施工图	1:40（A3）	56	E－56	书房 C 立面施工图	1:40（A3）
		主卧效果图		27	E－27	过道 A 立面施工图	1:40（A3）	57	E－57	储藏间储物柜施工图	1:40（A3）
		施工图设计总说明		28	E－28	过道 B、D 立面施工图	1:40（A3）				
		材料列表		29	E－29	过道 F 立面施工图	1:40（A3）	58	D－58	餐厅 D 立面剖面图、门厅 A 立面剖面图	1:10（A3）
1	P－01	原始结构图	1:70（A3）	30	E－30	过道 E 立面施工图	1:40（A3）	59	D－59	客厅 D 立面剖面图、客厅 B 立面剖面图	1:10（A3）
2	P－02	墙体拆除定位图	1:70（A3）	31	E－31	主卧 D 立面施工图	1:40（A3）	60	D－60	主卧 A 立面剖面图、主卧 C 立面剖面图 衣帽间 D 立面剖面图、小孩房立面剖面图	1:10（A3）
3	P－03	新砌墙体定位图	1:70（A3）	32	E－32	主卧 B 立面施工图	1:40（A3）				
4	P－04	平面功能设计图	1:70（A3）	33	E－33	主卧 A 立面施工图	1:40（A3）	61	D－61	成品实木房门详图	1:20（A3）
5	P－05	面积标示图	1:70（A3）	34	E－34	主卧 C 立面施工图	1:40（A3）	62	D－62	大样图（1）	1:4（A3）
6	P－06	平面尺寸定位图	1:70（A3）	35	E－35	主卧衣柜结构图	1:40（A3）	63	D－63	大样图（2）	1:4（A3）
7	P－07	地面材质铺贴表现图	1:70（A3）	36	E－36	衣帽间 C 立面施工图	1:40（A3）	64	D－64	线条详图（3）	1:2（A3）
8	P－08	吊顶设计图	1:70（A3）	37	E－37	衣帽间 D 立面施工图	1:40（A3）				
9	P－09	吊顶尺寸定位图	1:70（A3）	38	E－38	衣帽间 B 立面施工图	1:40（A3）				
10	P－10	灯具开关控制图	1:70（A3）	39	E－39	小孩房 D 立面施工图	1:40（A3）				
11	P－11	强弱电插座分布图	1:70（A3）	40	E－40	小孩房 B 立面施工图	1:10（A3）				
12	P－12	冷热水示意图	1:70（A3）	41	E－41	小孩房 C 立面施工图	1:10（A3）				
				42	E－42	小孩房衣柜施工图	1:40（A3）				
13	E－13	客厅 B 立面施工图	1:40（A3）	43	E－43	小孩房 A 立面施工图	1:40（A3）				
14	E－14	客厅 A 立面施工图	1:40（A3）	44	E－44	客房 D 立面施工图	1:40（A3）				
15	E－15	客厅 D 立面施工图	1:40（A3）	45	E－45	客房 B 立面施工图	1:40（A3）				
16	E－16	客厅 C 立面施工图	1:40（A3）	46	E－46	客房 A 立面施工图	1:40（A3）				
17	E－17	客厅装饰柜结构图	1:40（A3）	47	E－47	客房 C 立面施工图	1:40（A3）				
18	E－18	餐厅 D 立面施工图	1:40（A3）	48	E－48	老人房 A 立面施工图	1:40（A3）				
19	E－19	餐厅 C 立面施工图	1:40（A3）	49	E－49	老人房 D 立面施工图	1:40（A3）				
20	E－20	餐厅 B 立面施工图	1:40（A3）	50	E－50	老人房 C 立面施工图	1:40（A3）				
21	E－21	餐厅 A 立面施工图	1:40（A3）	51	E－51	老人房 B 立面施工图	1:10（A3）				
22	E－22	门厅 C 立面施工图	1:40（A3）	52	E－52	书房 A 立面施工图	1:40（A3）				
23	E－23	门厅鞋柜结构图	1:40（A3）	53	E－53	书房 D 立面施工图	1:40（A3）				
24	E－24	门厅 A 立面施工图	1:40（A3）	54	E－54	书房书柜结构图	1:40（A3）				
25	E－25	门厅 B、D 立面施工图	1:40（A3）	55	E－55	书房 B 立面施工图	1:40（A3）				

2.4 材料列表

材料编号	名称/品名		材料编号	名称/品名		材料编号	名称/品名		材料编号	名称/品名
1	石材类		PT-3	成品石膏线乳胶漆刷白	9	门			LE-4	LED小射灯
ST-1	金线米黄大理石		PT-4	现场制作石膏板线条刷乳胶漆		DR-1	成品实木房门		LE-5	T5灯管
ST-2	英国棕大理石					DR-2	成品装饰护墙		LE-6	装饰吊灯
ST-3	西班牙米黄大理石					DR-3	成品实木移门		LE-7	装饰吸顶灯
ST-4	浅啡大理石	5	墙纸类			DR-4	衣柜移门		LE-8	集成吊顶吸顶灯
			WP-1	欧式浅色墙纸		DR-5	成品门套		LE-9	壁灯
			WP-2	欧式深色墙纸		DR-6	成品木质罗马柱		LE-10	集成吊顶浴霸
			WP-3	中式墙纸					LE-11	集成吊顶排气扇
					10	玻璃类				
						GL-1	钢化清玻 12mm	14	洁具类	
						GL-2	水银镜 5mm		B-BA-01	台盆
2	瓷砖类					GL-3	冰花玻璃 15mm		B-TO-02	座便器
TL-1	800×800拼花防滑地砖					GL-4	精雕玻璃 12mm		B-TO-03	净身器
TL-2	400×800加工砖	6	软包类			GL-5	灰镜 5mm		B-BM-04	台盆龙头
TL-3	300×300加工砖		FA-1	织物软包（深色）		GL-6	茶镜 5mm		B-BM-05	按摩浴缸
TL-4	600×600防滑地砖		FA-2	织物软包（浅色）					B-BM-06	成品沐浴间
TL-5	300×600防滑加工砖		FA-3	皮革软包（深色）	11	金属类				
TL-6	仿古砖		FA-4	皮革软包（浅色）		SL-1	拉丝玫瑰金	15	家具类	
TL-7	木纹砖					SL-2	300×300铝扣板		F-01	客厅沙发
									F-02	客厅贵妃椅
		7	木材类						F-03	客厅茶几
			WD-1	水曲柳饰面开放漆					F-04	客厅边椅
			WD-2	水曲柳线条开放漆					F-05	客厅边几
			WD-3	实木地板					F-06	客厅电视机柜
			WD-4	镜框线条					F-07	餐厅餐边柜
3	马赛克类		WD-5	防腐木	12	窗帘类			F-08	餐桌、餐椅
MC-1	拼花马赛克		WD-6	复合地板		BL-1	窗帘		F-09	地毯
			WD-7	成品实木隔花		BL-2	纱帘		F-10	鞋柜
			WD-8	杉木板刷清漆		BL-3	罗马帘		F-11	衣柜
			WD-9	成品实木踢脚线		BL-4	防水卷帘			
						BL-5	珠帘	16	电器类	
		8	厨房橱柜类		13	灯具类			E-01	电视机
4	乳胶漆类		PL-1	实木橱柜		LE-1	双联格栅射灯		E-02	冰箱
PT-1	纸面石膏板乳胶漆刷白					LE-2	LED射灯		E-03	洗衣机
PT-2	原顶面白色乳胶漆					LE-3	节能筒灯			

任务3 绘制平面施工图

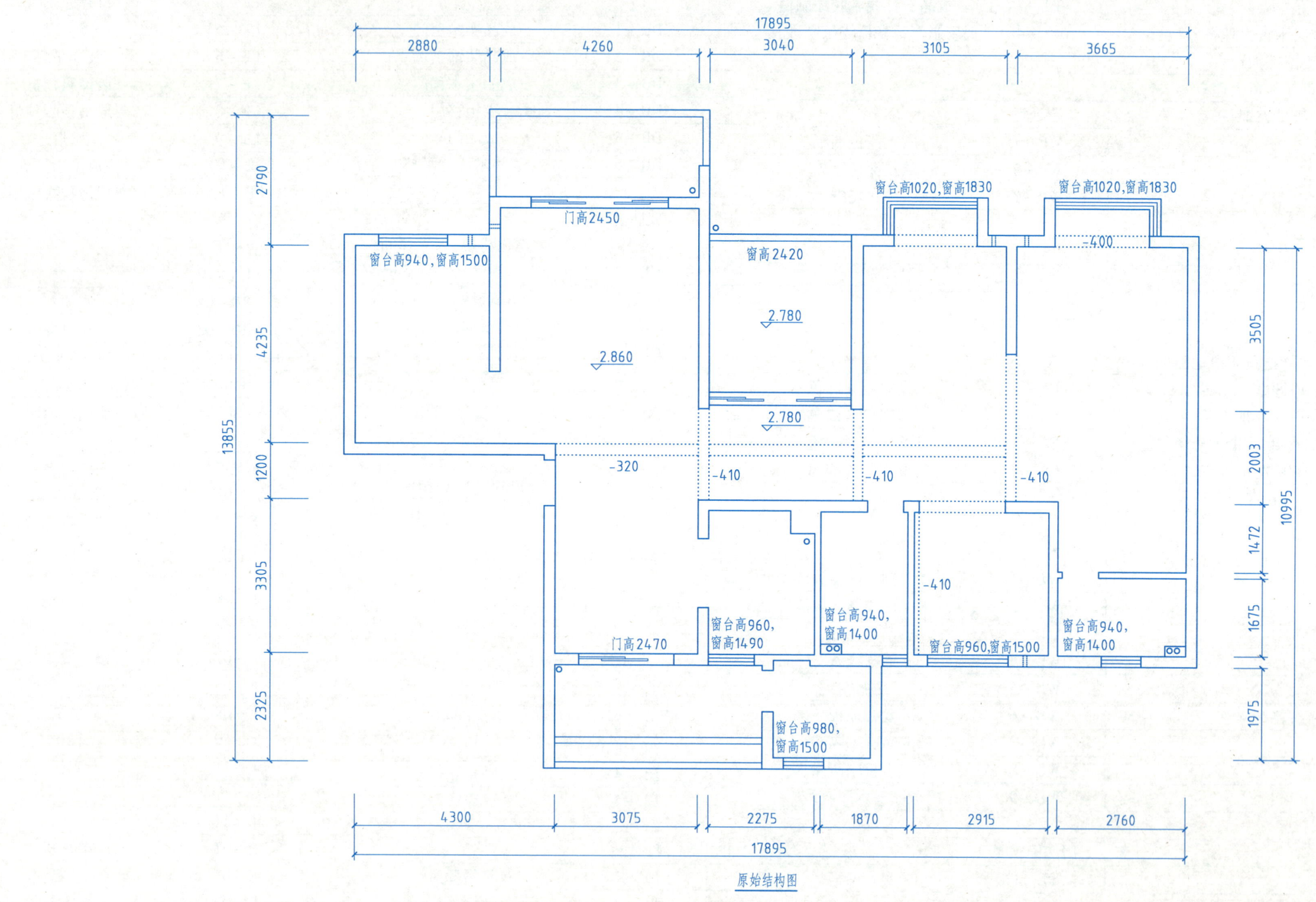

原始结构图

68

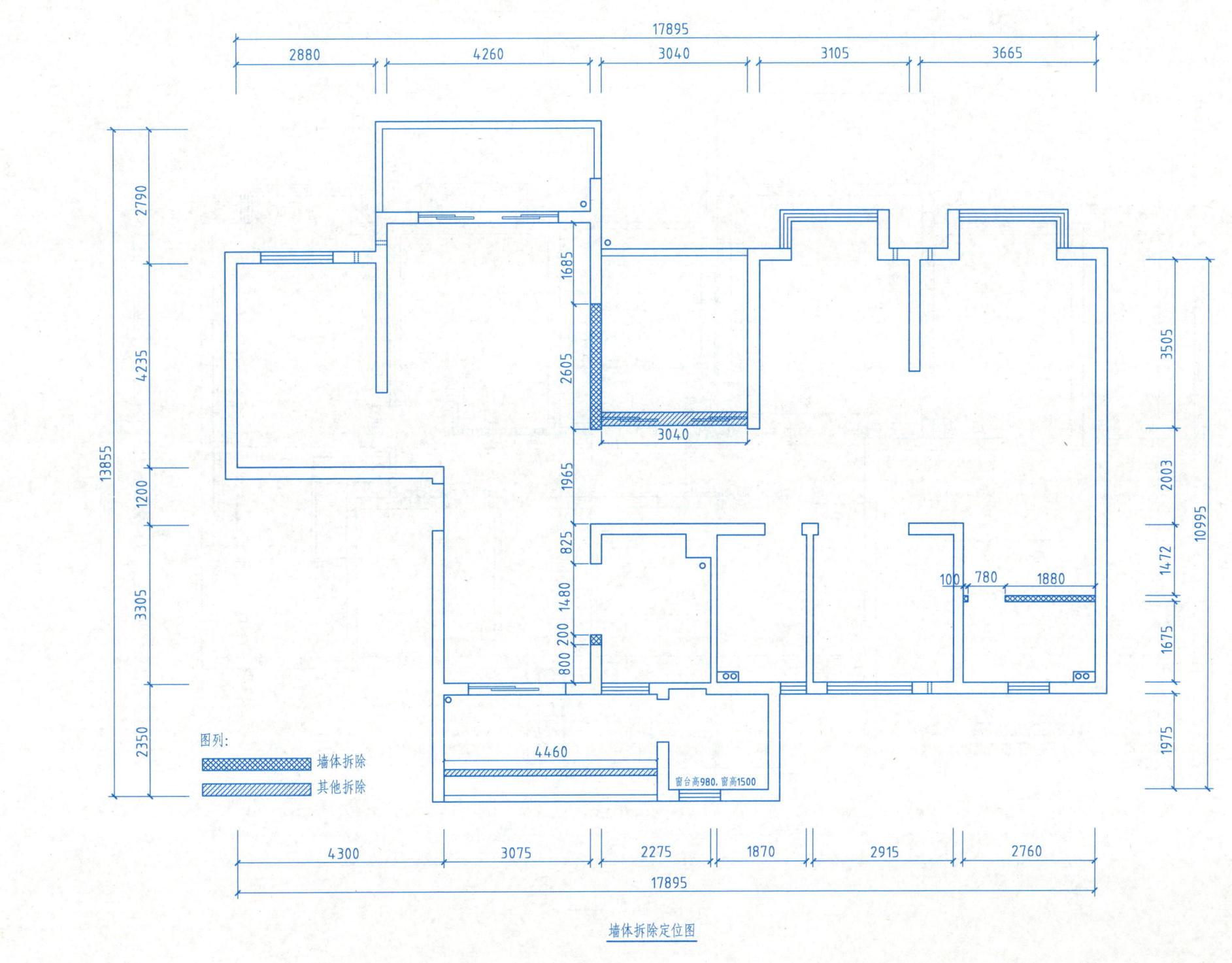

墙体拆除定位图

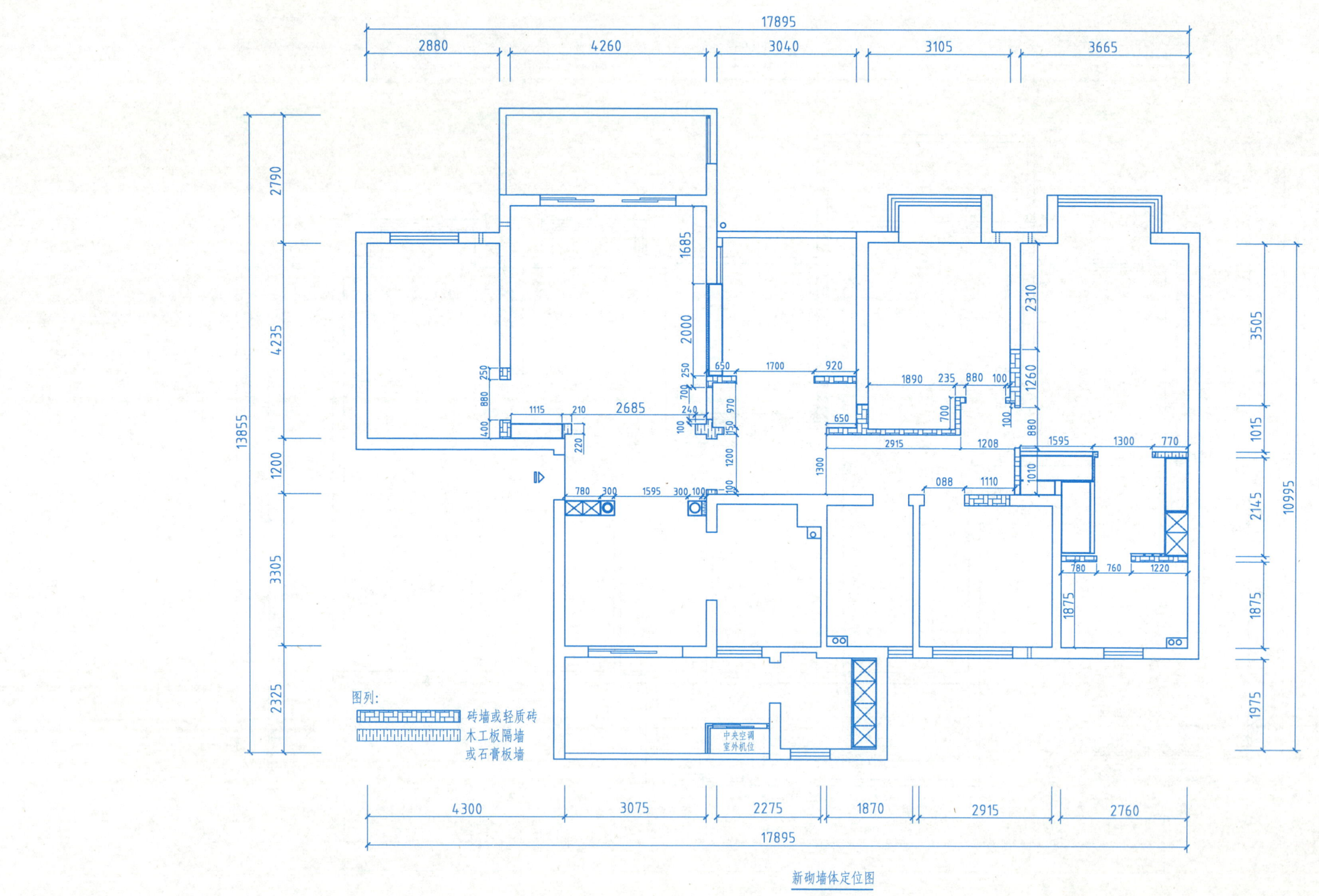

新砌墙体定位图

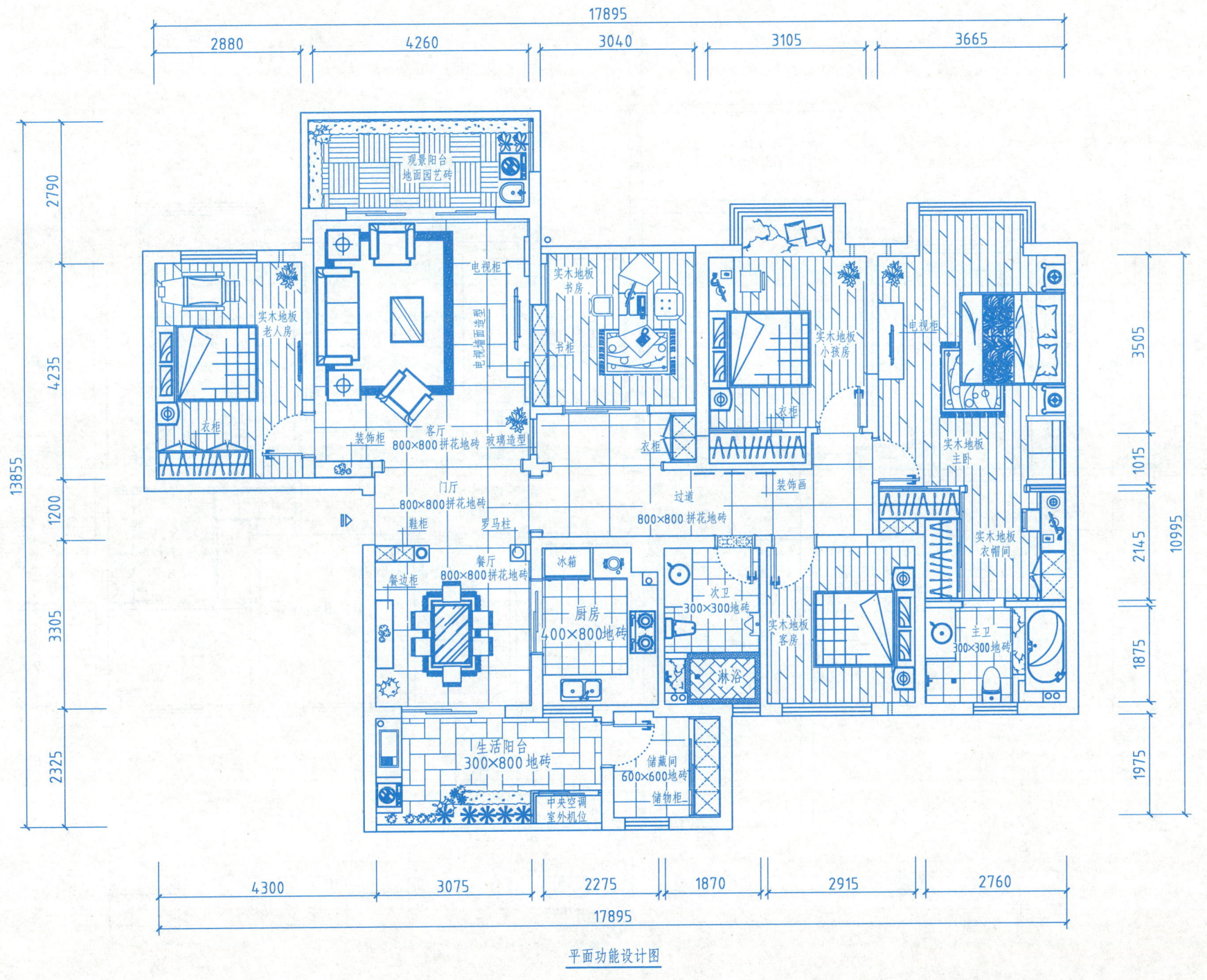

平面功能设计图

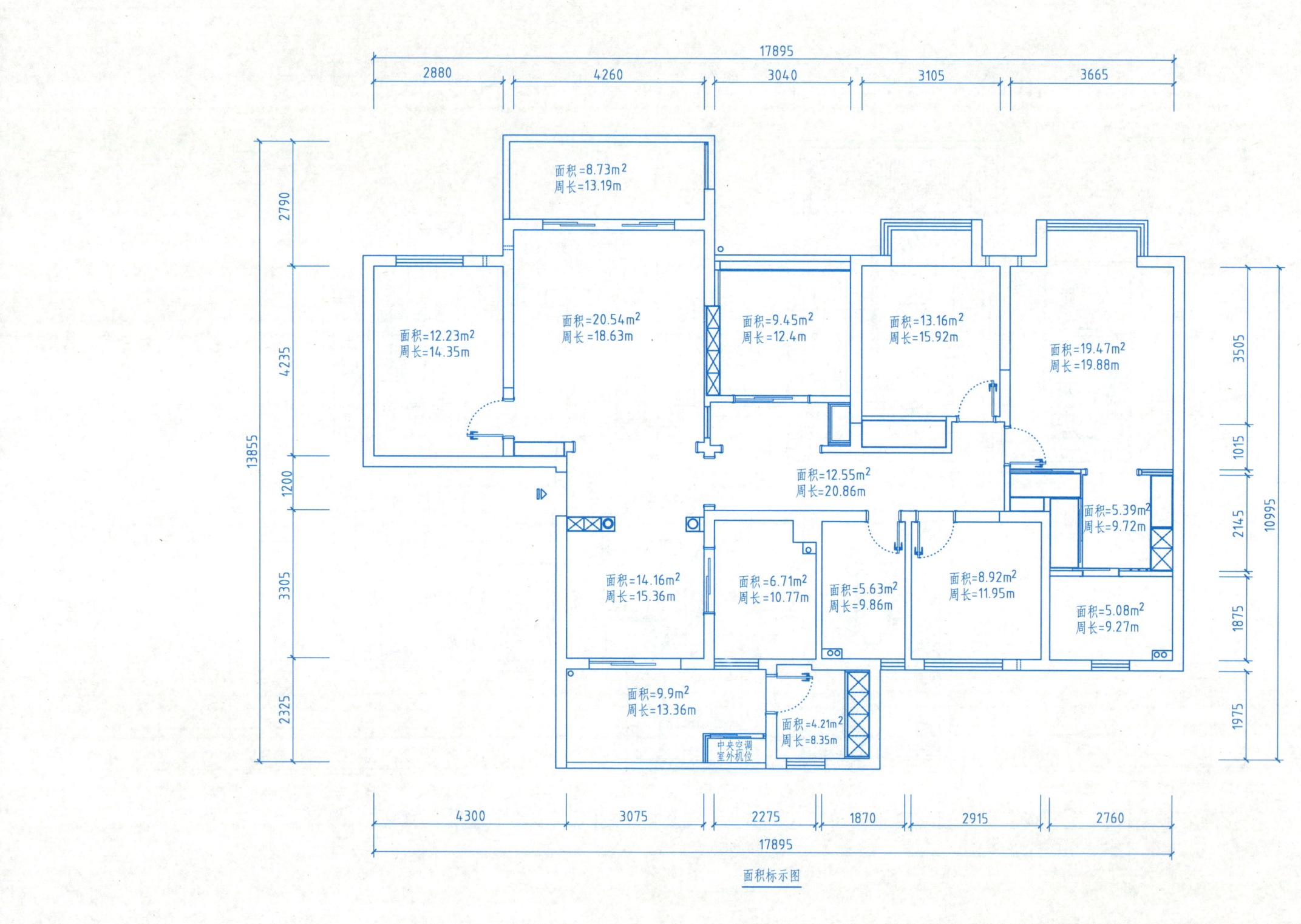

面积标示图

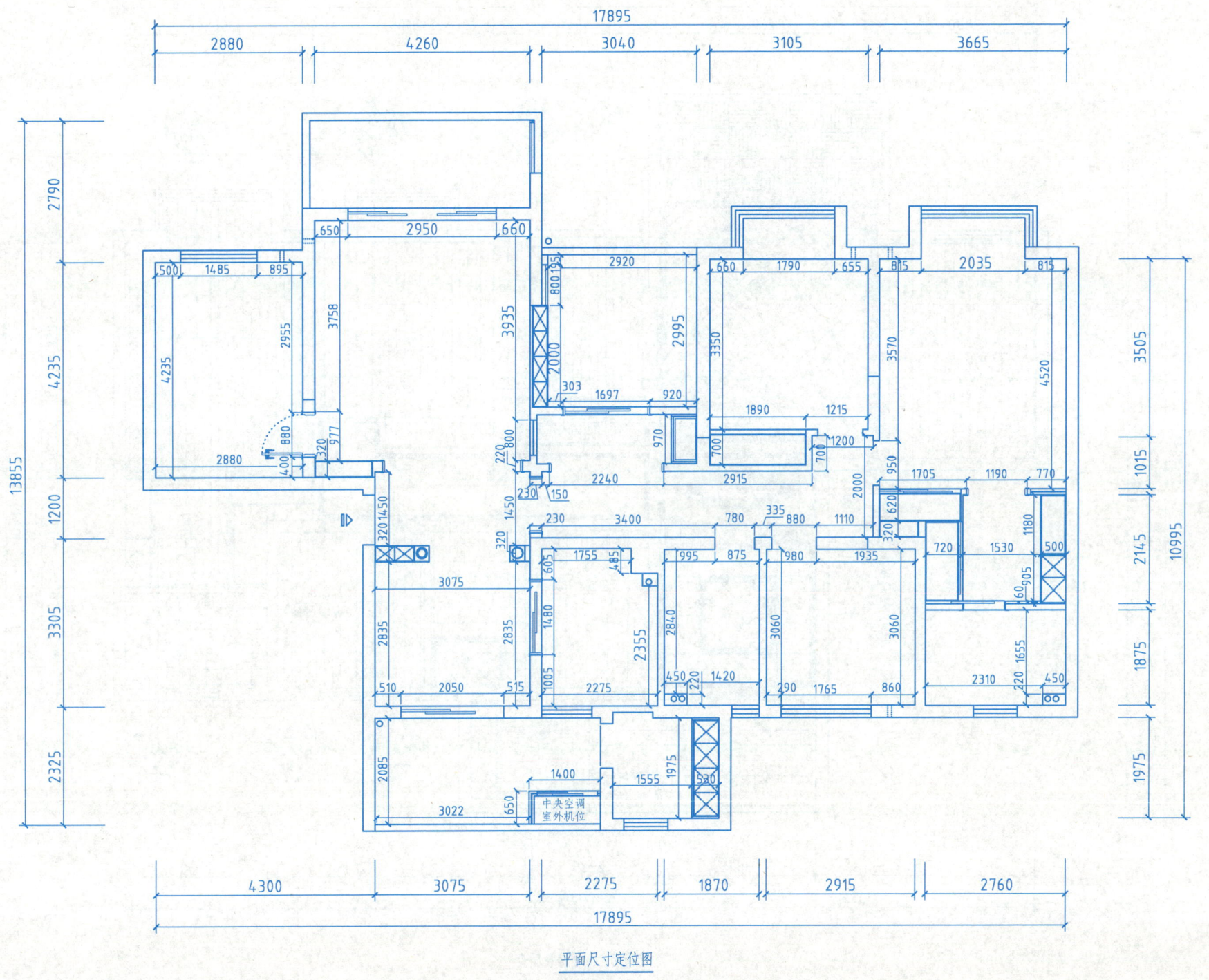

平面尺寸定位图

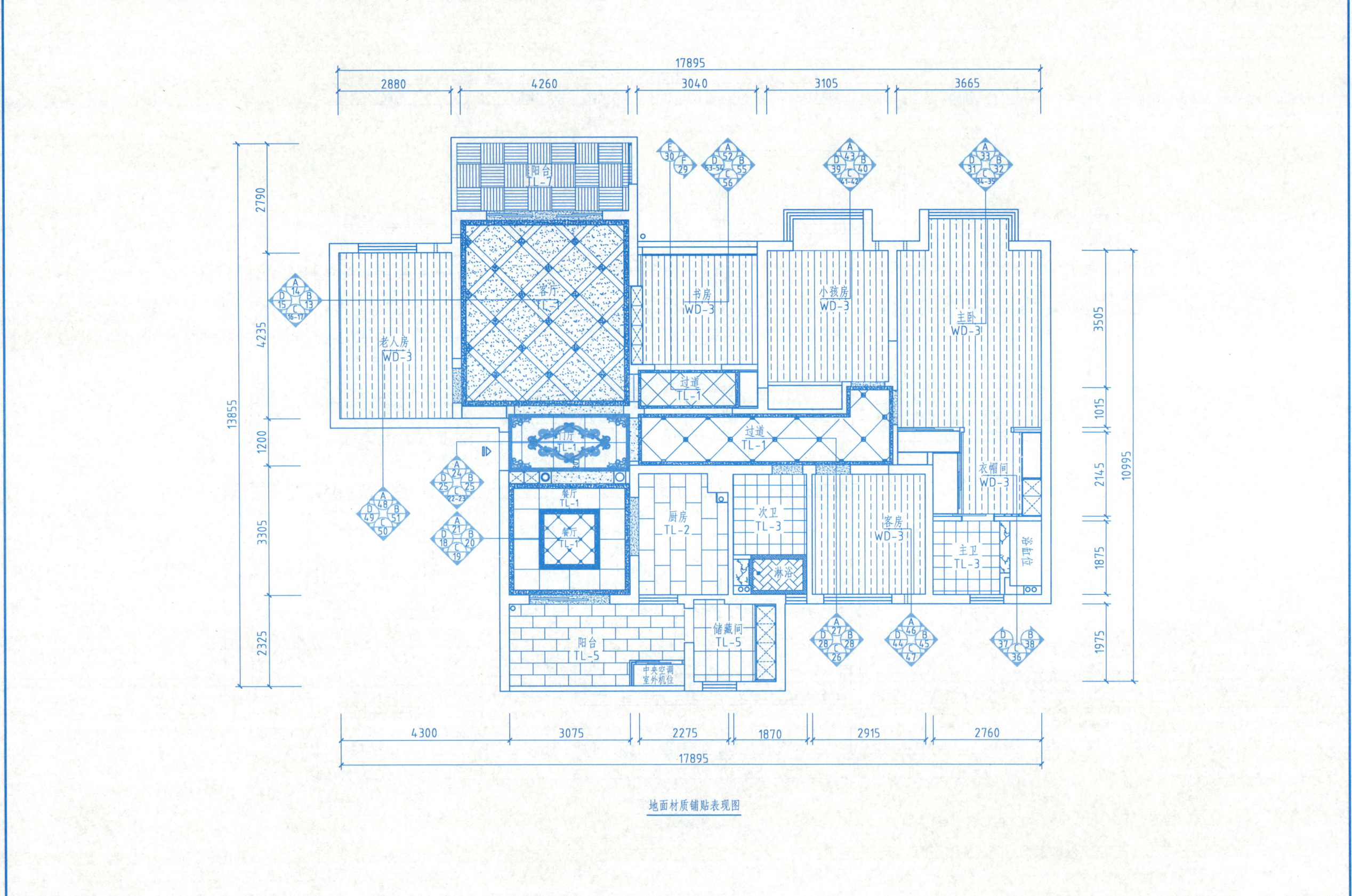

地面材质铺贴表现图

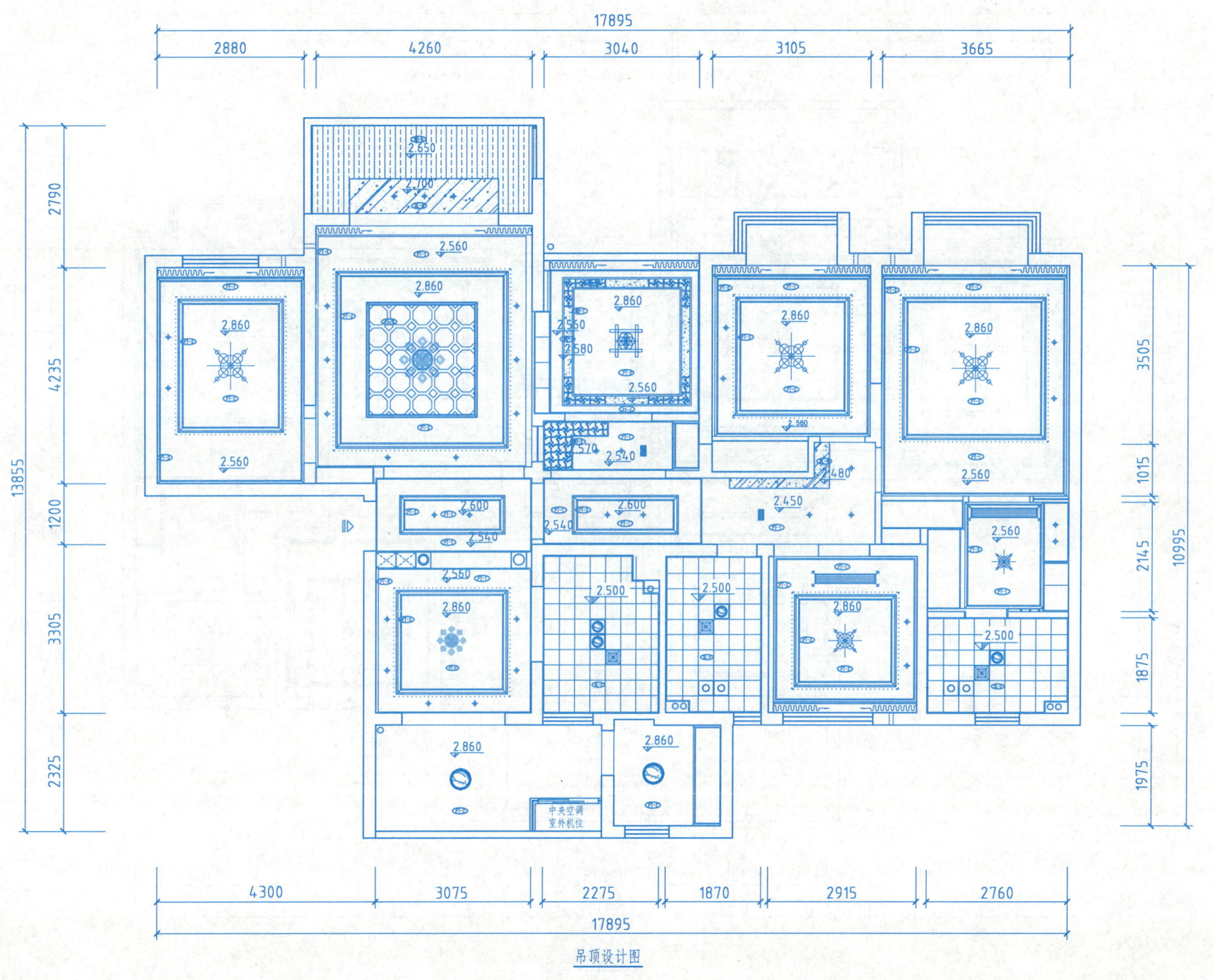

吊顶设计图

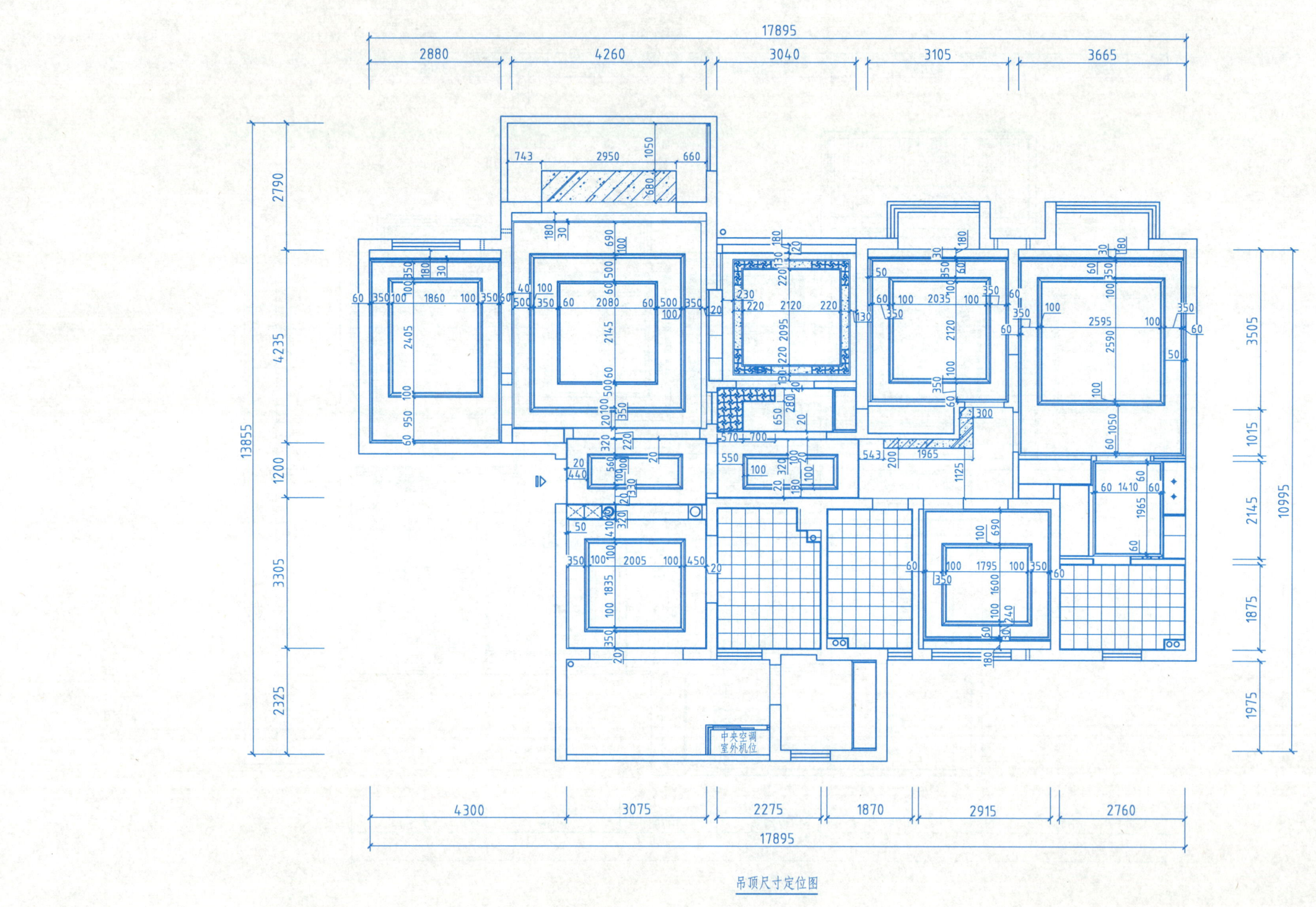

吊顶尺寸定位图

任务 4　绘制立面施工图

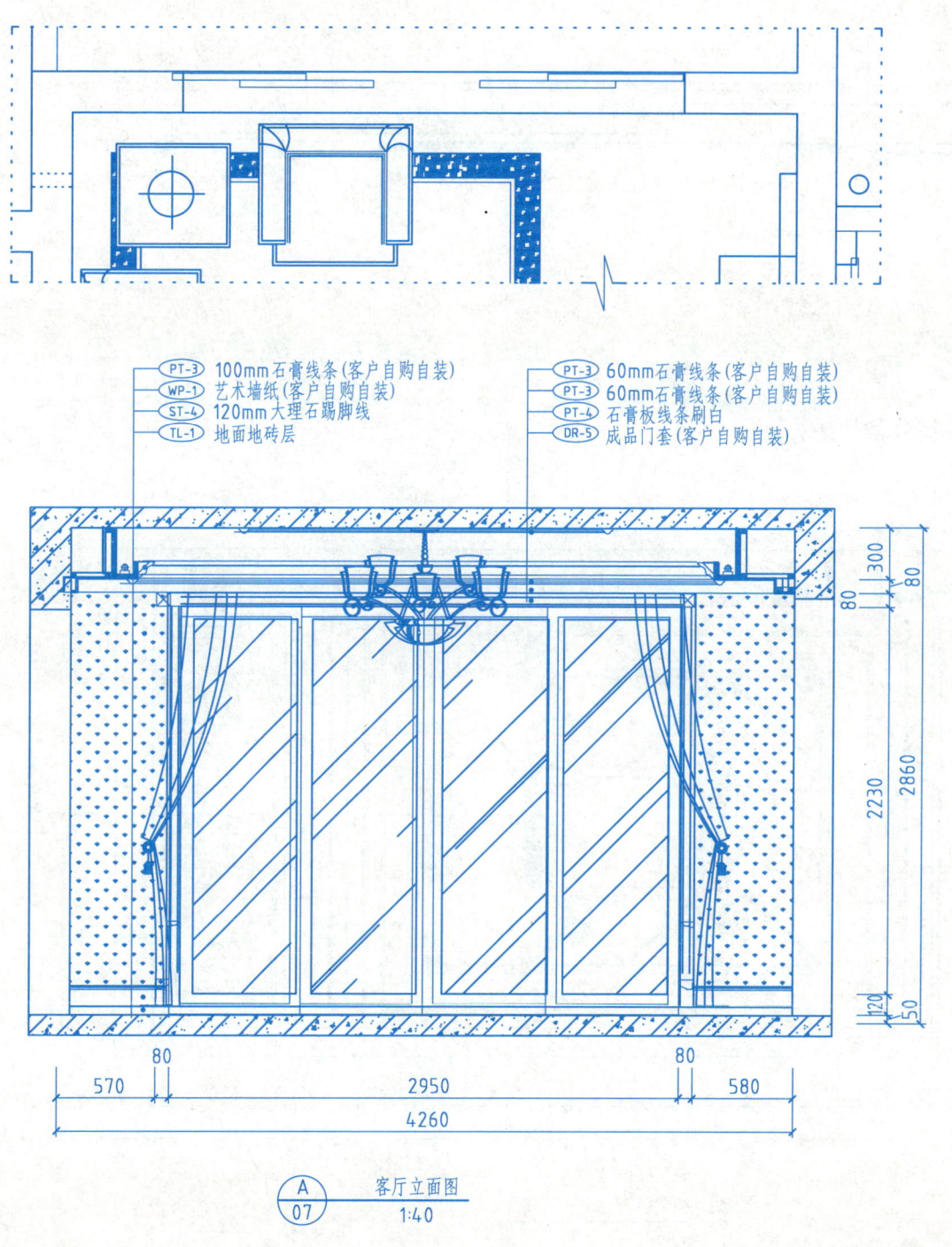

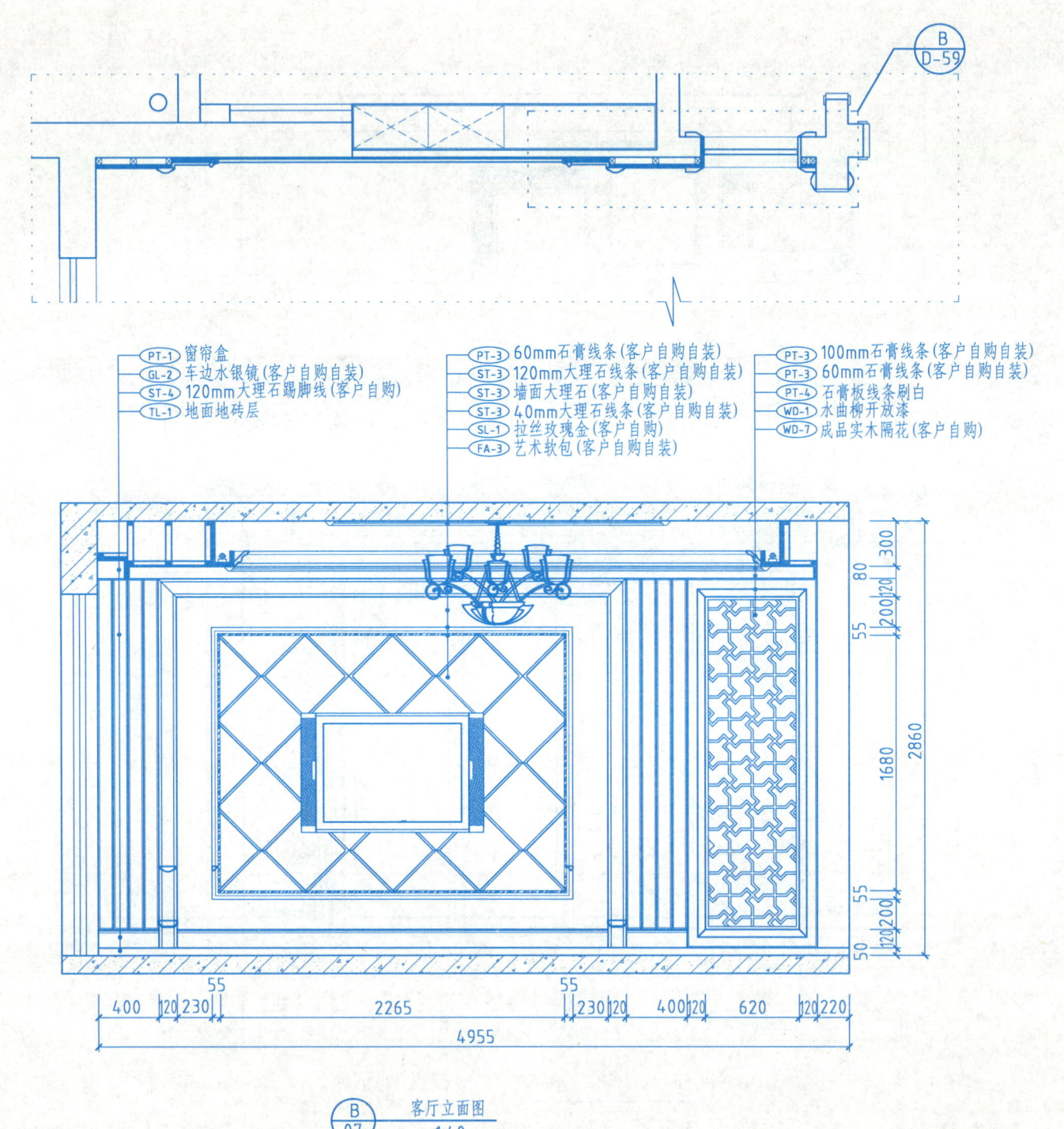

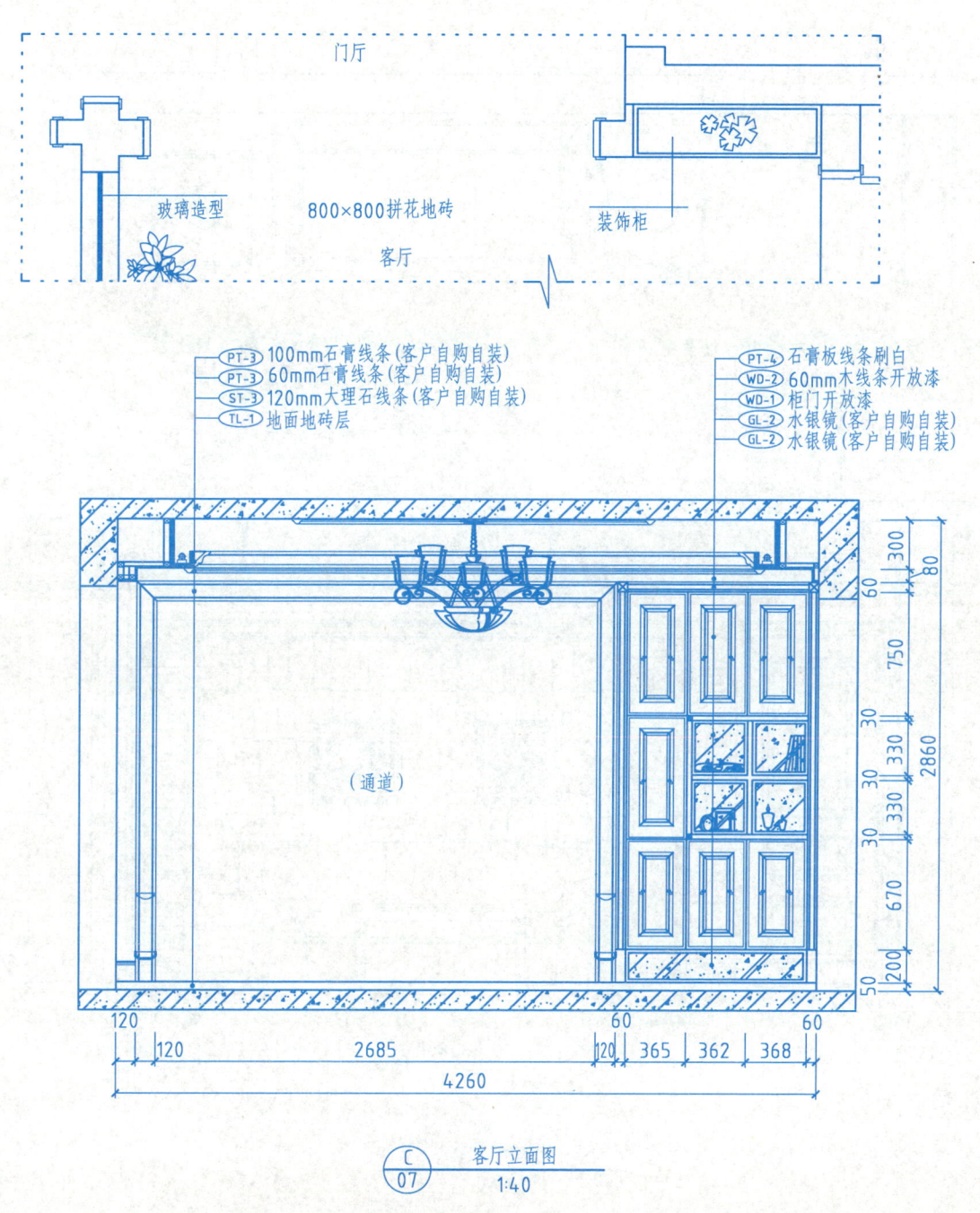

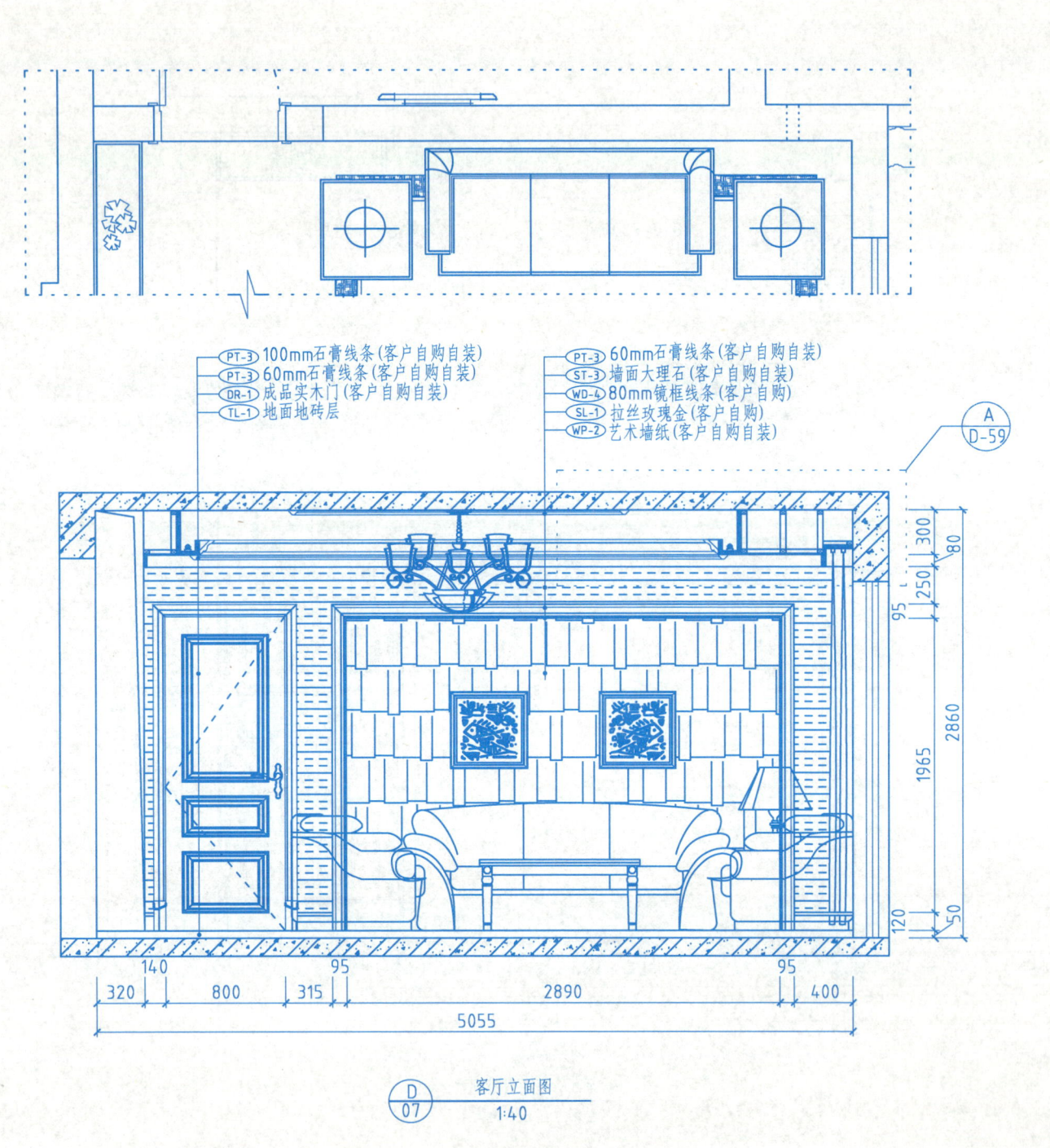

D/07 客厅立面图 1:40

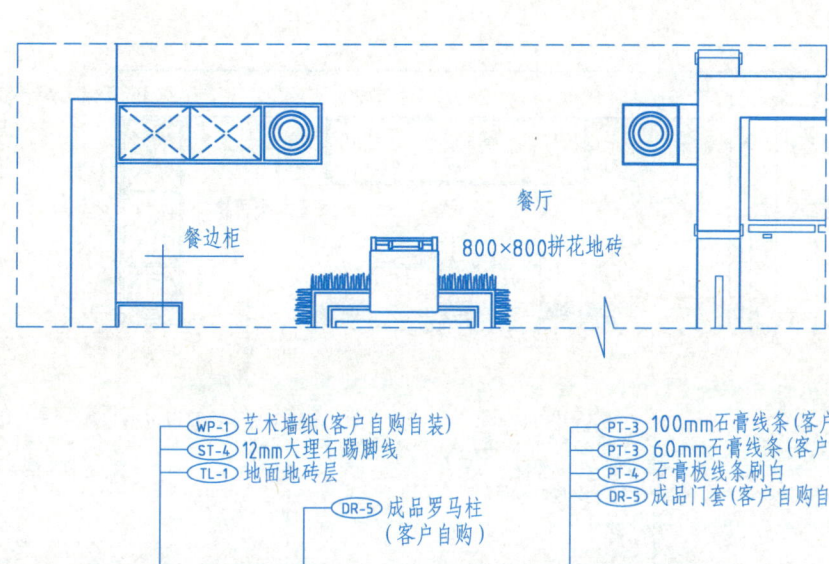
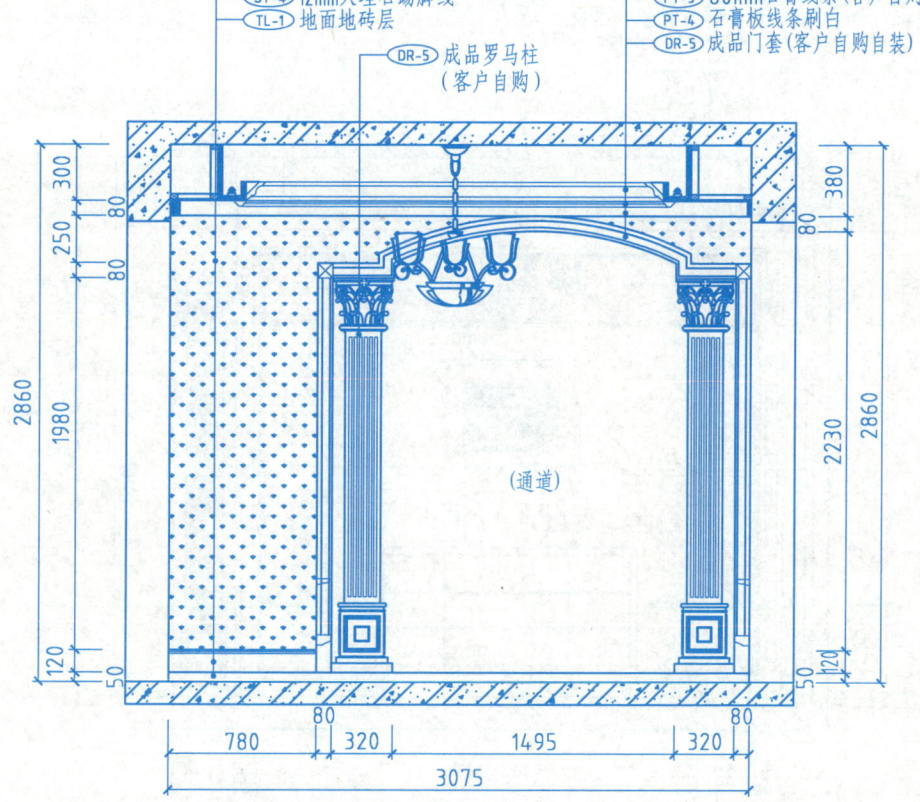
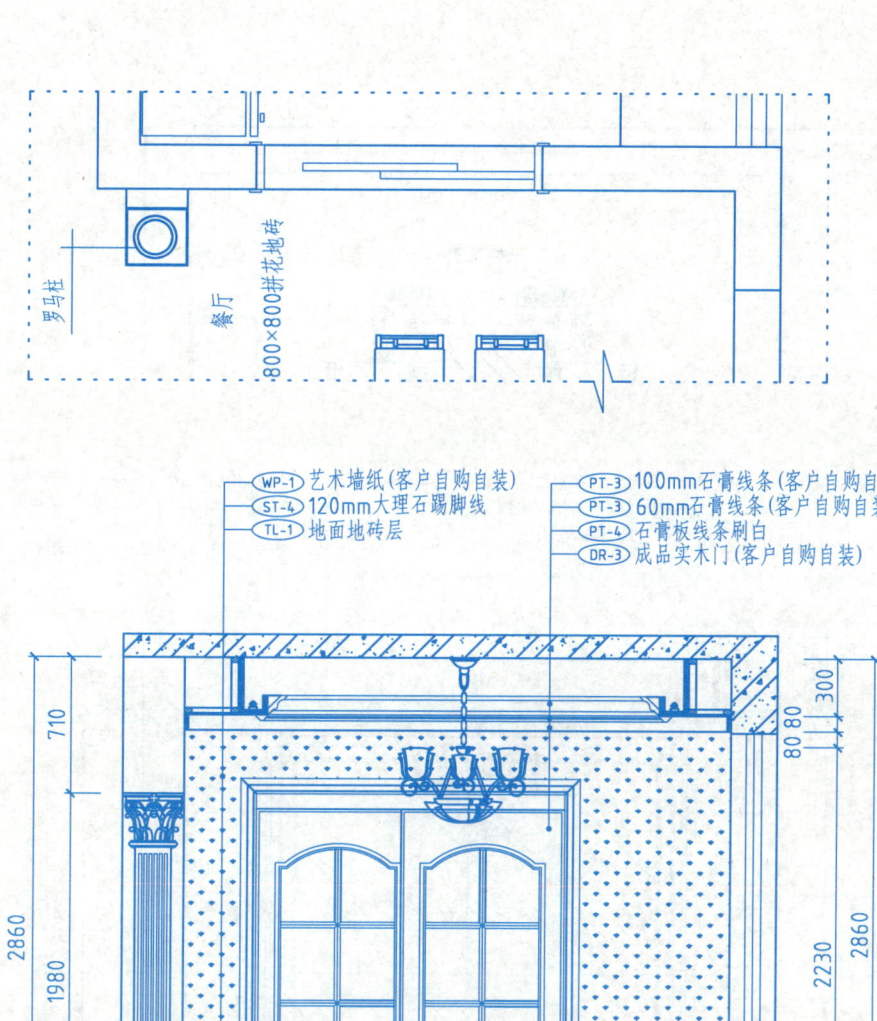

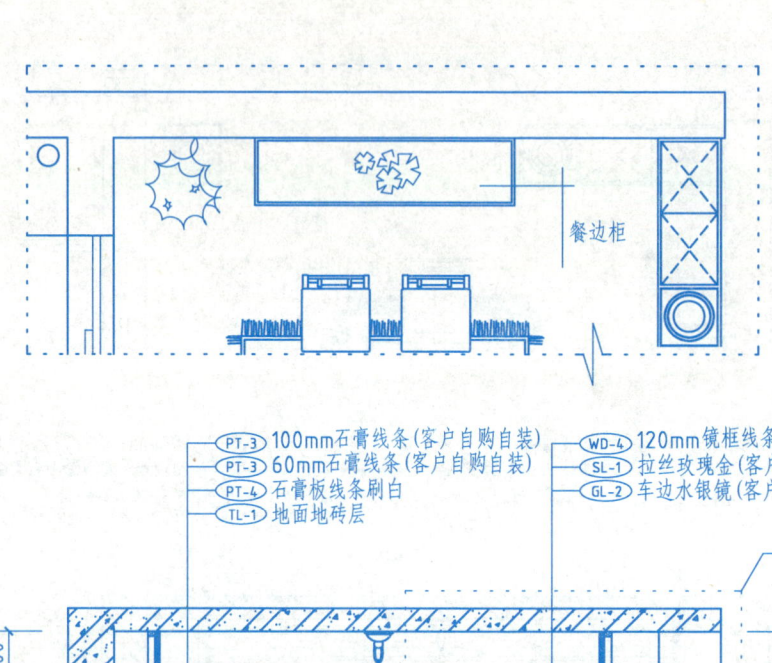

餐边柜

WP-1 艺术墙纸(客户自购自装)
ST-6 120mm 大理石踢脚线
TL-1 地面地砖层

PT-3 100mm石膏线条(客户自购自装)
PT-3 60mm石膏线条(客户自购自装)
PT-4 石膏板线条刷白
DR-5 成品门套(客户自购自装)

PT-3 100mm石膏线条(客户自购自装)
PT-3 60mm石膏线条(客户自购自装)
PT-4 石膏板线条刷白
TL-1 地面地砖层

WD-4 120mm镜框线条(客户自购)
SL-1 拉丝玫瑰金(客户自购)
GL-2 车边水银镜(客户自购自装)

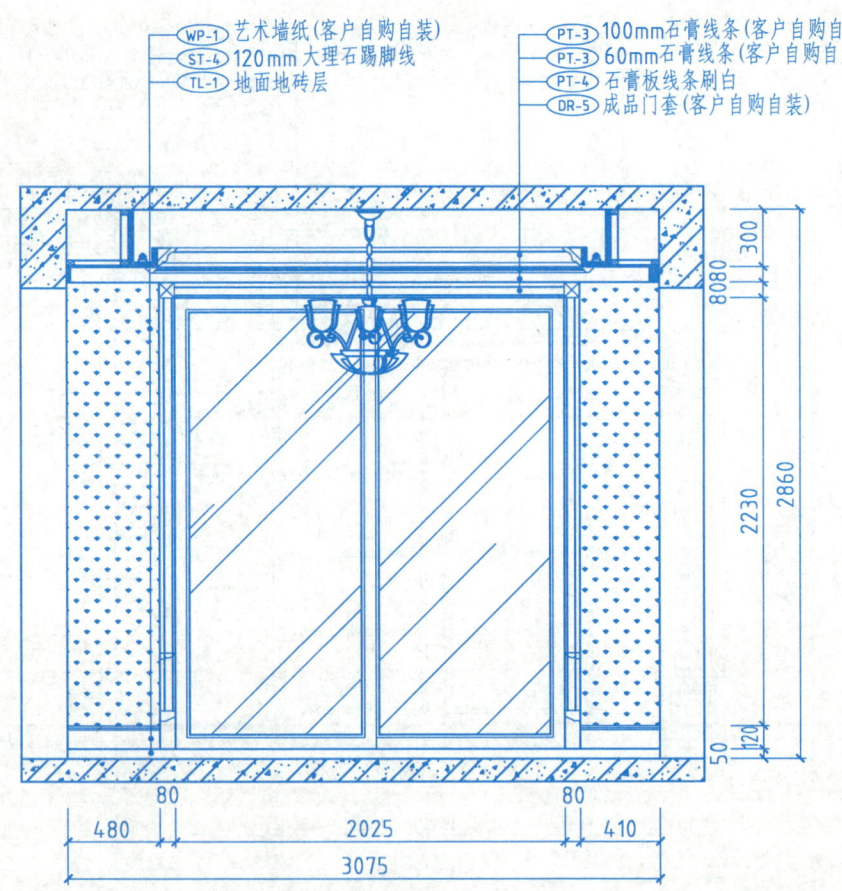
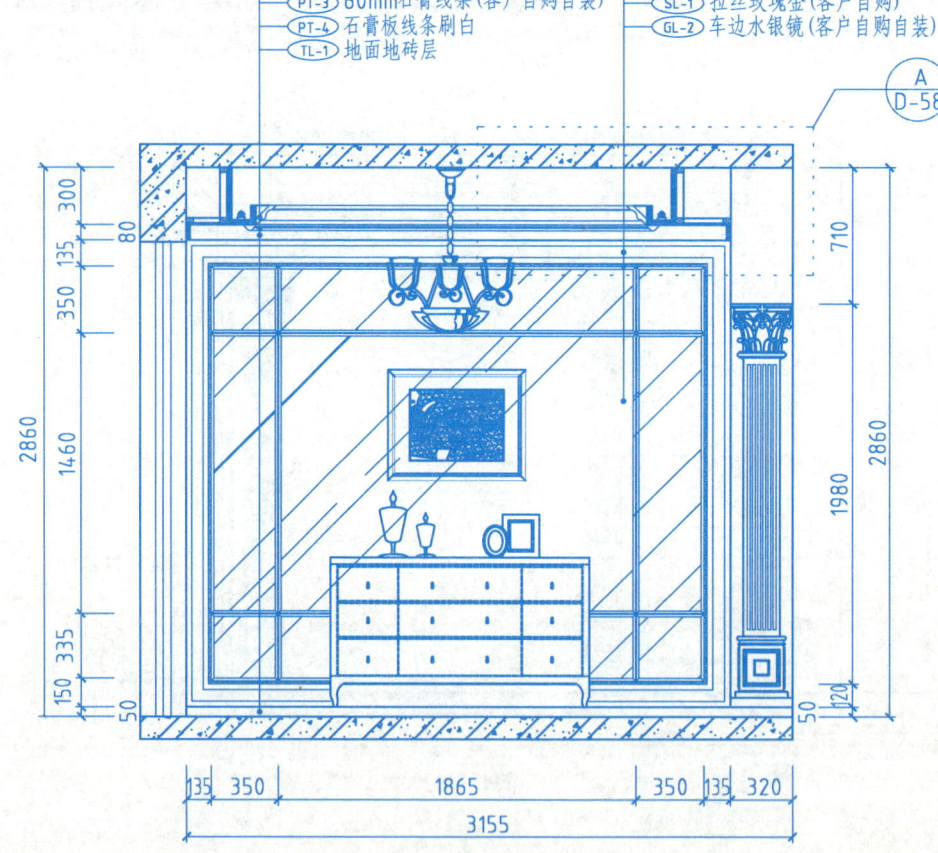

C/07 餐厅立面图 1:40

D/07 餐厅立面图 1:40

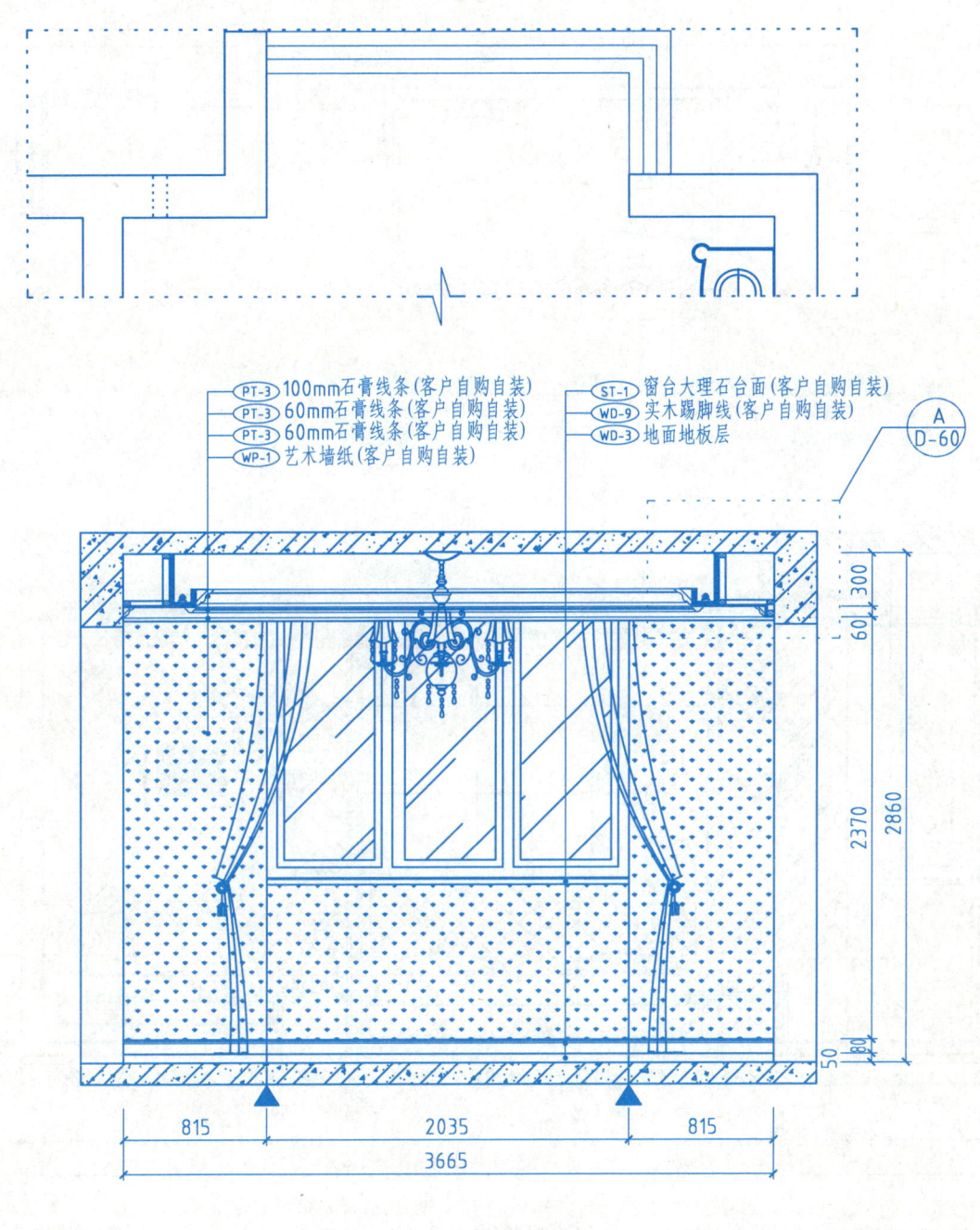

A/07 主卧立面图 1:40

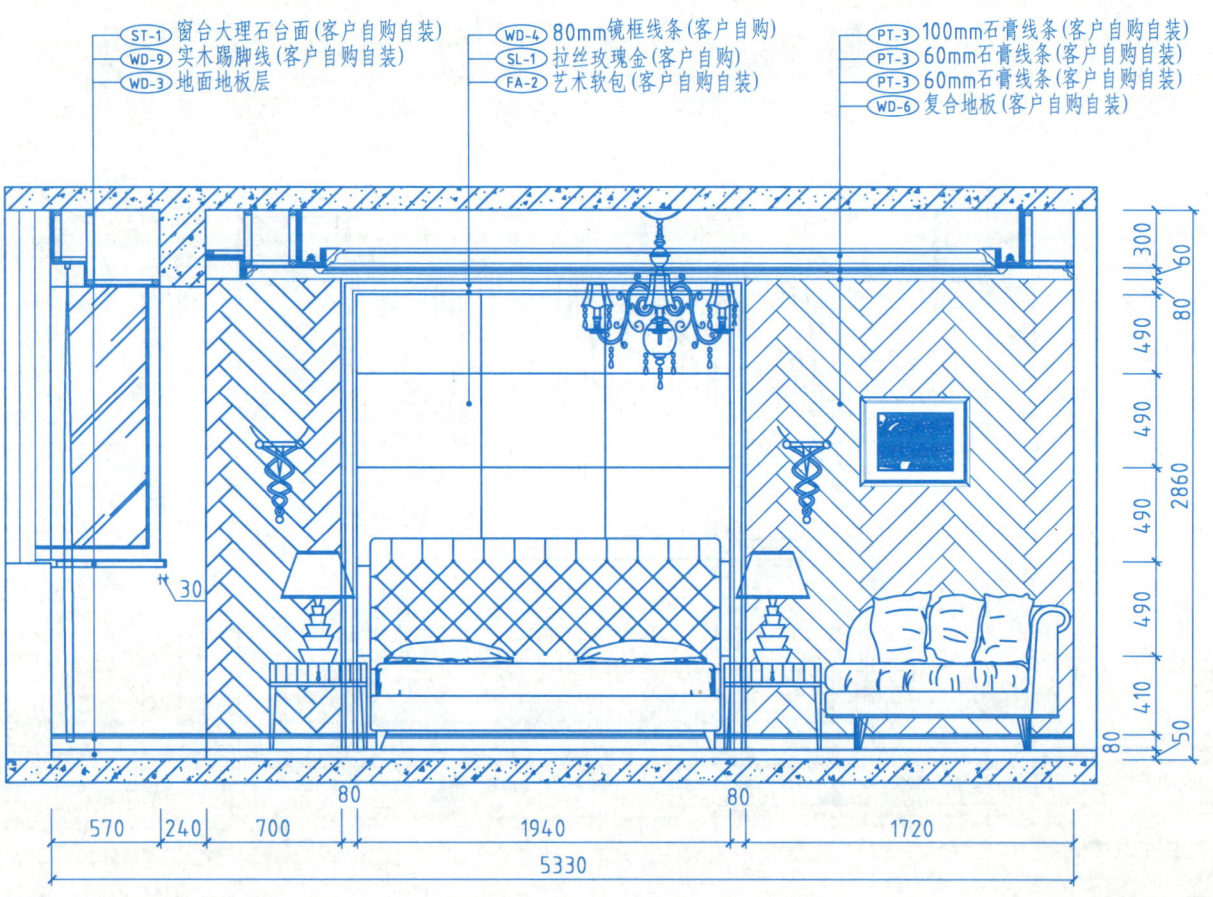

主卧立面图 1:40

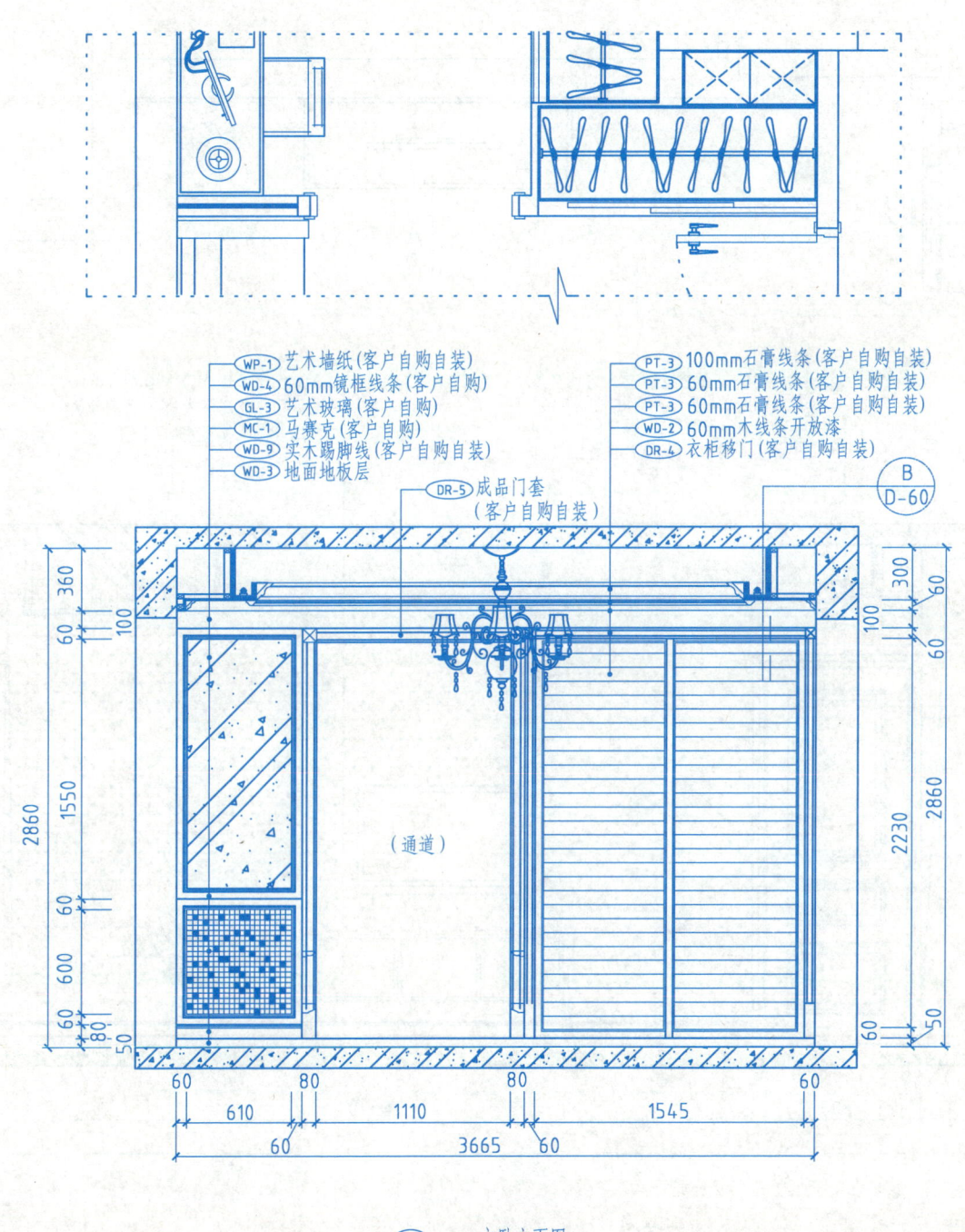

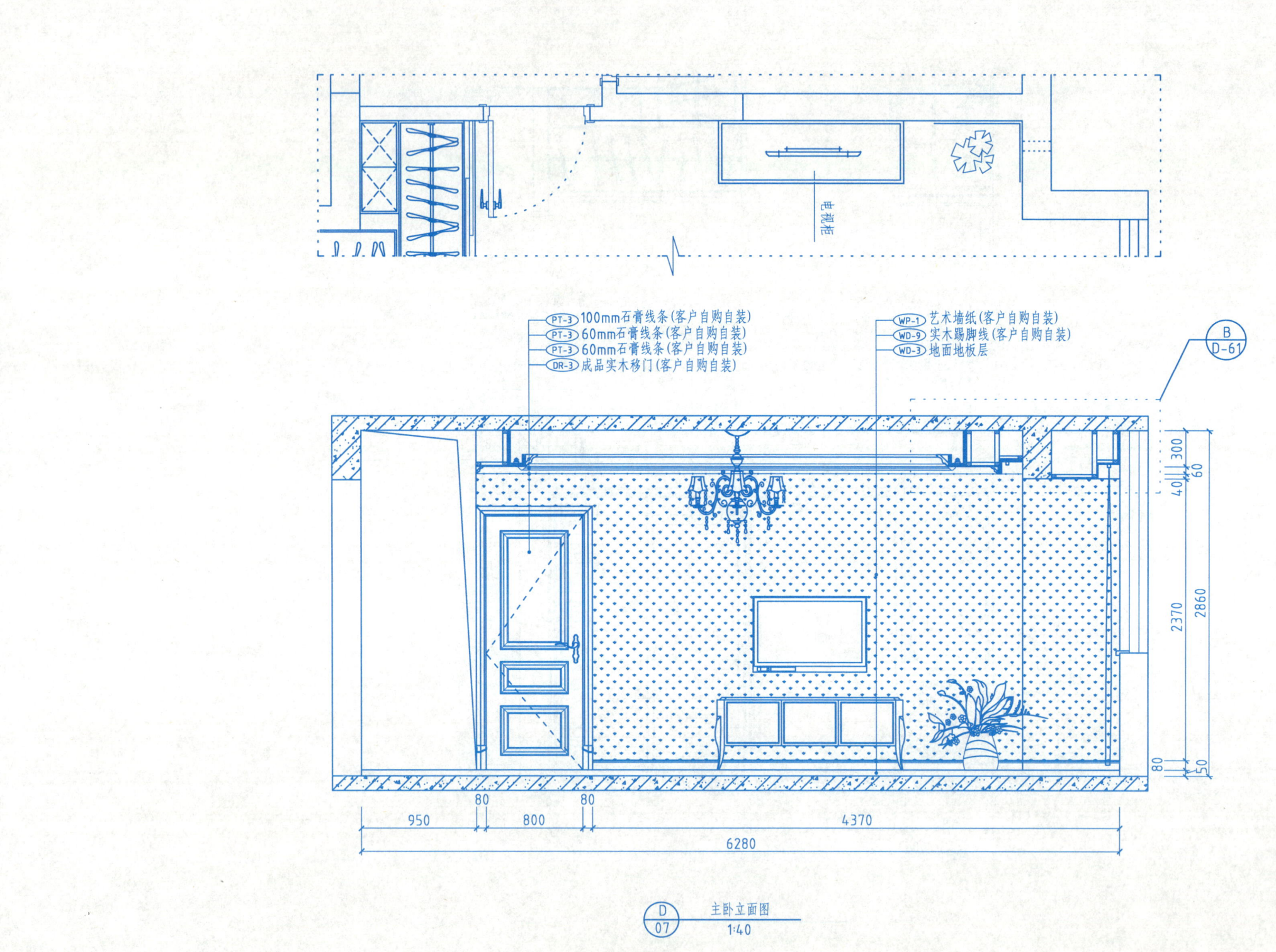

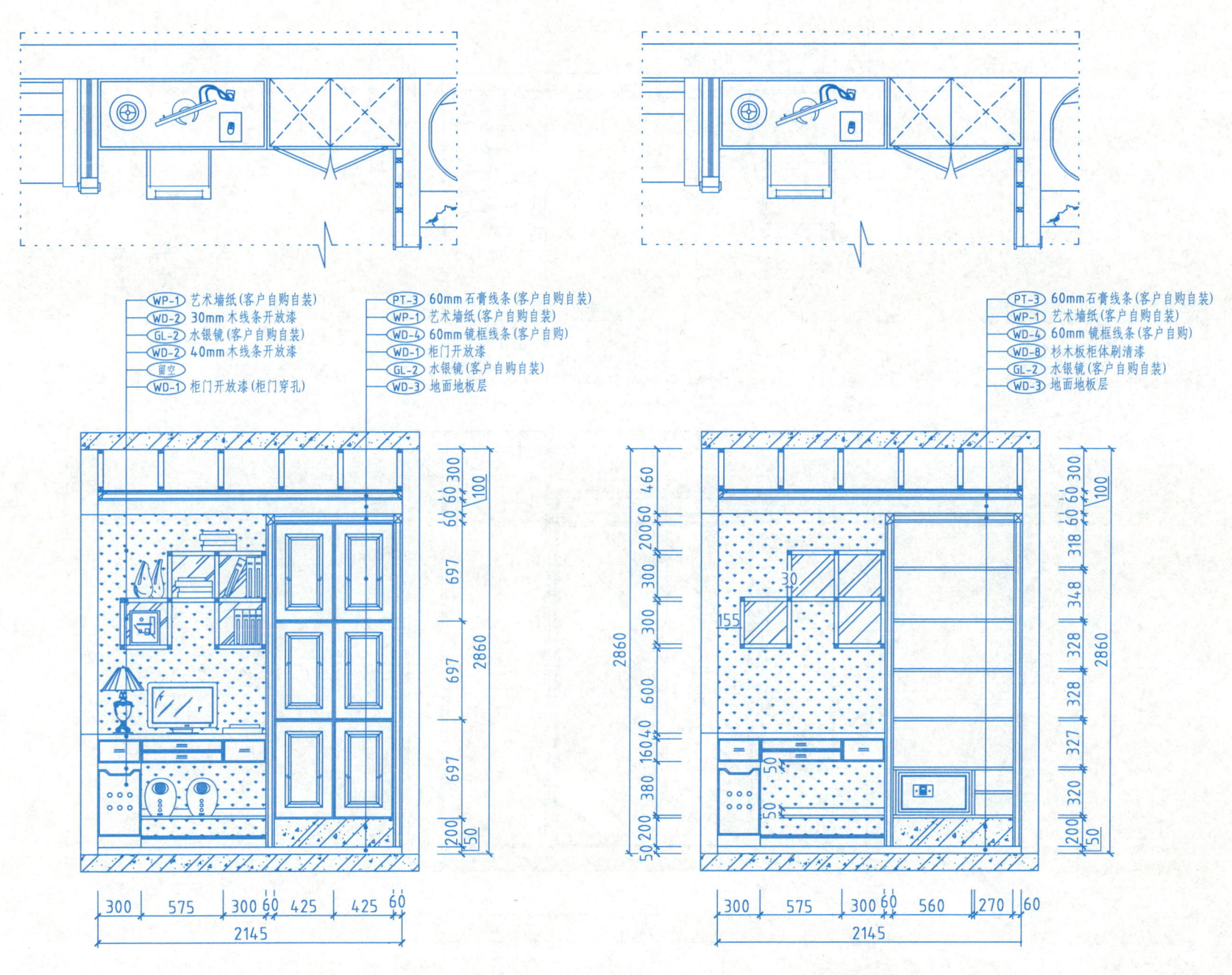

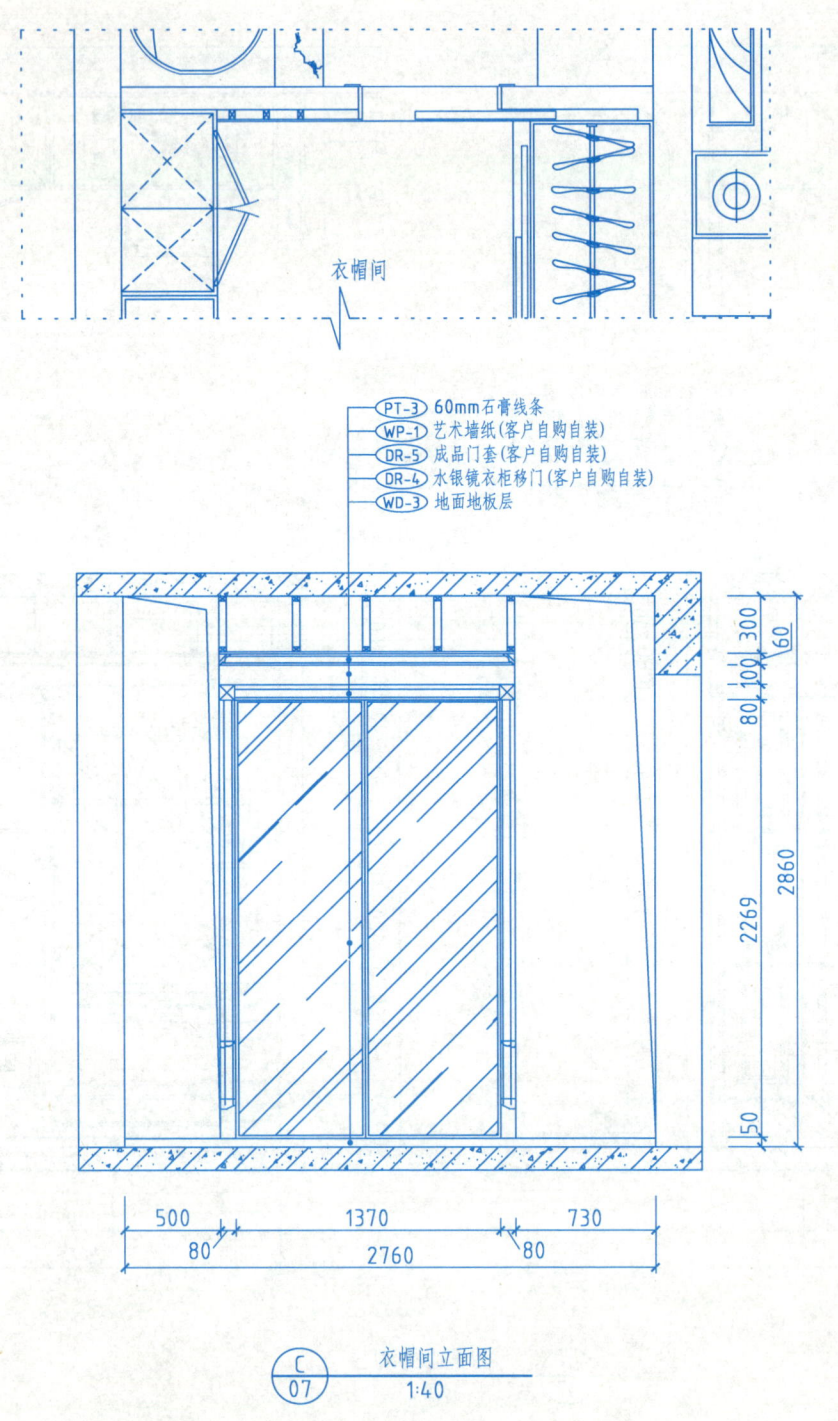

任务 5　绘制剖面施工图

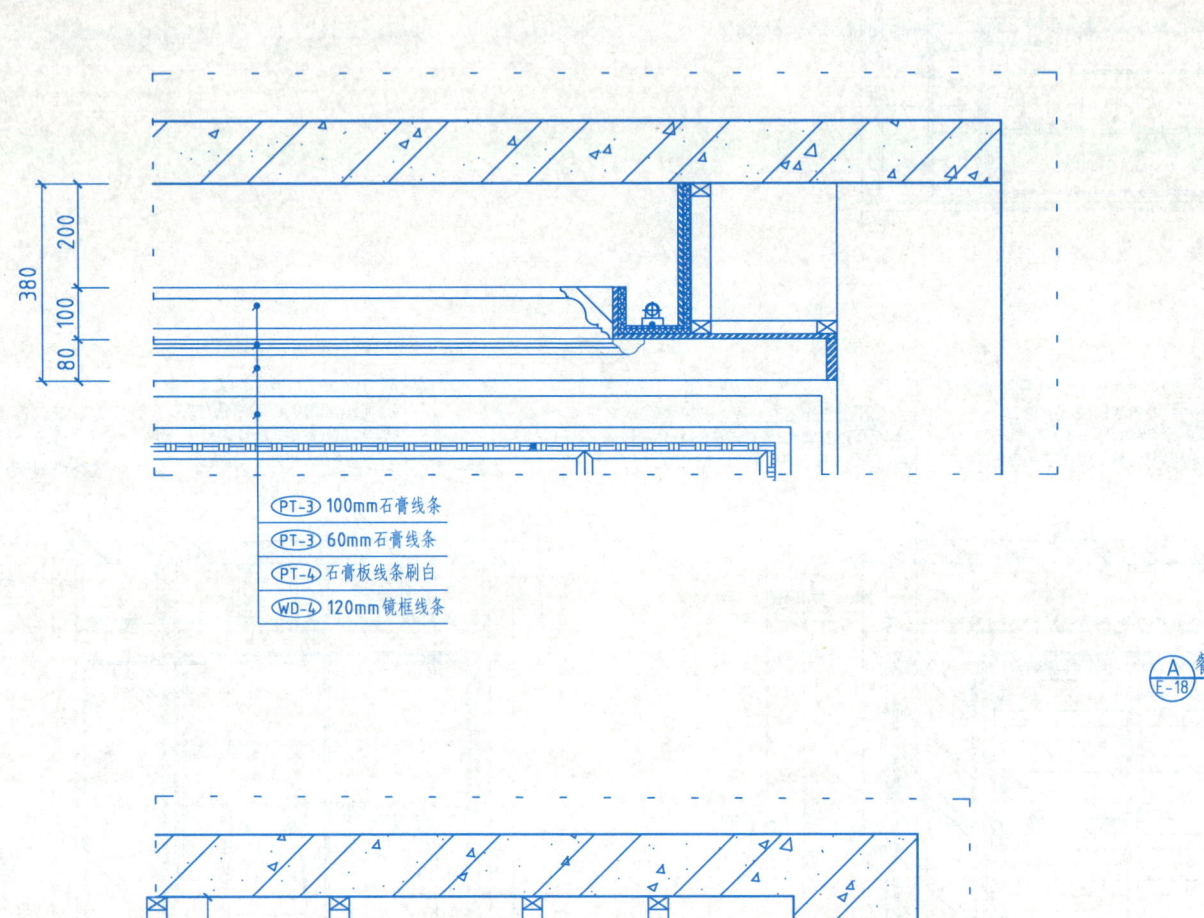

任务 6　绘制施工详图

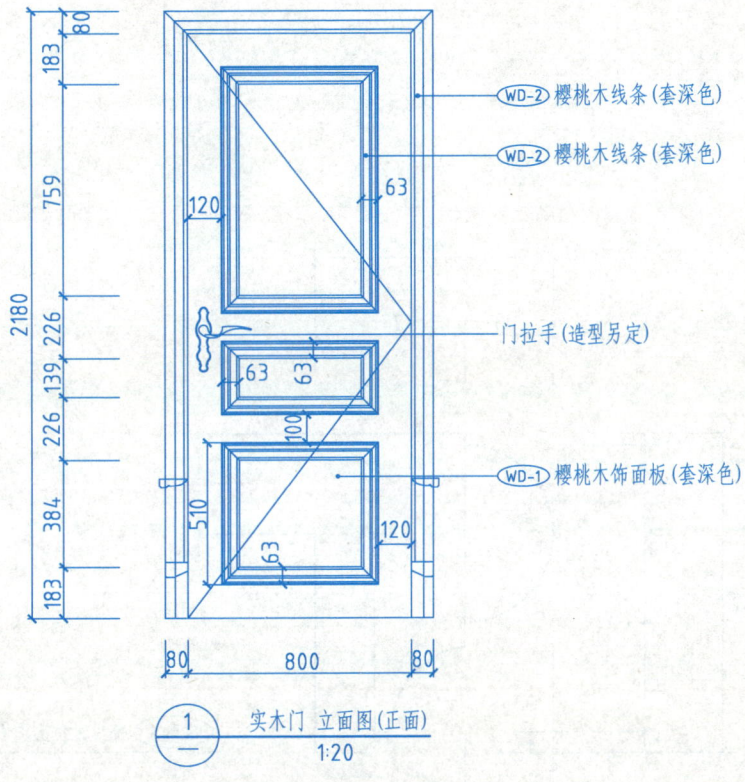
① 实木门 立面图(正面)
1:20

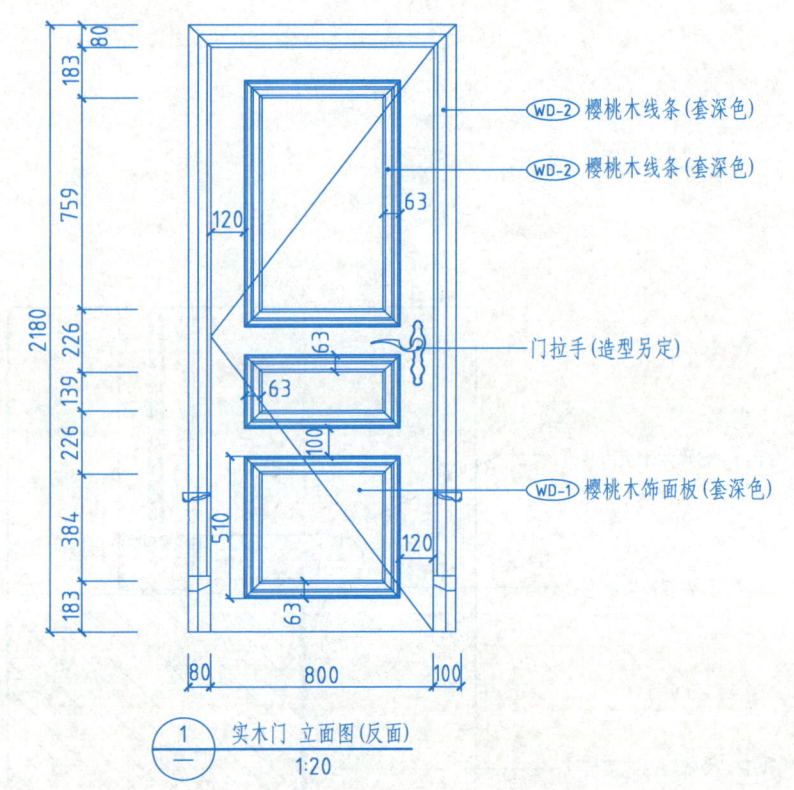
① 实木门 立面图(反面)
1:20

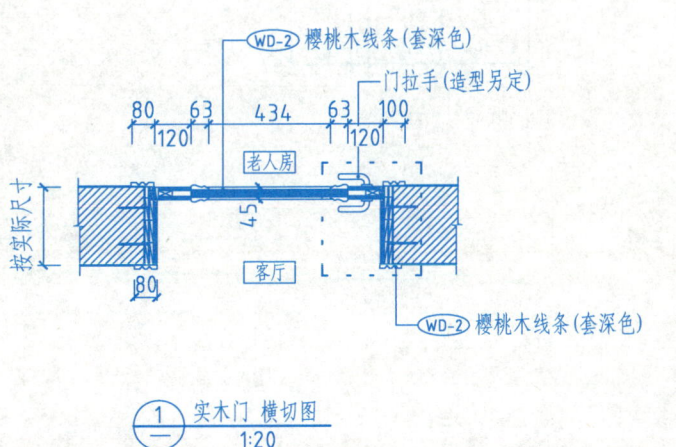
① 实木门 横切图
1:20

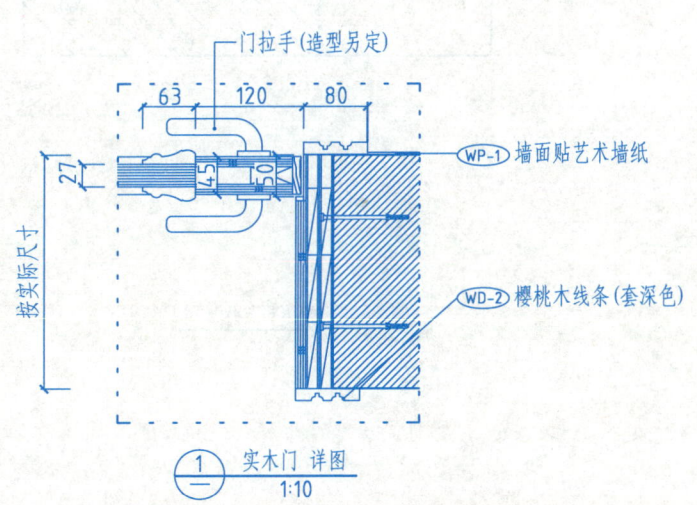
① 实木门 详图
1:10

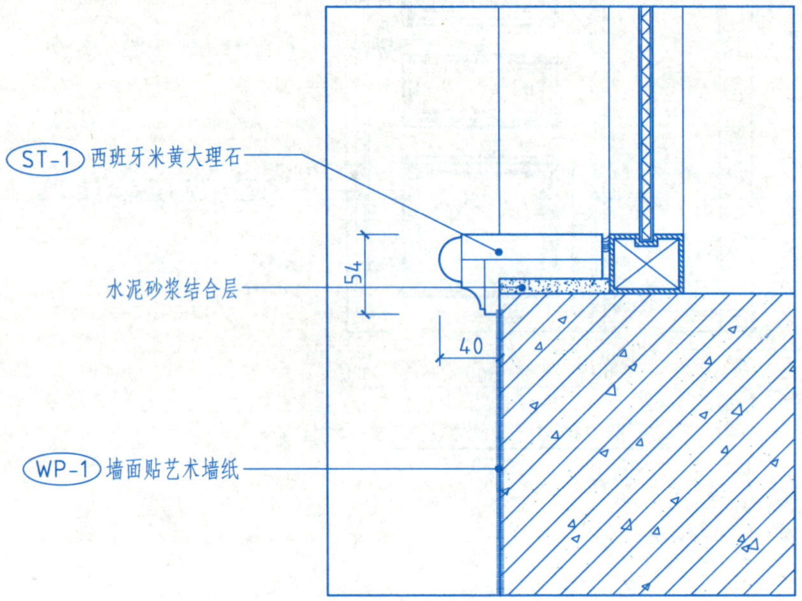
ST-1 西班牙米黄大理石
水泥砂浆结合层
WP-1 墙面贴艺术墙纸
54
40

标准窗台板详图
1:4

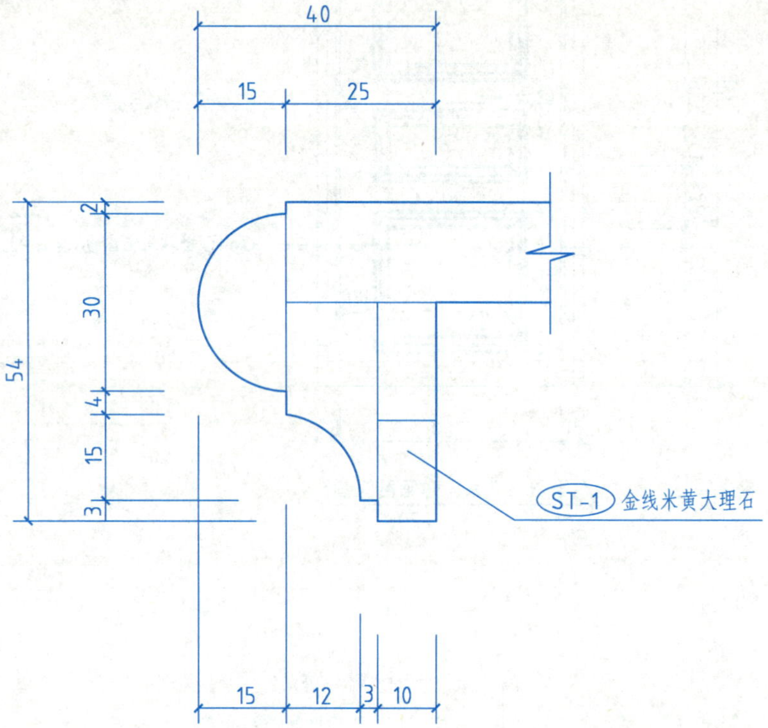
40
15
25
2
30
54
4
15
3
15
12
3
10
ST-1 金线米黄大理石

大理石详图
1:1

任务 7　绘制设备施工图

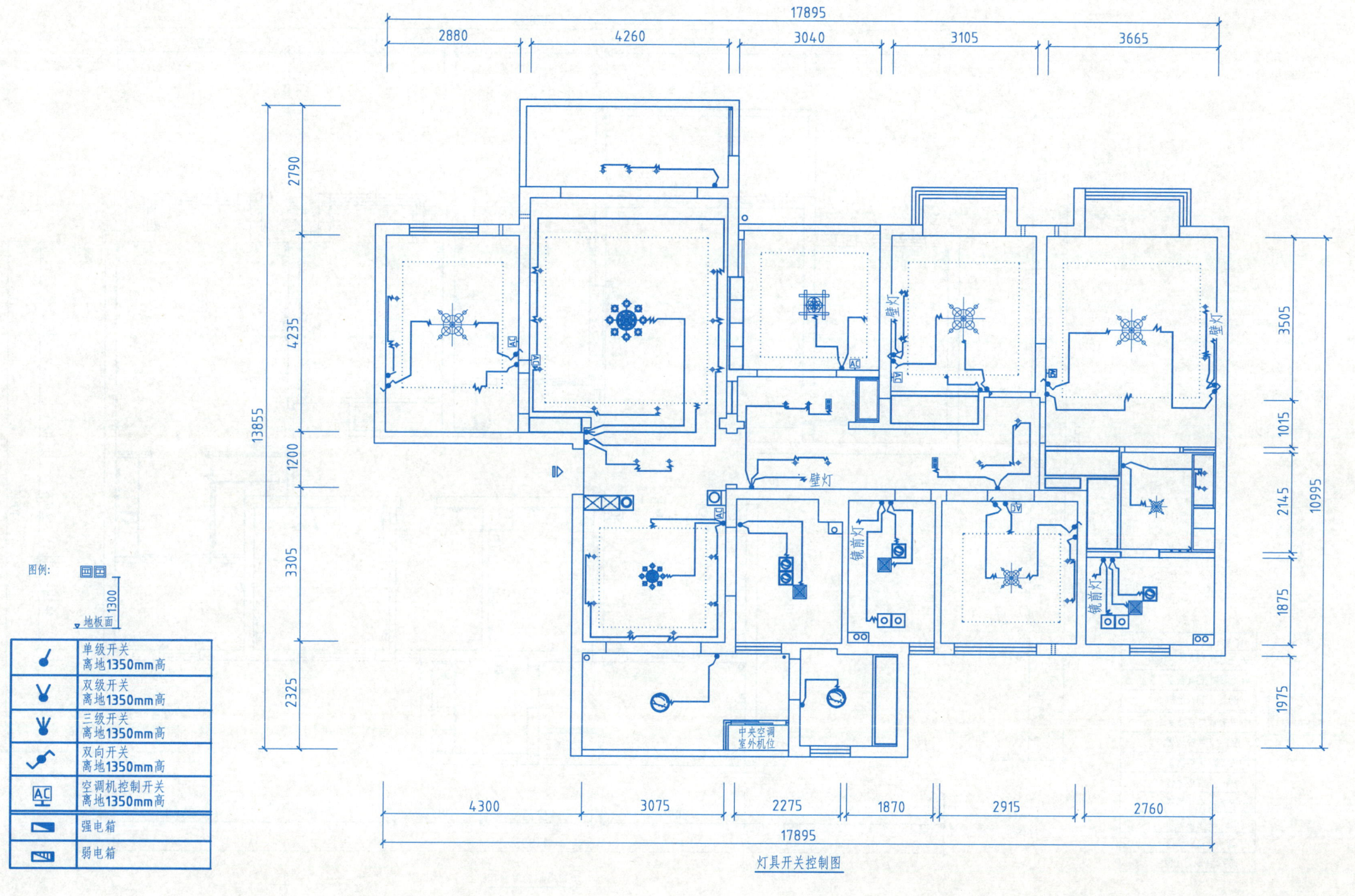

灯具开关控制图

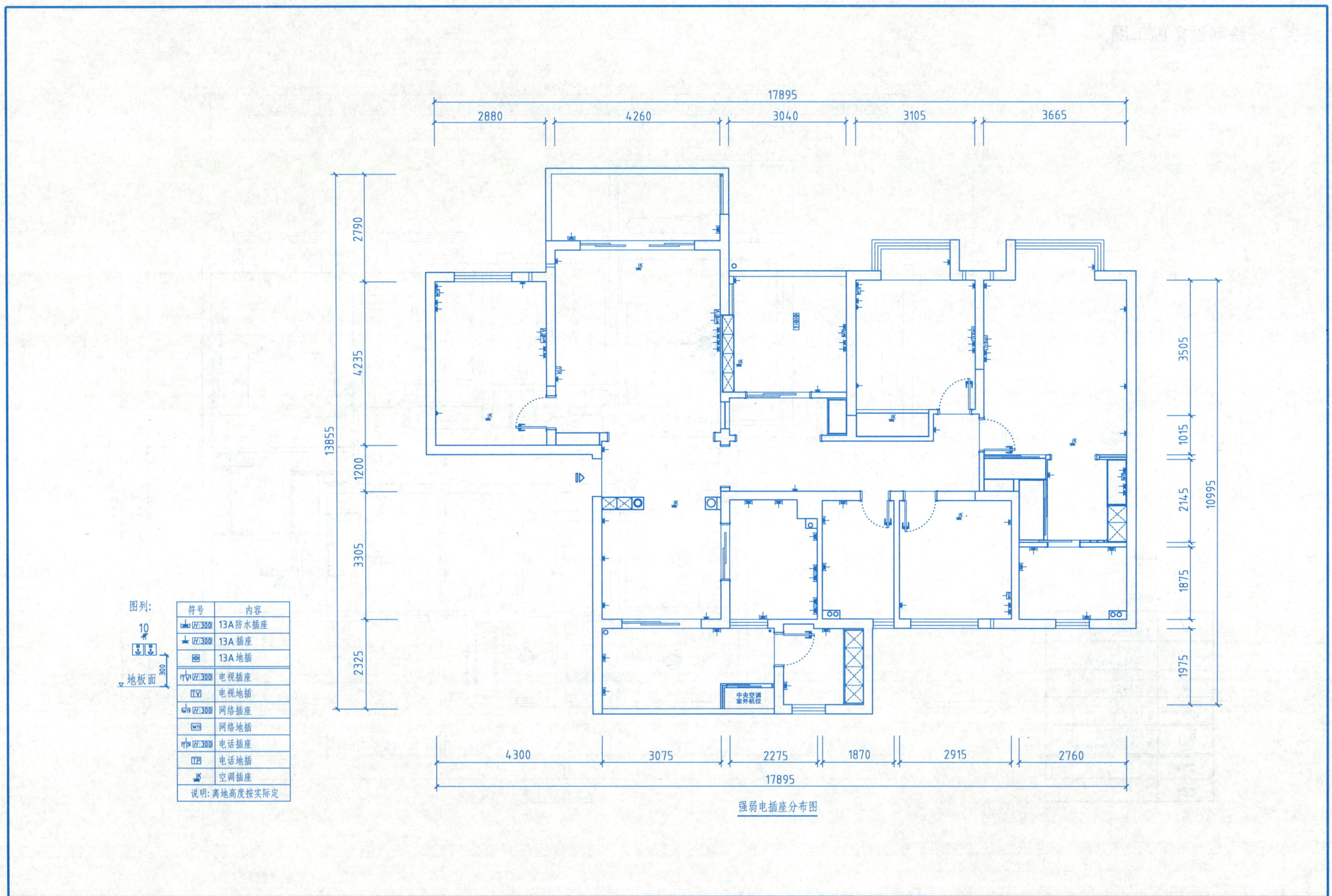
强弱电插座分布图

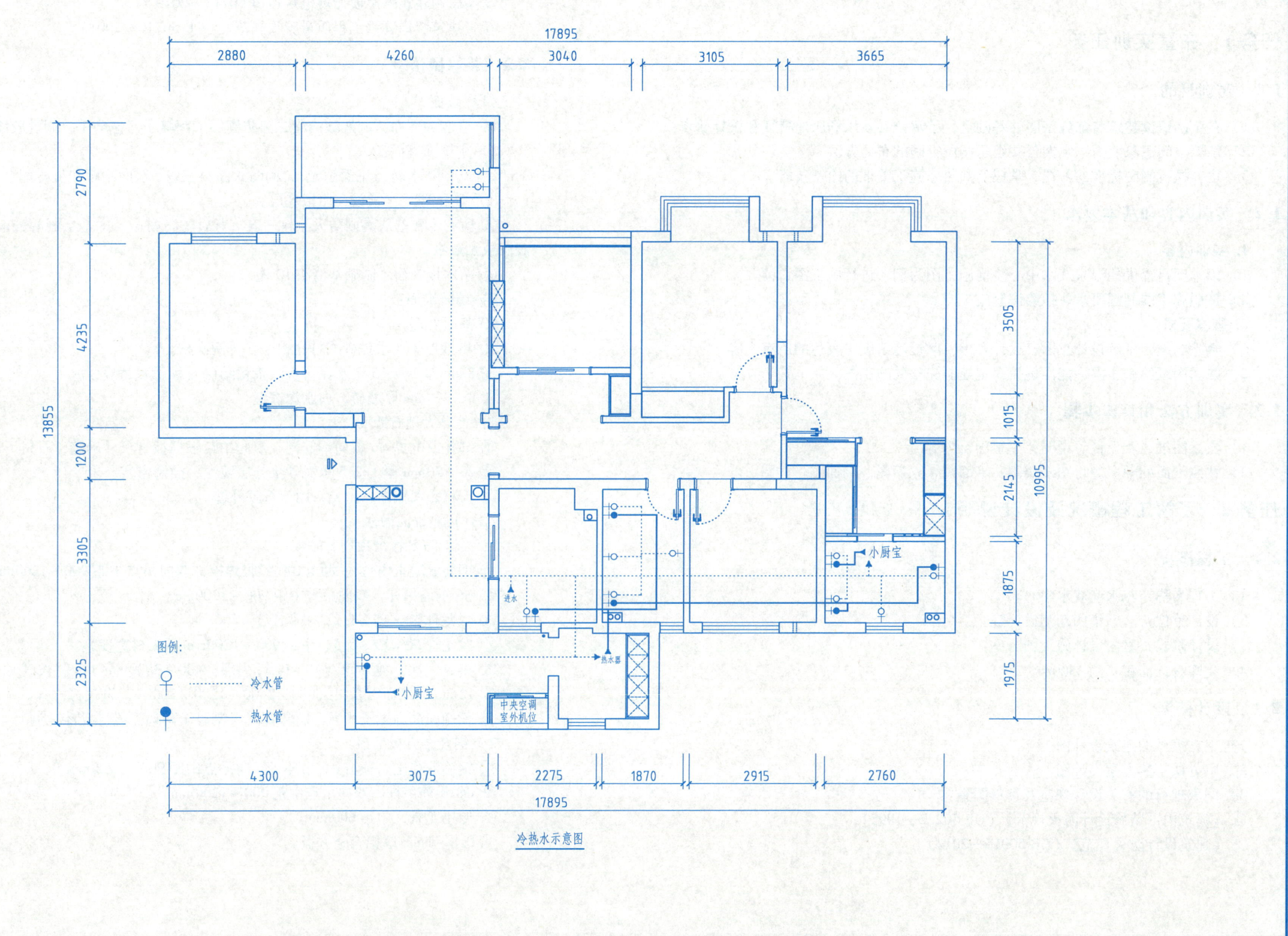

冷热水示意图

项目二 某温泉戏水中心装饰工程

任务1 布置实训任务

1.1 实训目的

1）在正确识读建筑装饰施工图的基础上，了解公共娱乐场所的特征和设计要点。
2）培养空间想象能力，掌握公共娱乐场所空间的布局方法。
3）培养执行制图标准的习惯，掌握公共装修施工图纸的绘制技能。

1.2 实训内容和基本要求

1. 实训内容

1）以本项目提供的温泉戏水中心装饰施工图为例，进行施工图识读。
2）按照施工图制图要求，抄绘该套施工图。

2. 基本要求

1）熟悉图纸，了解设计意图、设计要求，掌握施工图中表达的所有内容。
2）熟悉图纸绘制步骤，能准确无误地绘制完整的施工图。

1.3 实训方法和具体步骤

1）熟悉图纸，看设计总说明，了解项目内容。
2）按照下面的顺序进行图纸绘制：平面图、立面图、剖面图、详图。

任务2 了解工程概况及设计说明

2.1 工程概况

1）工程名称：花水湾戏水中心。
2）设计单位：××集团勘测设计院。
3）设计阶段：室内设计施工图。
4）装饰设计面积：约3500m^2。

2.2 设计依据

1）甲方提供的建筑设计图。
2）甲方认可的方案设计图。
3）国家现行的有关设计规范及资料图集。
①《建筑内部装修设计防火规范》(GB 50222—1995)
②《建筑设计防火规范》(GB 50016—2014)
③《建筑照明设计标准》(GB 50034—2013)
④《民用建筑设计通则》(GB 50352—2005)
⑤《民用建筑隔声设计规范》(GB 50118—2010)
⑥《建筑装饰装修工程质量验收规范》(GB 50210—2001)

2.3 装修做法

（1）墙面

1）乳胶漆墙面：刷醇酸清漆二遍防潮层，刮腻子三遍磨平，刷乳胶漆底漆三遍、面漆二遍。
2）木饰面墙面：
① 30×40木筋（正面刨光），刷防火涂料三遍，双向中距和板材配合（不大于300×300）。
② 12mm厚木工板或9厘板基层。
③ 所有木作基层满刷防火涂料三遍，背后防腐两遍，木基层刷醇酸清漆两遍，再刮腻子，刷乳胶漆或贴墙纸。
④ 贴木板饰面，刷硝基清漆12遍。
3）墙砖墙面：
① 基层处理。
② 9mm厚1:3水泥砂浆打底扫毛，分两次抹。
③ 8mm厚1:0.15:2水泥石灰砂浆粘结层（加适量建筑胶）。
④ 4~4.5mm厚墙砖，白水泥擦缝。
4）挂贴大理石墙面：
① 绑扎或电焊ϕ6双向钢筋网，双向中距根据板材尺寸确定，石材下口用钢销锚在下部石材上。
② 20~30mm厚1:2.5水泥砂浆分层灌注，插捣密实。
③ 石材表面擦净，抛光，用云石胶补缝。

（2）顶棚饰面做法

1）纸面石膏板吊顶刷乳胶漆
① 钢筋混凝土内打入M8×100膨胀螺栓，双向吊点中距900~1200mm。
② ϕ6钢筋吊杆，双向吊点中距900~1200mm。
③ 主龙骨50×15×1.2，中距小于1200mm。
④ 次龙骨50×19×0.5，中距900~1200mm（板材宽度）。
⑤ 横撑（次）龙骨50×19×0.5，中距2400~3000mm（板材长度）。
⑥ 12mm厚纸面石膏板（900×2400~1200×3000），自攻钉拧紧。
⑦ 顶棚面满刮腻子找平，刷乳胶漆（刮腻子两遍，刷乳胶漆三遍）。
2）铝合金方板吊顶：
① 钢筋混凝土内预留ϕ6吊环，双向吊点中距900~1200mm。
② ϕ8钢筋吊杆，双向吊点中距900~1200mm。
③ 专用龙骨，中距600mm。
④ 0.8~1mm厚铝合金方板。

2.4 装修材料

1) 本工程所涉及的建筑装饰材料较多，各种材料均应符合国家标准的相关质量要求。
① 《天然花岗石建筑板材》（GB/T 18601—2009）
② 《装饰石膏板》（JC/T 799—2016）
③ 《建筑用轻钢龙骨》（GB/T 11981—2008）
2) 各种装饰材料除符合相关国家标准外，还应满足环保卫生要求。
① 天然石材应满足《建筑材料放射性核素限量》（GB 6566—2010）中的 A 类标准，不得采用 B、C 类标准的石材。
② 地砖、墙砖、陶瓷锦砖的放射防护安全标准取得省、市（或同等级别）环境辐射监测中心的安全证书。
③ 油漆、涂料、墙纸等应有国家相关机构的环保认证证书及检验报告。
3) 木材含水率应控制在 12% 以下。

2.5 其他

1) 本图标注尺寸单位为 mm。若图纸尺寸与现场不符，按现场尺寸处理。
2) 本图 ±0.000 为该楼首层地面标高。

任务 3　绘制平面施工图

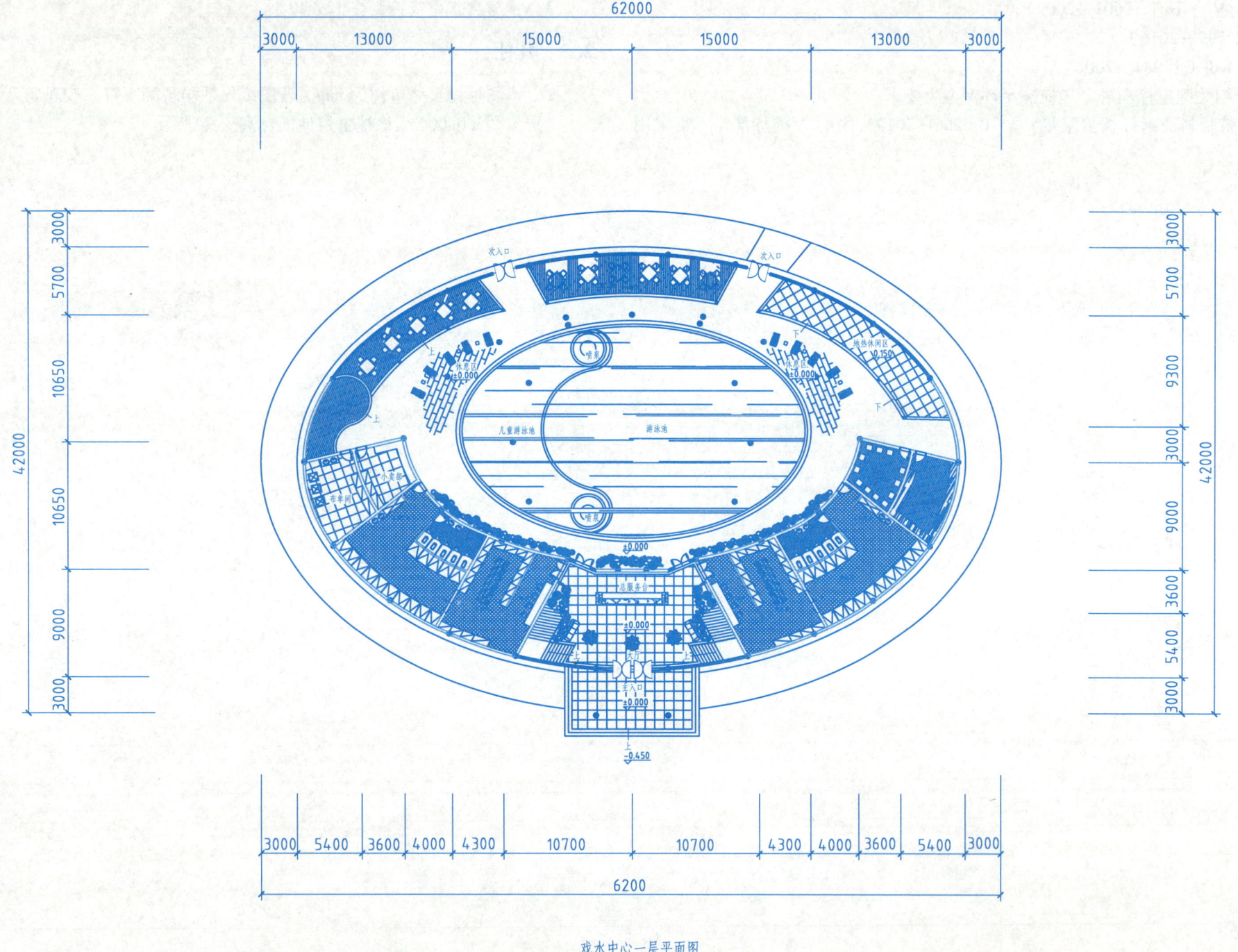

戏水中心一层平面图

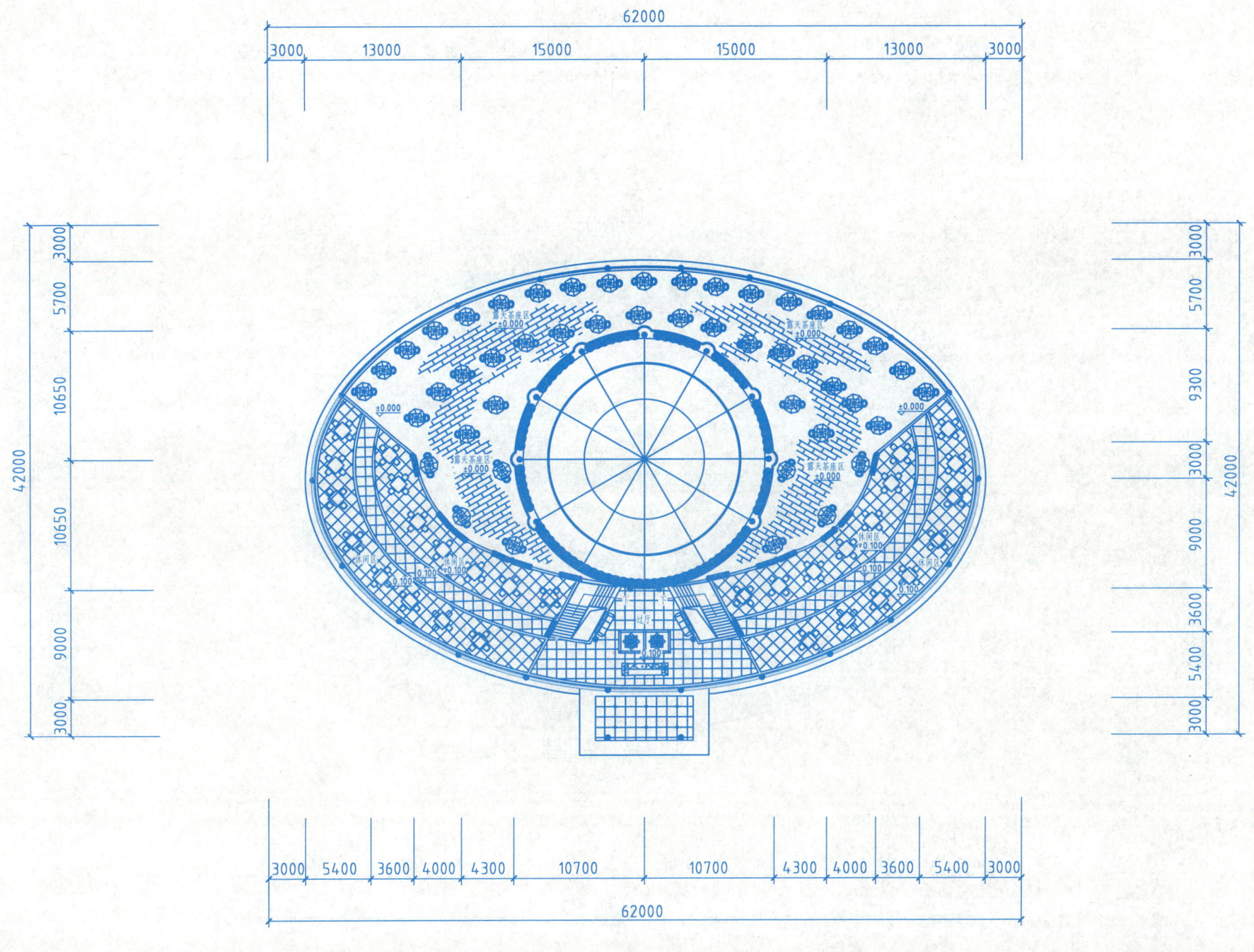

戏水中心二层平面图

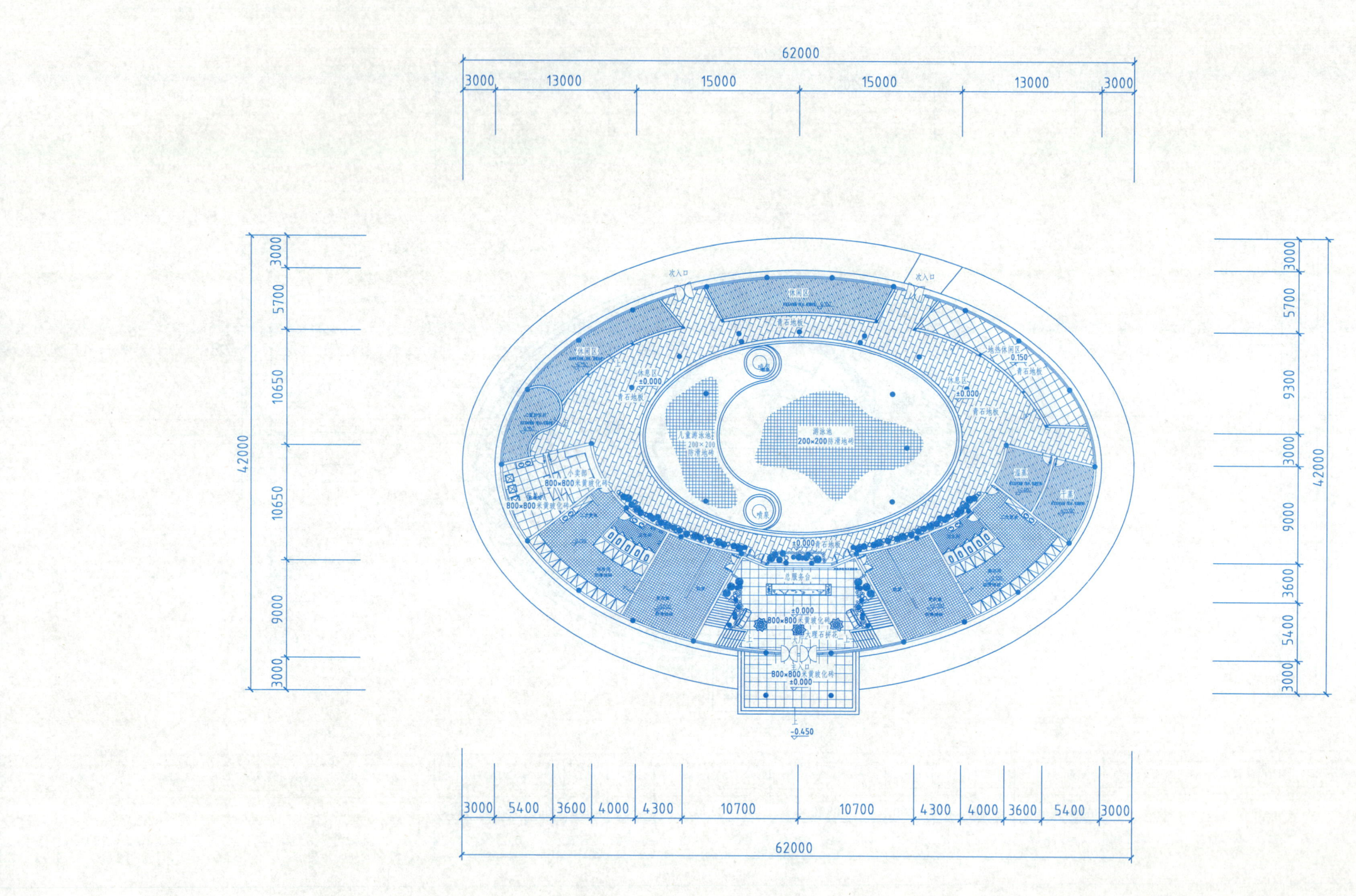

戏水中心一层地面铺设图

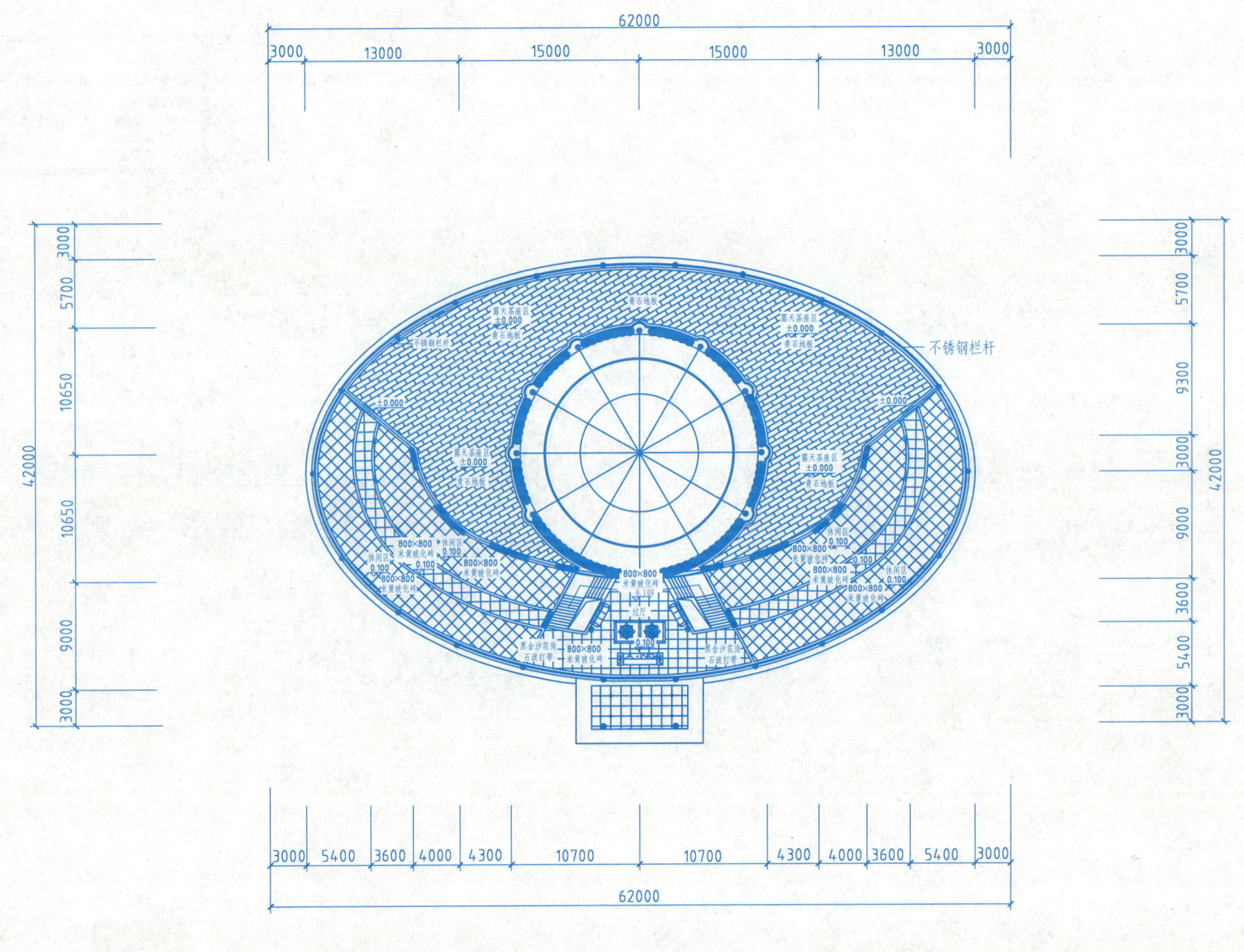

戏水中心二层地面铺设图

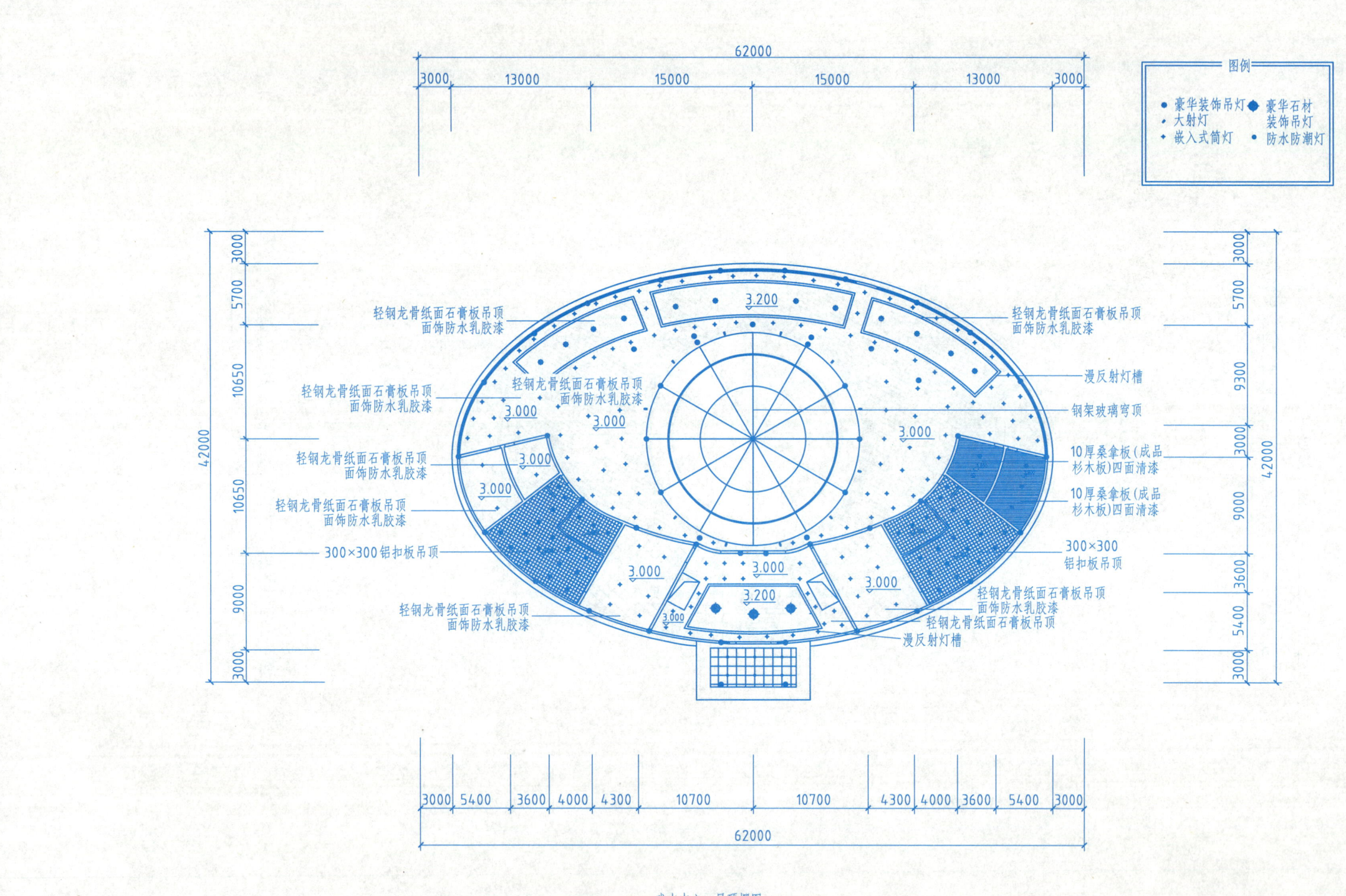

戏水中心一层顶棚图

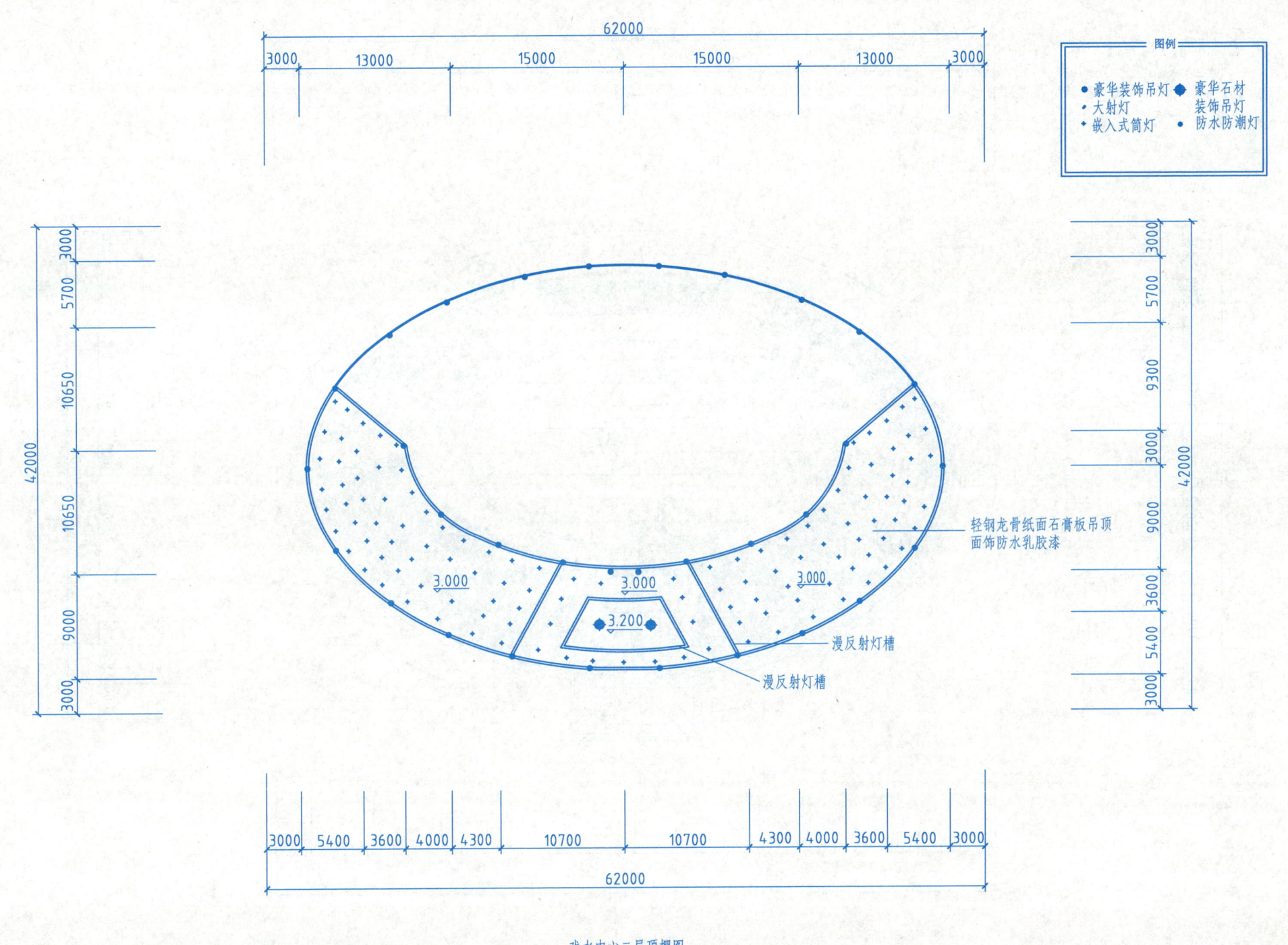

戏水中心二层顶棚图

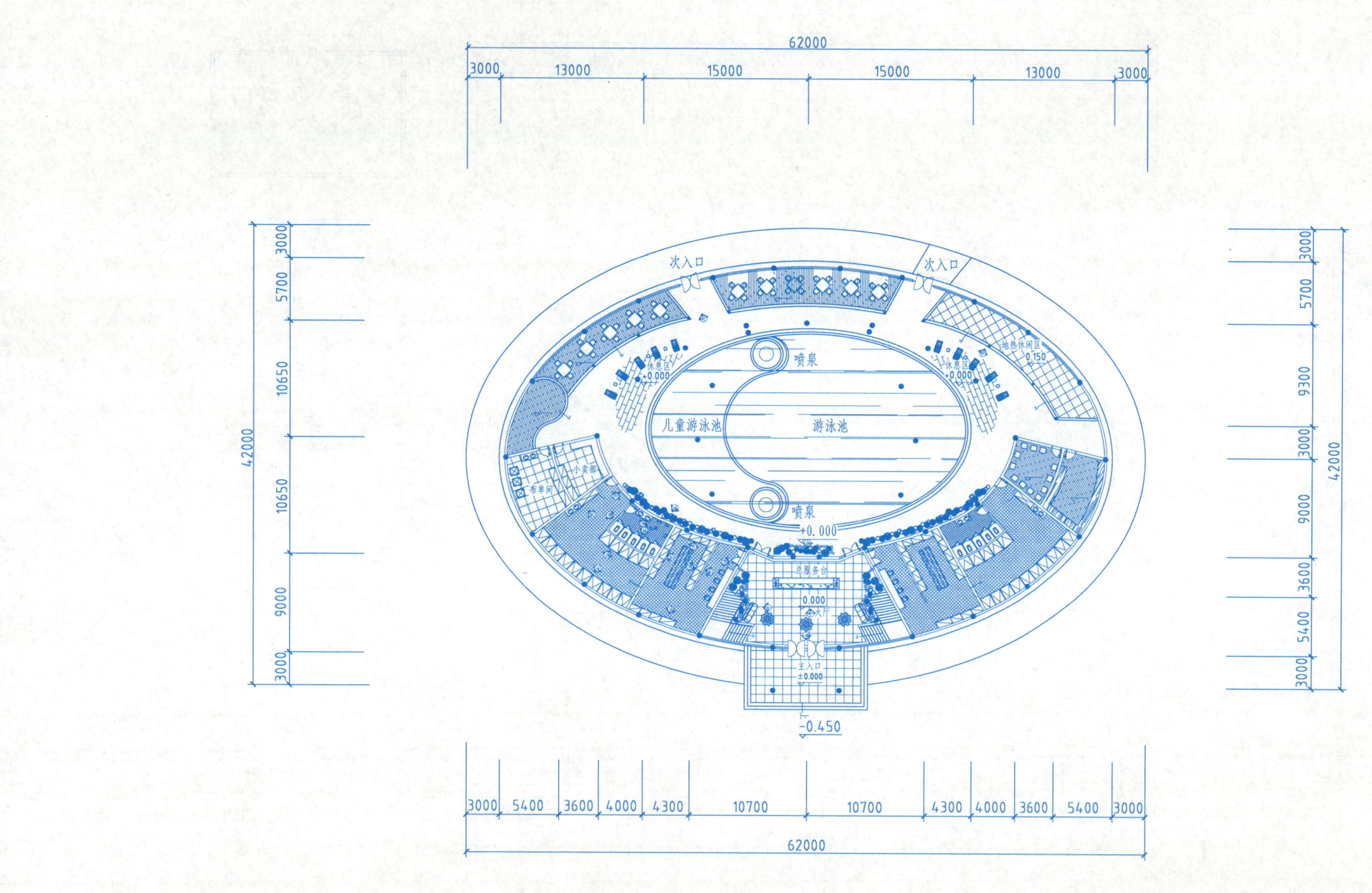

戏水中心一层立面索引图

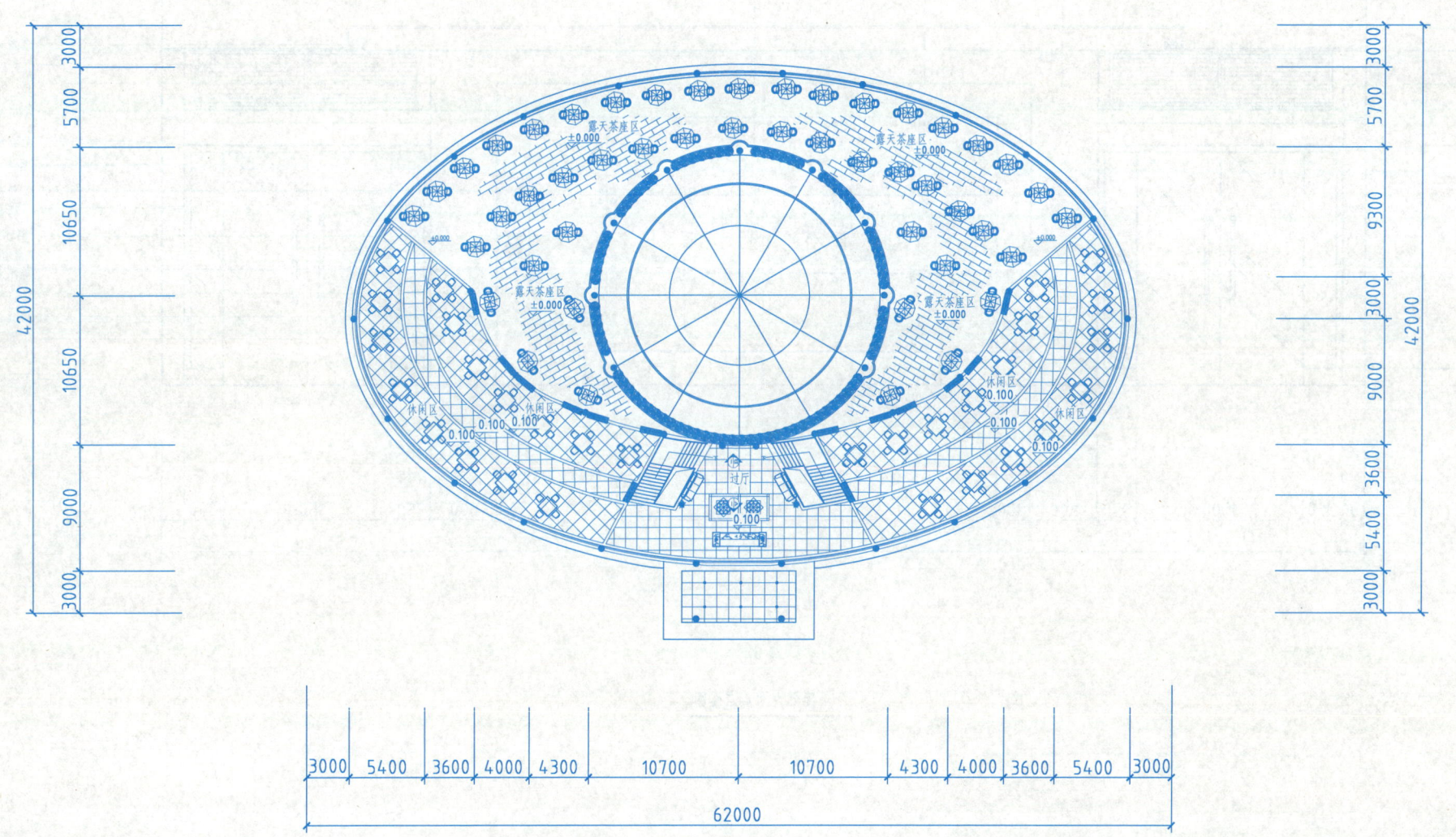

戏水中心二层立面索引图

任务 4　绘制立面施工图

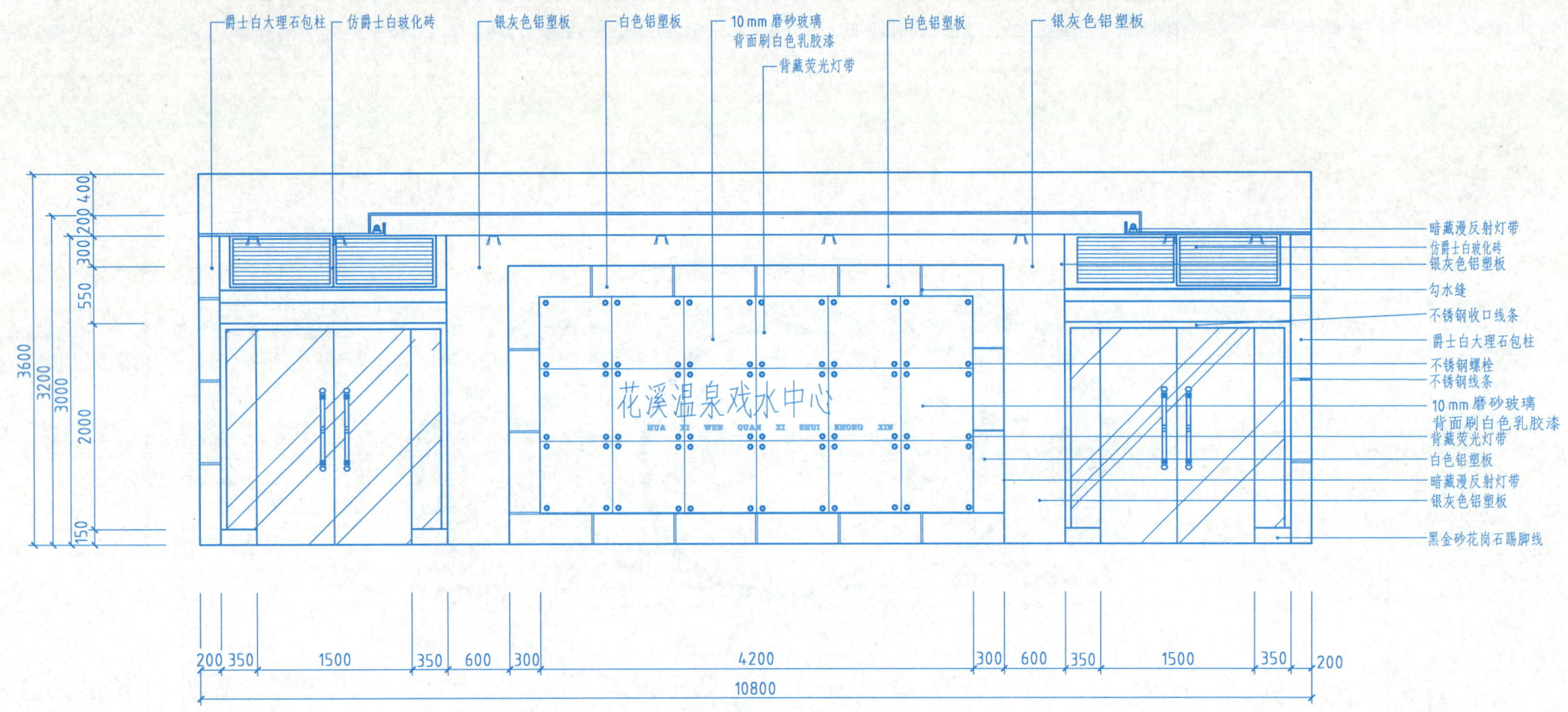

一层接待大厅 A 立面图

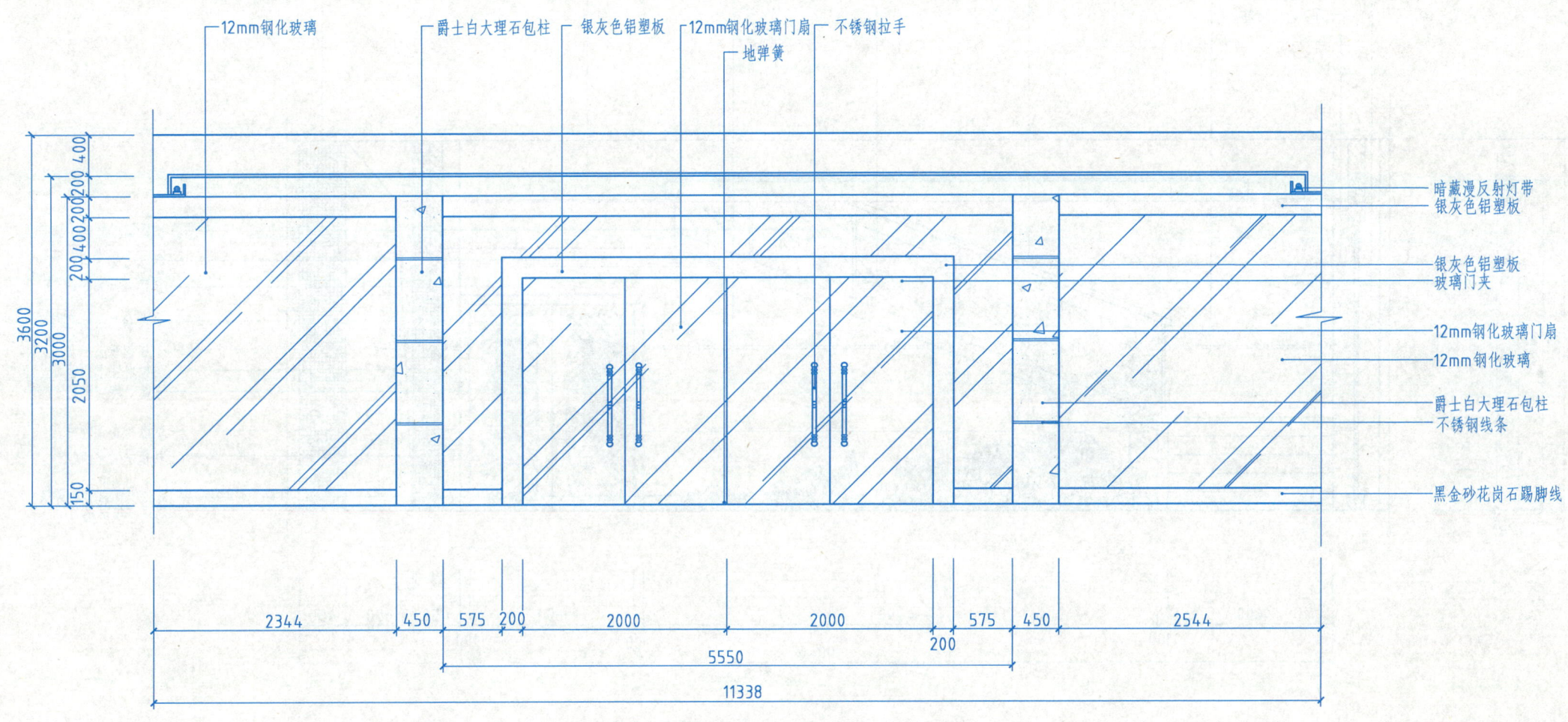

一层接待大厅B立面图

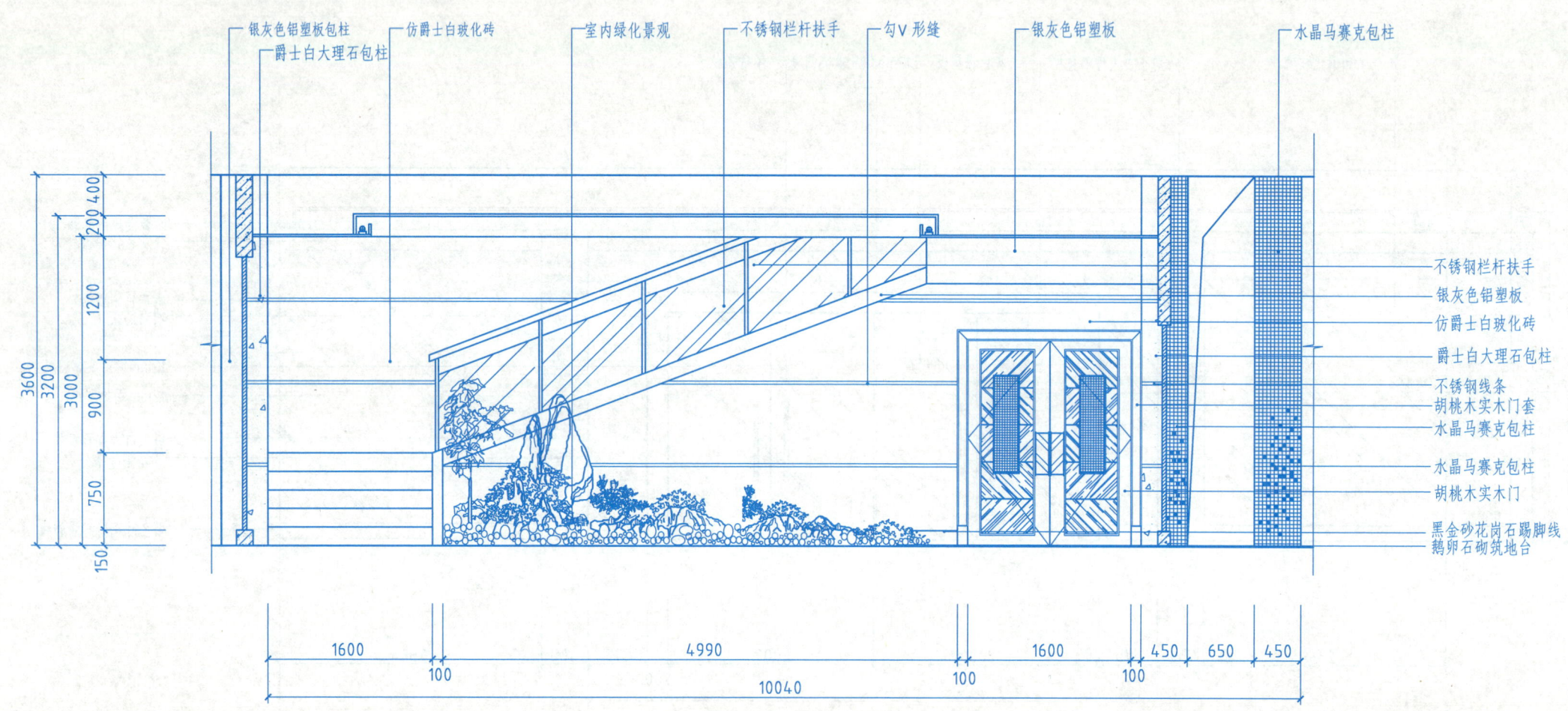

一层接待大厅C立面图

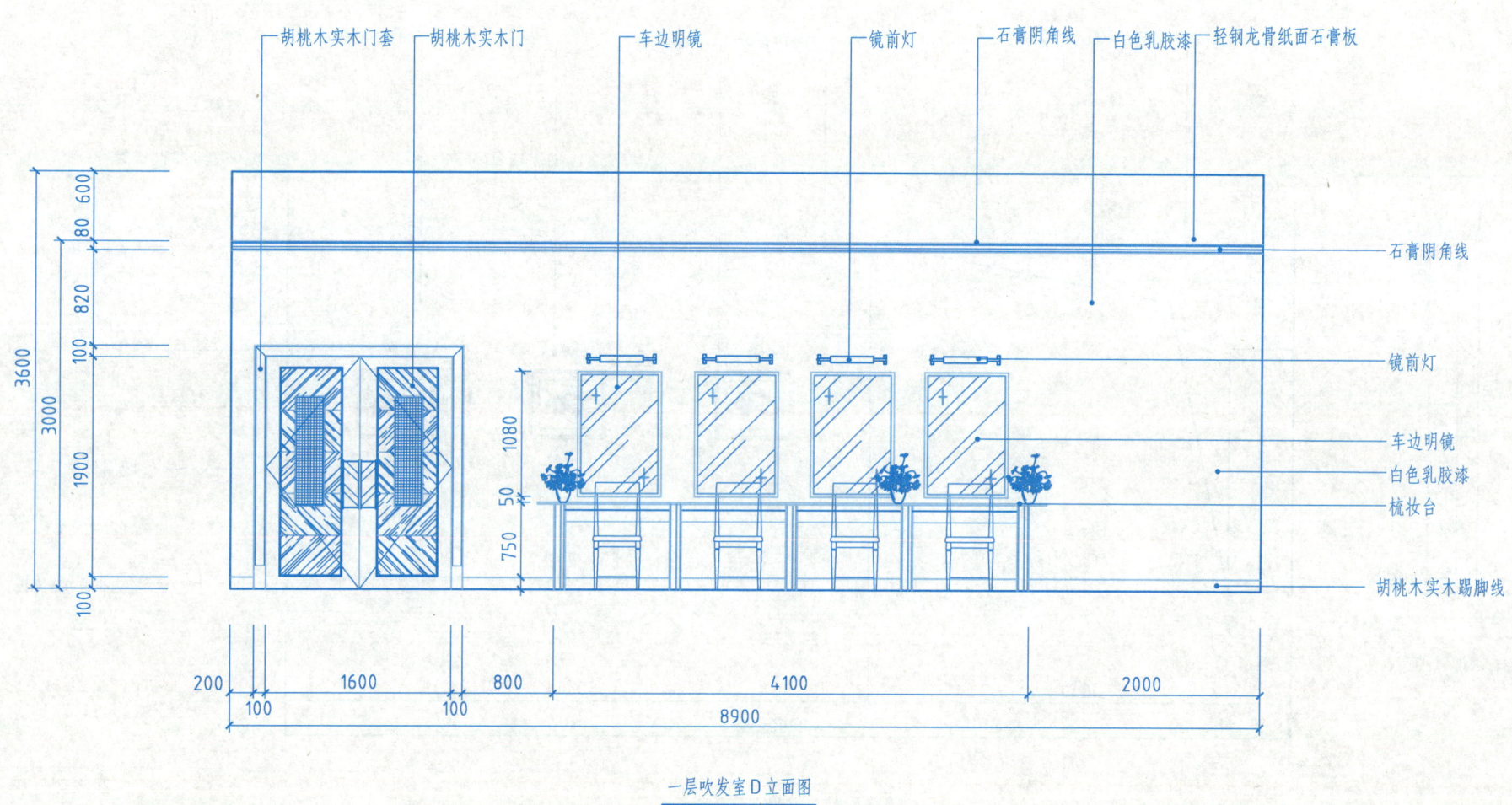

一层吹发室D立面图

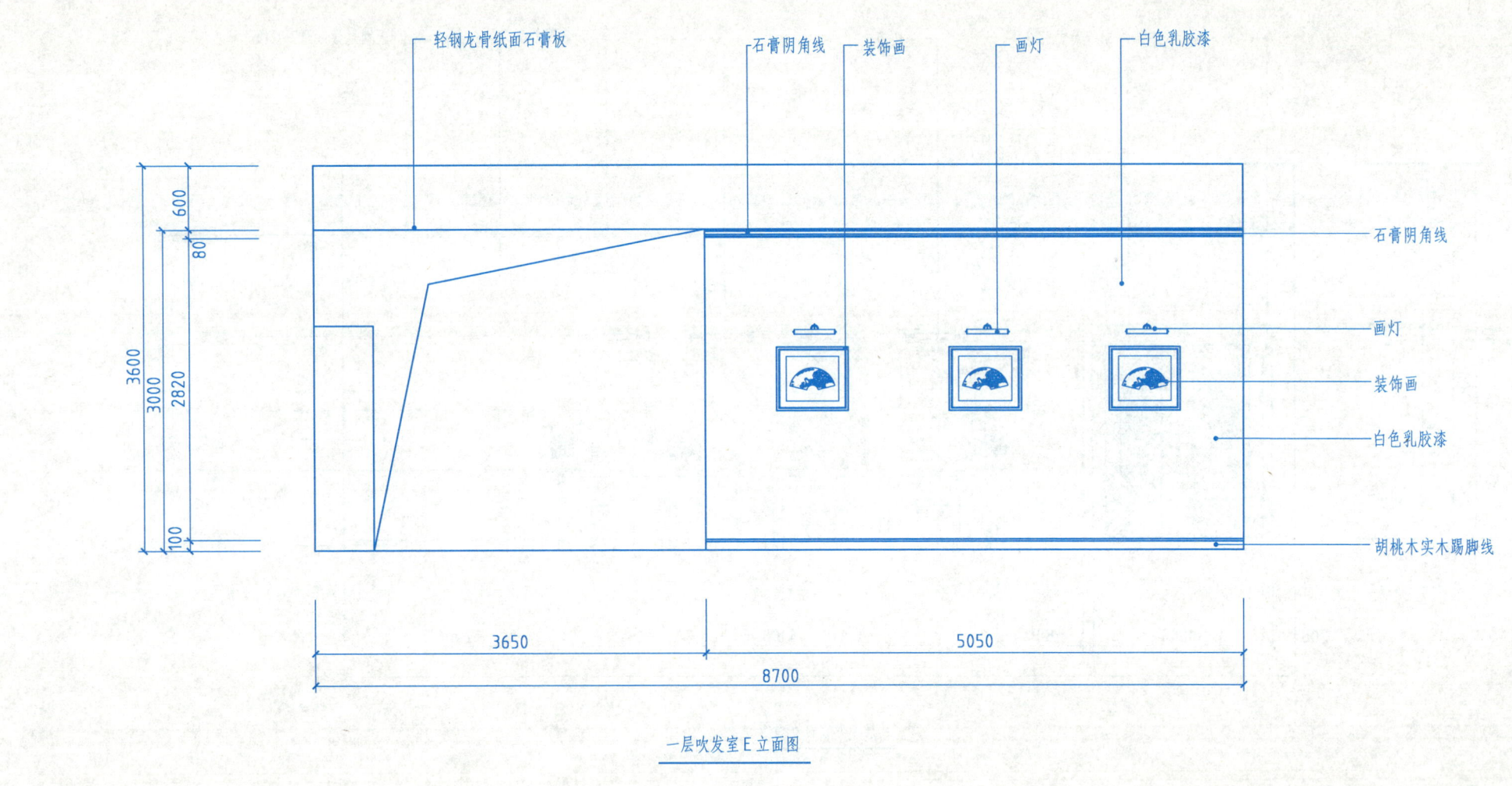

一层吹发室E立面图

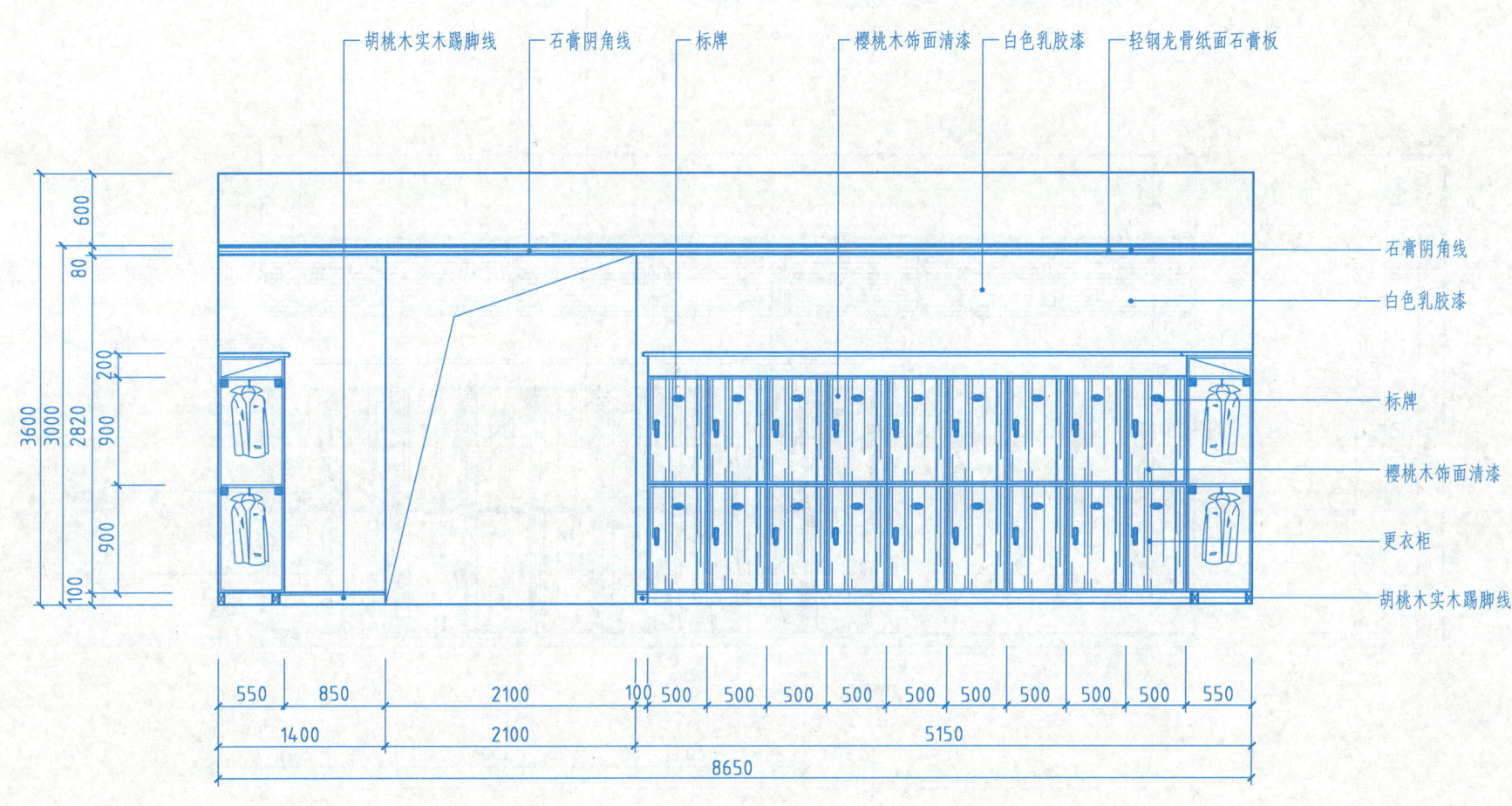

一层更衣室F立面图

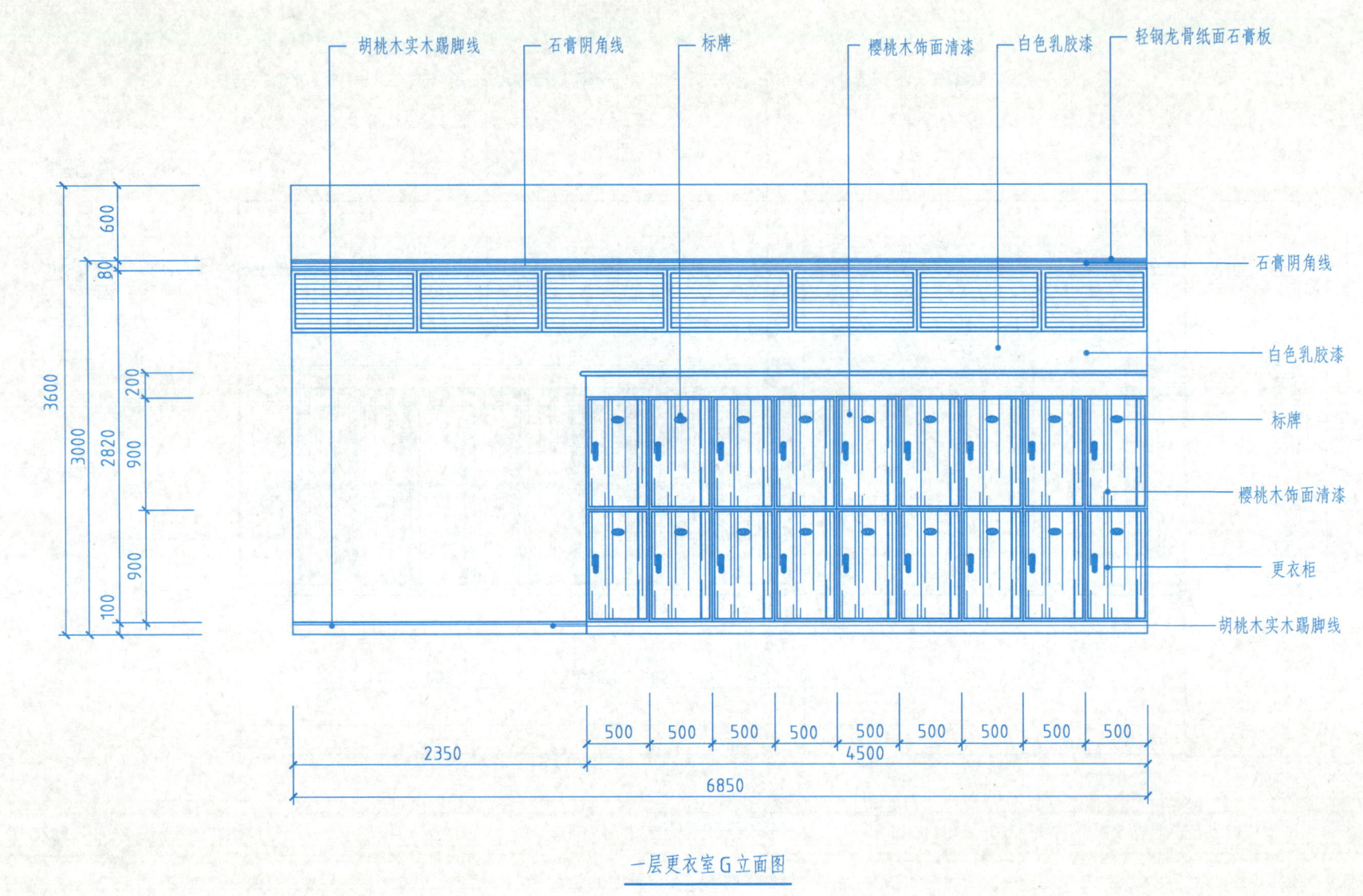

一层更衣室G立面图

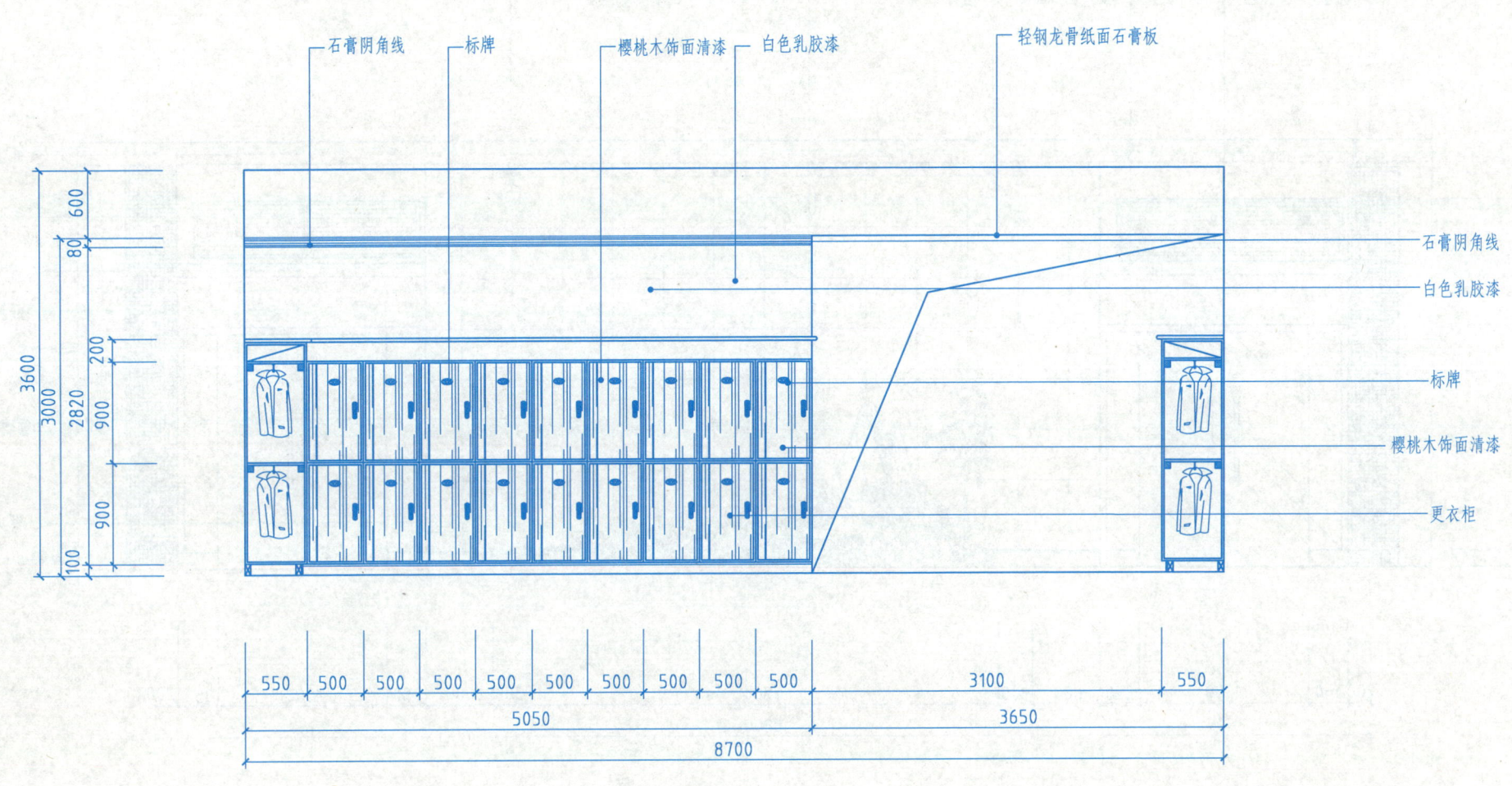

一层更衣室H立面图

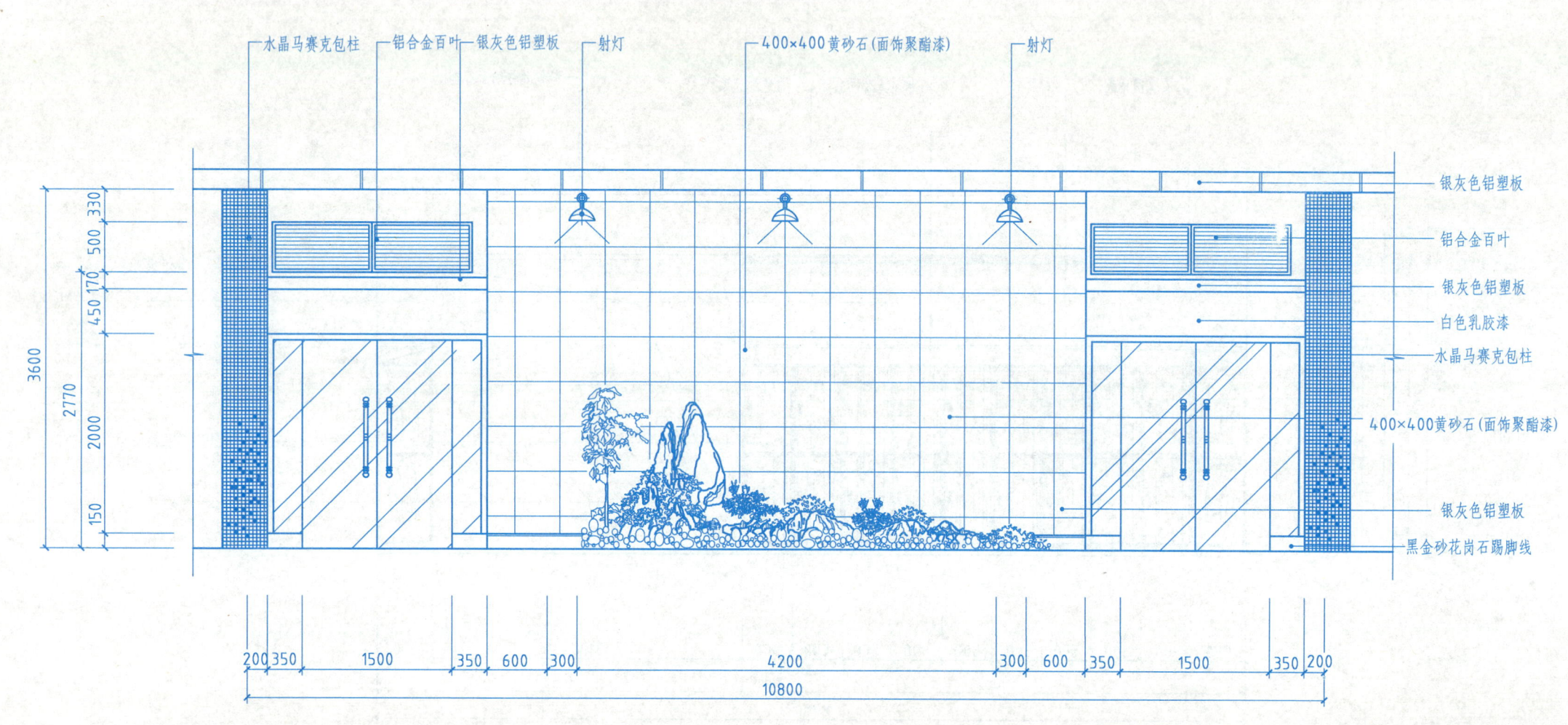

一层泳池大厅A立面图

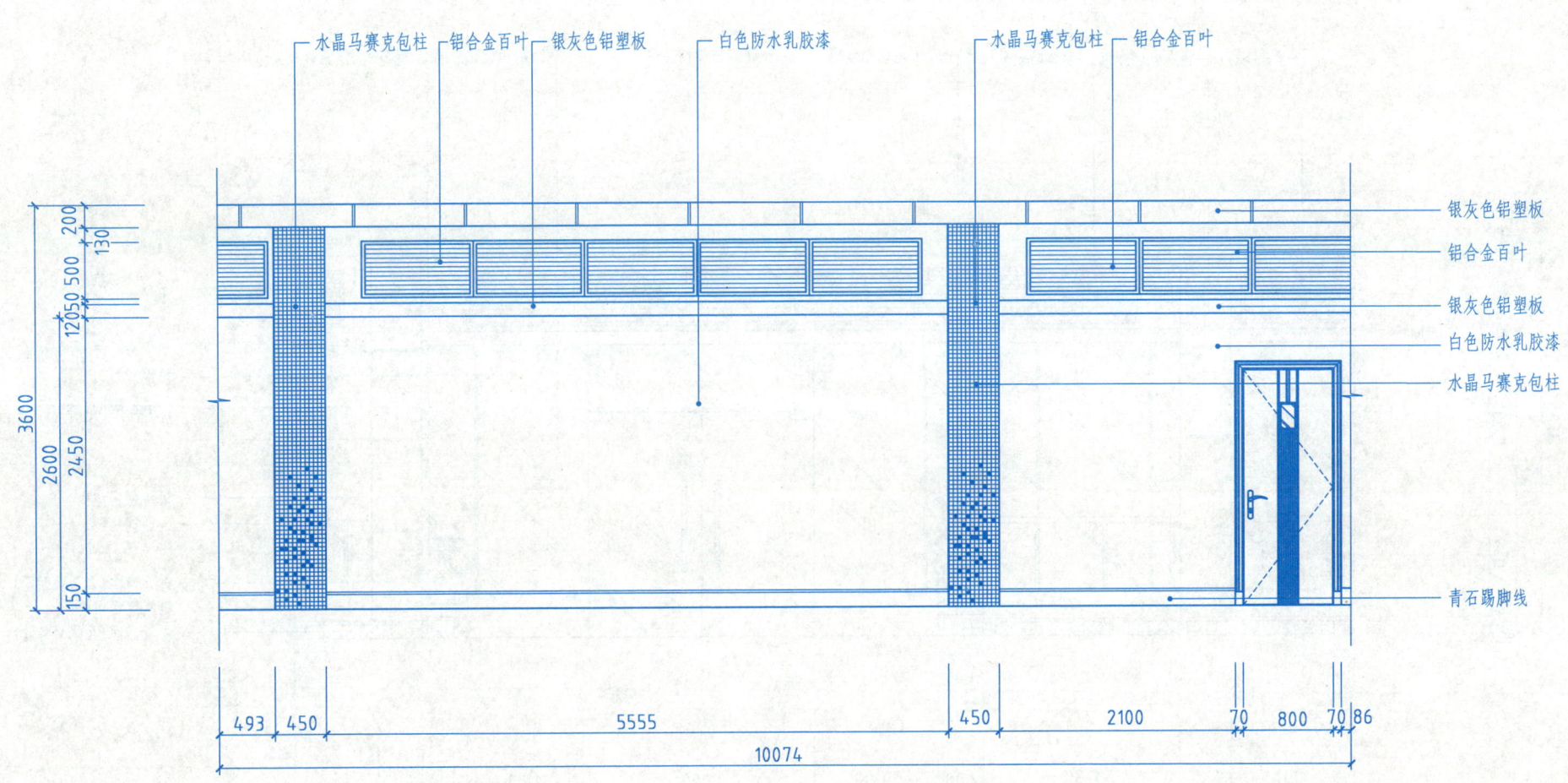

一层泳池大厅B立面图

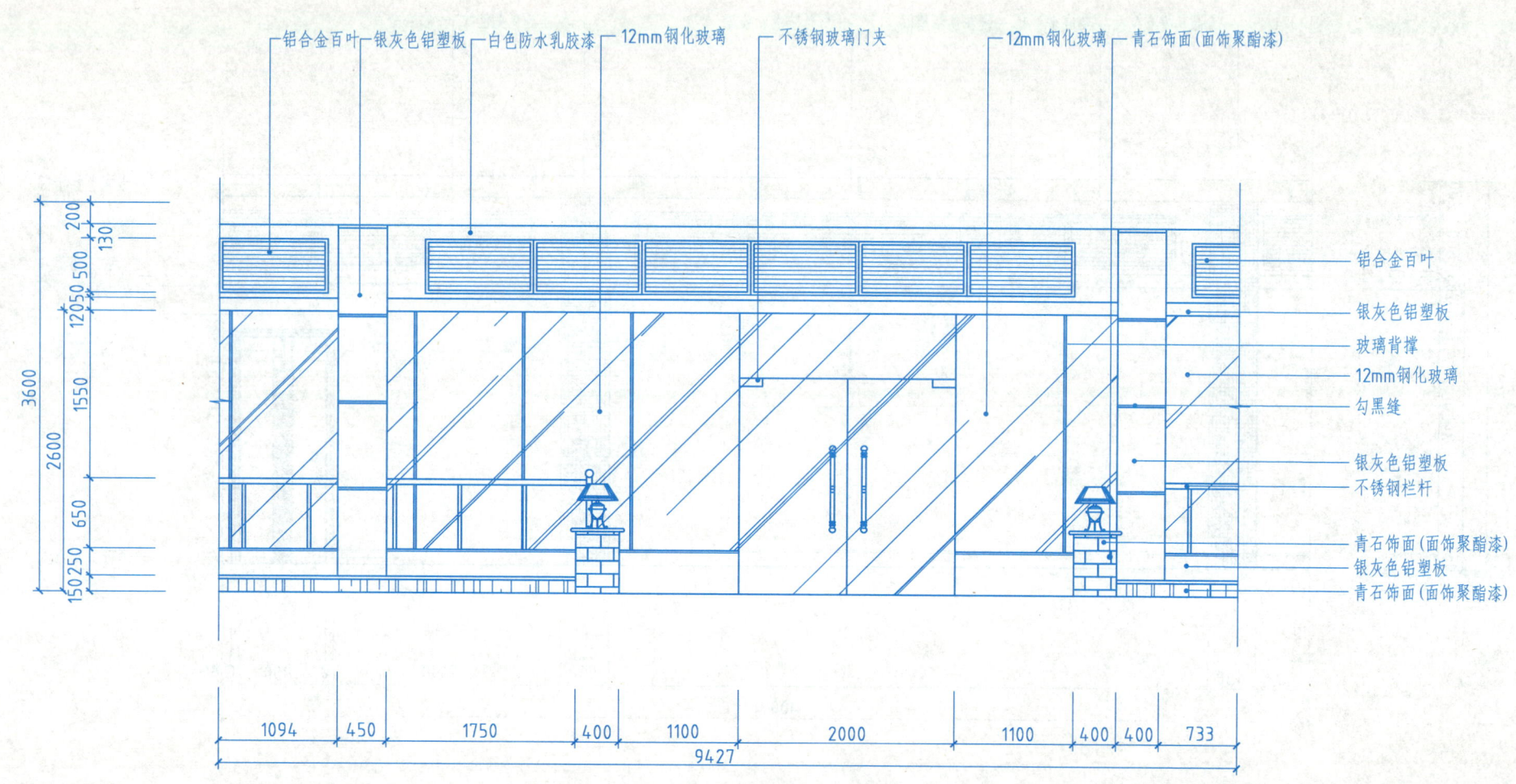

一层泳池大厅C立面图

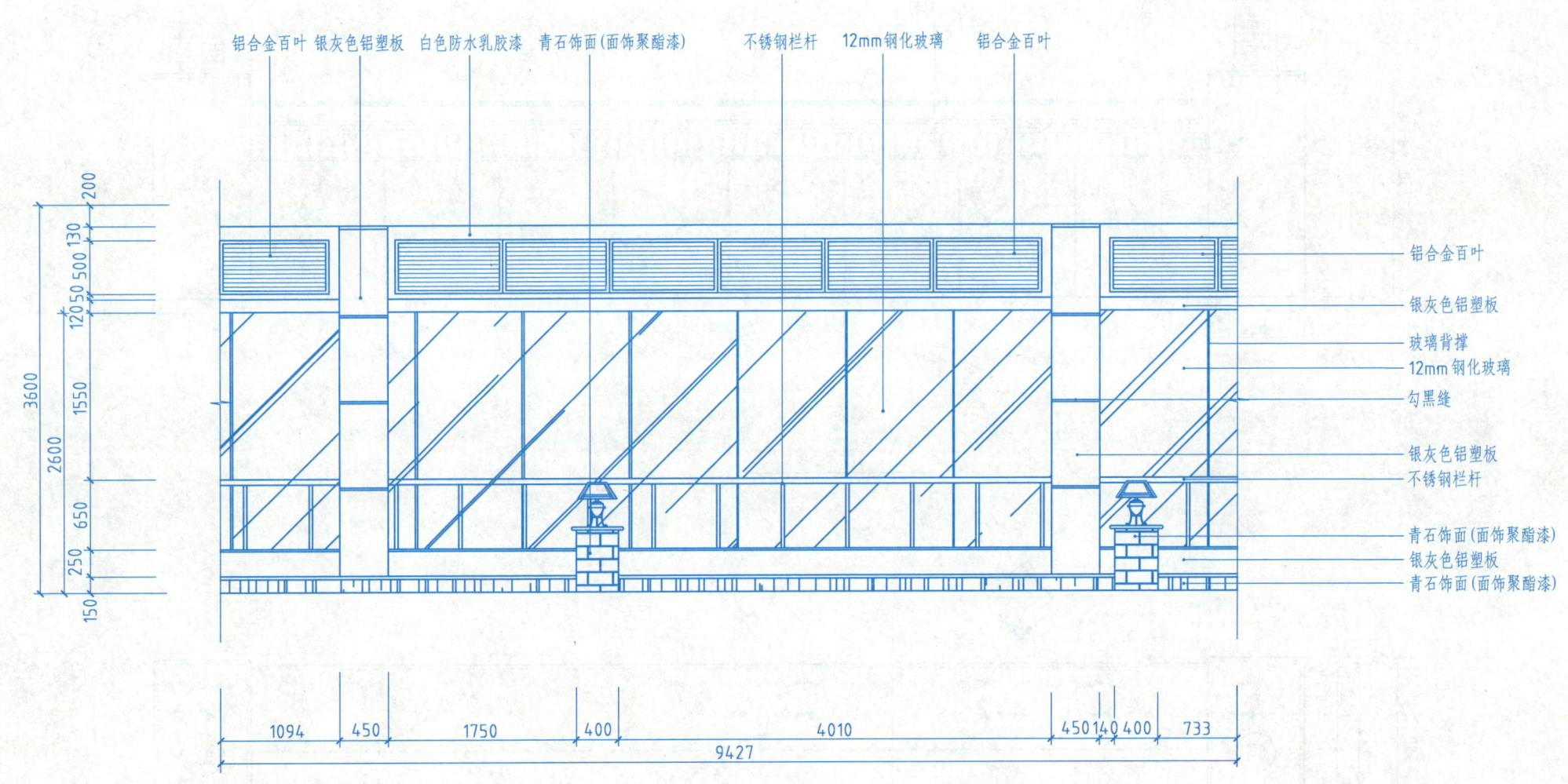

一层泳池大厅D立面图

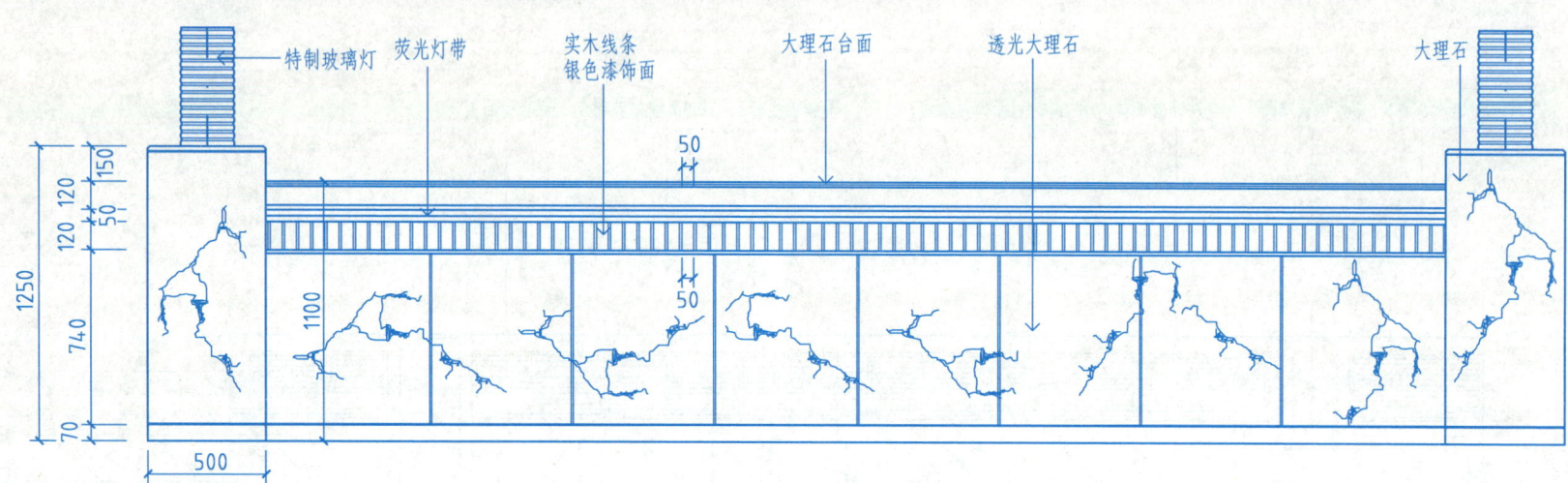

一层门厅总服务台A立面图

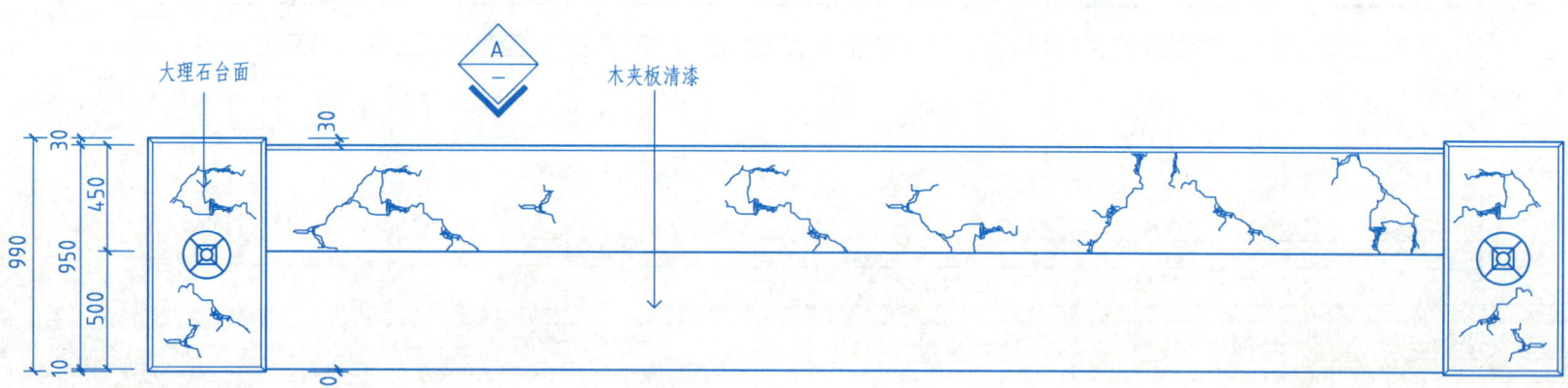

一层门厅总服务台平面图

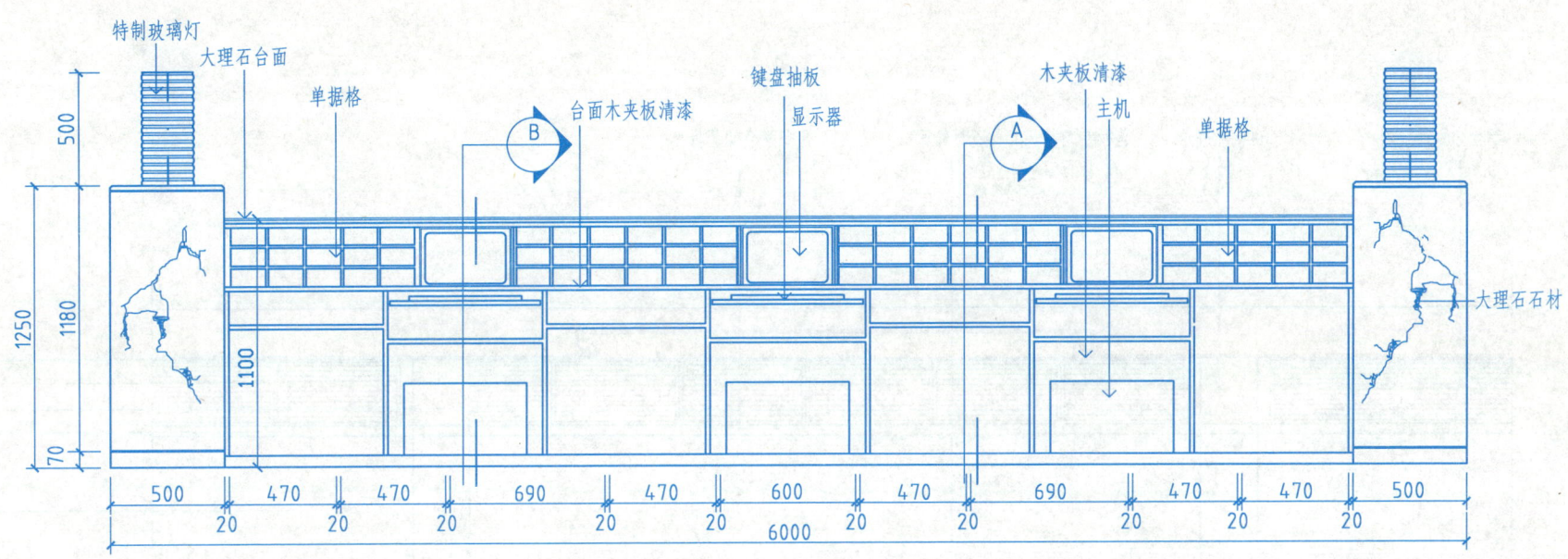

一层门厅总服务台B立面图

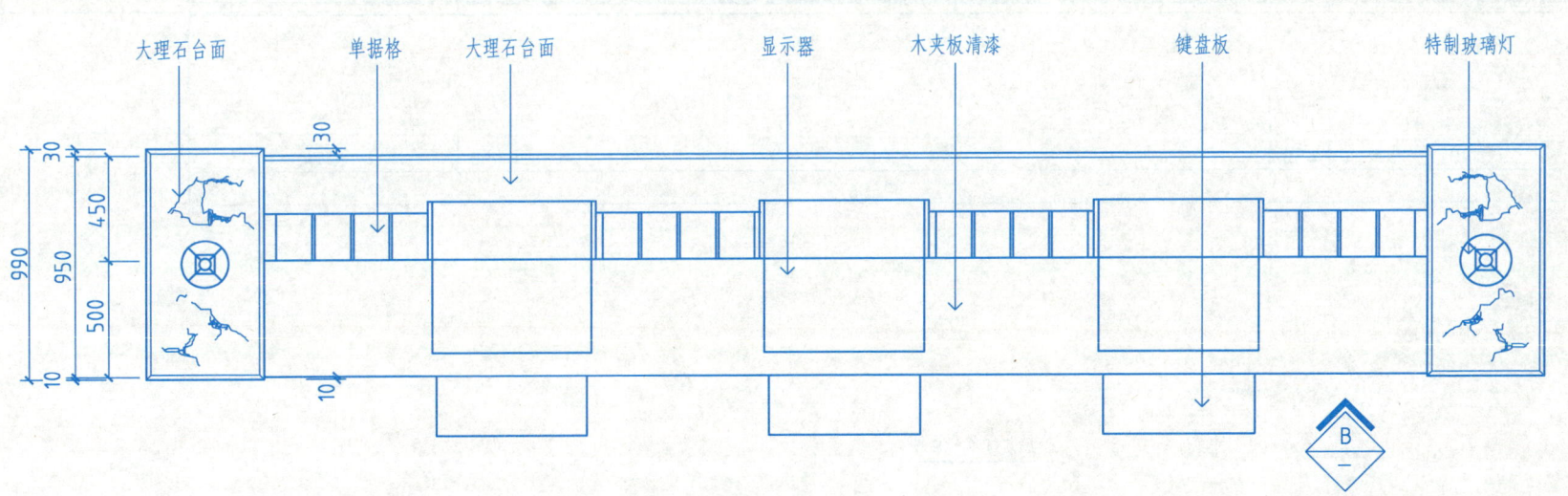

一层门厅总服务台平面图

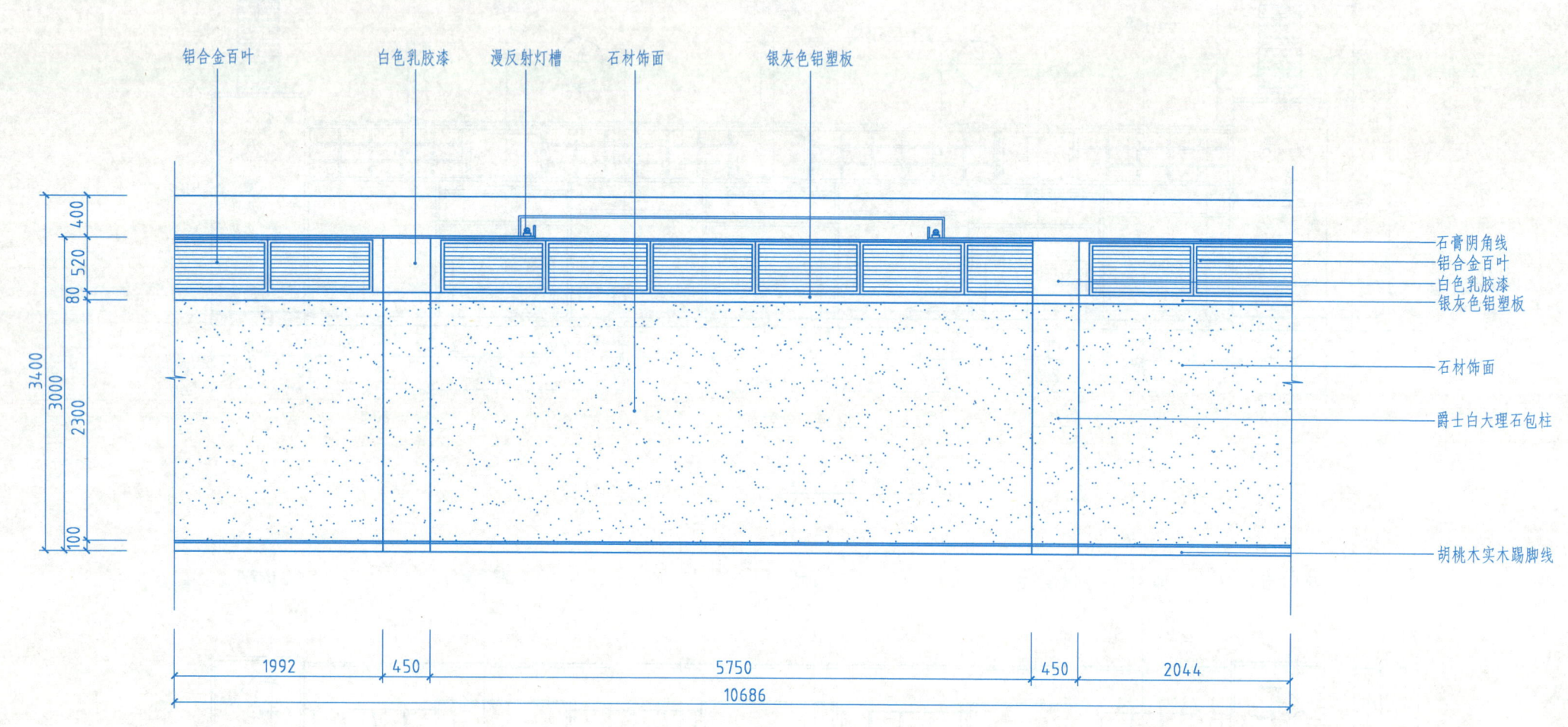

二层过厅A立面图

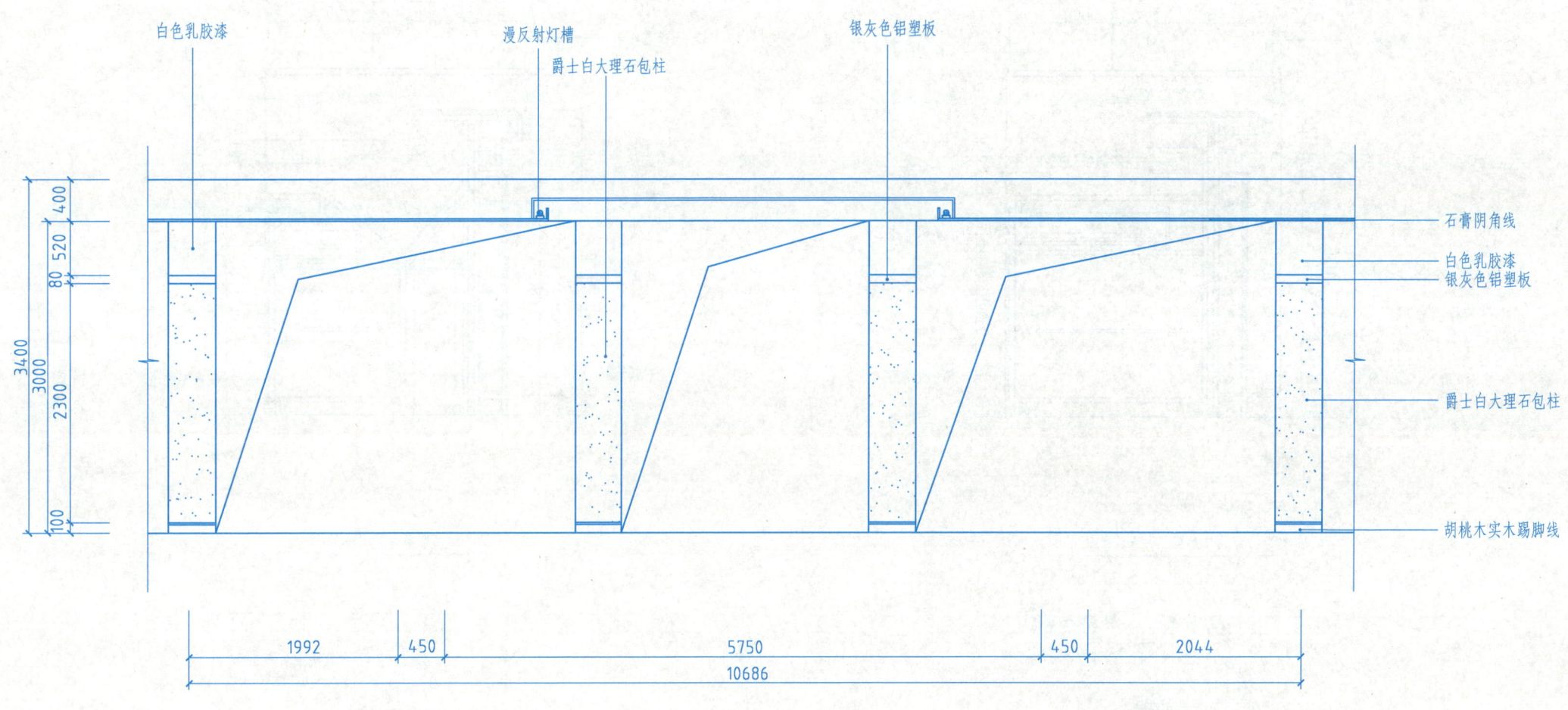

二层过厅B立面图

任务 5 绘制剖面及大样施工图

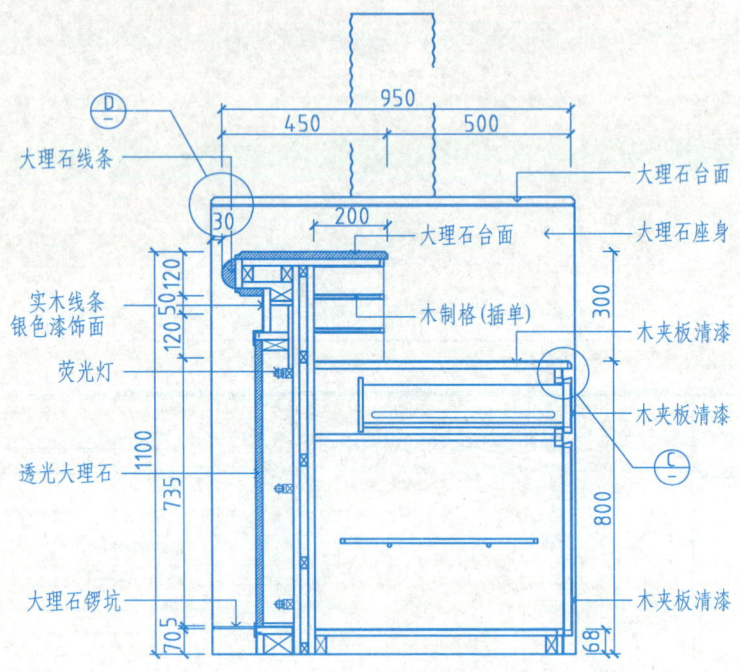

门厅总服务台 A 剖面图

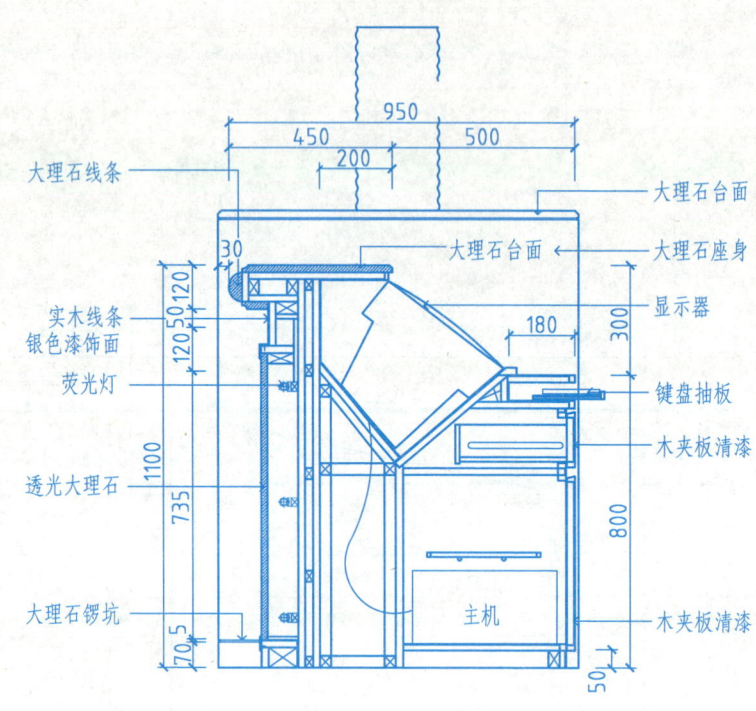

门厅总服务台 B 剖面图

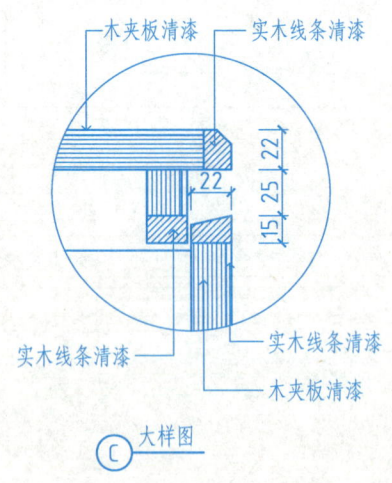

C 大样图

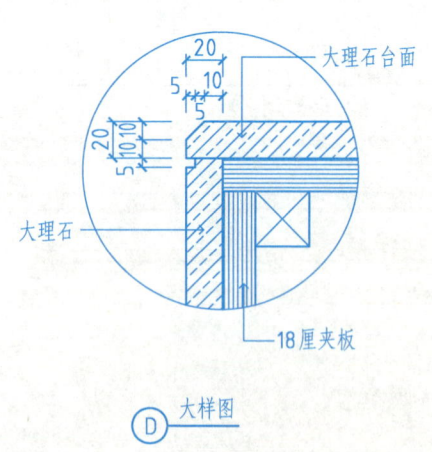

D 大样图

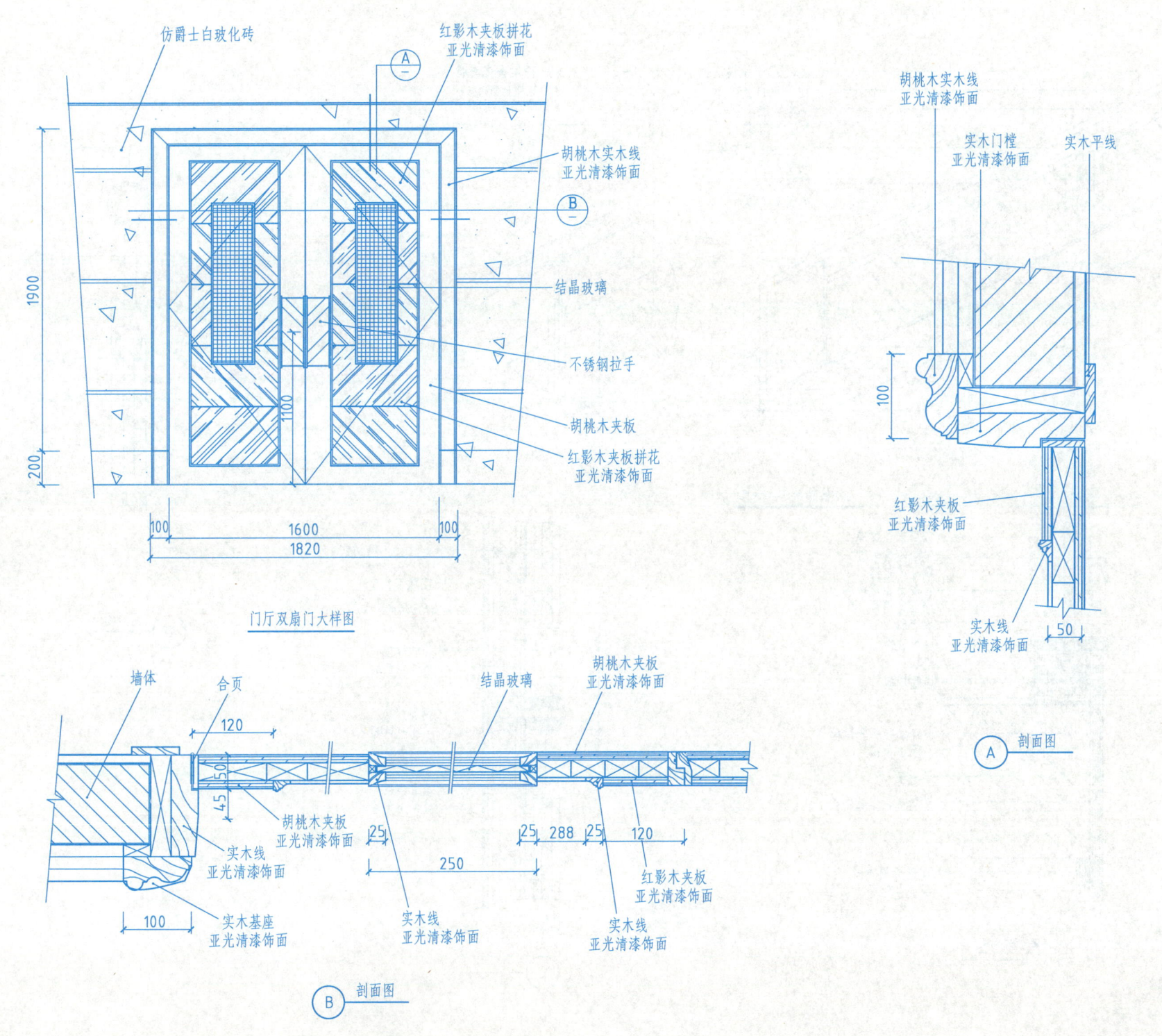

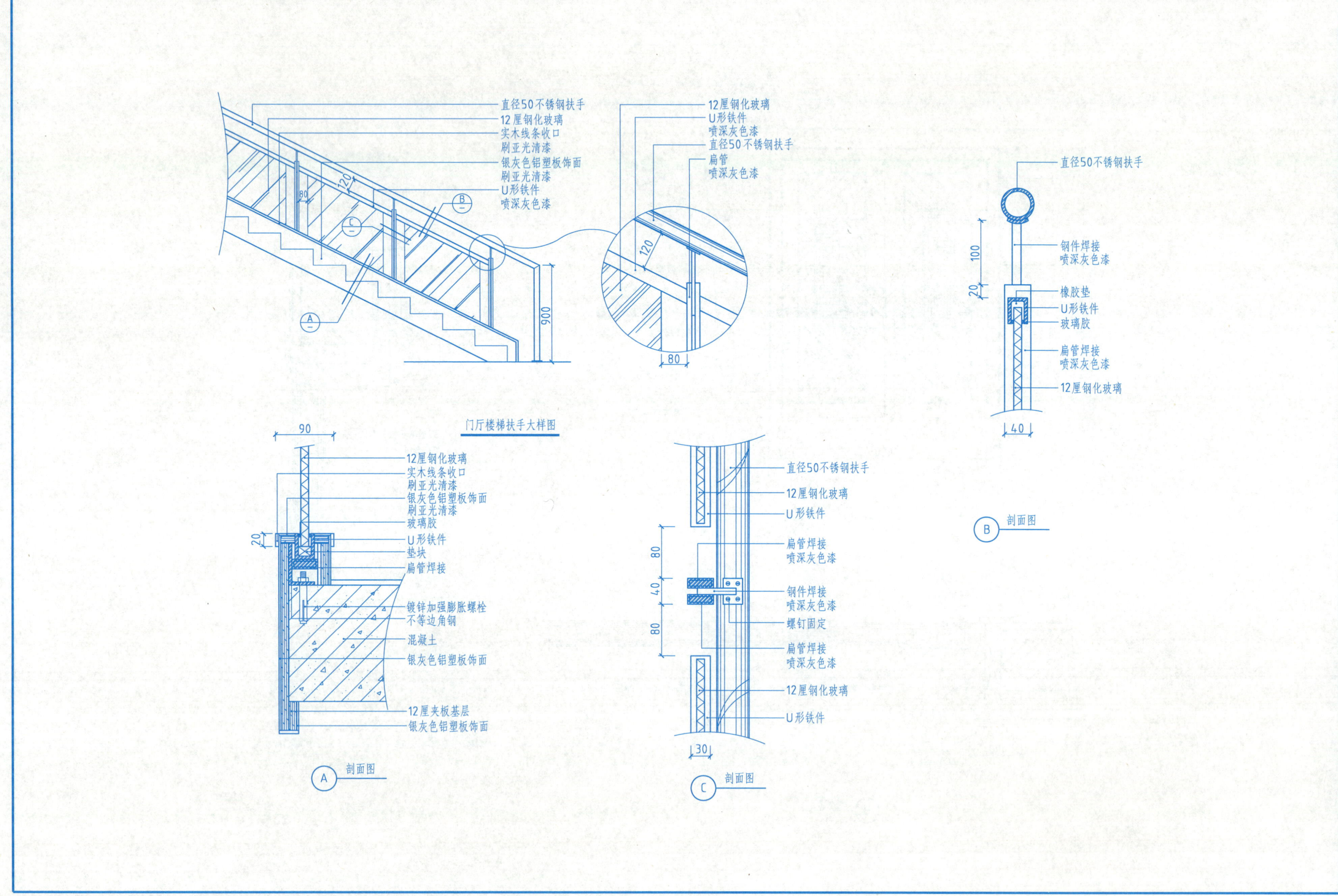

项目三　某幕墙装饰工程

任务1　布置实训任务

1.1　实训目的

1) 在正确识读幕墙施工图的基础上，了解幕墙的特征和设计要点。
2) 进一步理解和掌握幕墙工程图纸的图示方法和图示内容。
3) 掌握绘制和识读幕墙装饰工程施工图的方法和步骤。

1.2　实训内容和基本要求

1. 实训内容

1) 以本项目提供的幕墙装饰工程施工图为例，进行施工图识读。
2) 按照施工图制图要求，抄绘该套施工图。

2. 基本要求

1) 熟悉图纸，了解设计意图、设计要求，掌握施工图中表达的所有内容。
2) 熟悉图纸绘制步骤，能准确无误地绘制完整的施工图。

1.3　实训方法和具体步骤

1) 熟悉图纸，看设计总说明，了解项目内容。
2) 按照下面的顺序进行图纸绘制：平面图、立面图、剖面图、详图。

任务2　了解工程概况及设计说明

2.1　工程概况

1) 工程名称：××幕墙装饰工程。
2) 建设单位：××公司。
3) 建设地点：××市××大街1号。
4) 主体建筑设计单位：××建筑设计公司。
5) 建筑设计使用年限及分类：3类，设计使用年限50年。
6) 建筑概况。

建筑层数：地上8层；总建筑面积：11285m^2；建筑高度：39m；建筑结构类型：框架结构；抗震设防烈度：6度；防雷设计分类：二类。

2.2　工程设计的范围和内容

1) 外立面玻璃幕墙。
2) 外立面铝合金门窗。
3) 外墙干挂花岗石。
4) 外立面铝单板幕墙。
5) 外立面雨篷。

2.3　工程设计主要依据

1) 业主提供的建筑工程施工图、效果图等。
2) 主要标准和规范：
《铝合金建筑型材　第1部分：基材》（GB 5237.1—2008）
《碳素结构钢》（GB/T 700—2006）
《碳素结构钢和低合金结构钢热轧厚钢板和钢带》（GB/T 3274—2007）
《建筑用安全玻璃　第2部分：钢化玻璃》（GB 15763.2—2005）
《建筑用安全玻璃　第3部分：夹层玻璃》（GB 15763.3—2009）
《中空玻璃》（GB/T 11944—2012）
《镀膜玻璃　第2部分：低辐射镀膜玻璃》（GB/T 18915.2—2013）
《建筑用硅酮结构密封胶》（GB 16776—2005）
《硅酮建筑密封胶》（GB/T 14683—2003）
《天然花岗石建筑板材》（GB/T 18601—2009）
《建筑幕墙》（GB/T 21086—2007）
《建筑结构荷载规范》（GB 50009—2012）
《钢结构设计规范》（GB 50017—2003）
《冷弯薄壁型钢结构技术规范》（GB 50018—2002）
《建筑抗震设计规范》（GB 50011—2010）
《建筑设计防火规范》（GB 50016—2014）
《建筑物防雷设计规范》（GB 50057—2010）
《公共建筑节能设计标准》（GB 50189—2015）
《民用建筑热工设计规范》（GB 50176—1993）
《钢结构工程施工质量验收规范》（GB 50205—2001）
《建筑幕墙气密、水密、抗风压性能检测方法》（GB/T 15227—2007）
《建筑幕墙平面内变形性能检测方法》（GB/T 18250—2000）
《玻璃幕墙工程技术规范》（JGJ 102—2003）
《金属与石材幕墙工程技术规范》（JGJ 133—2001）
《建筑玻璃应用技术规程》（JGJ 113—2015）
《民用建筑电气设计规范》（JGJ 16—2008）
《建筑门窗玻璃幕墙热工计算规程》（JGJ/T 151—2008）
《玻璃幕墙工程质量检验标准》（JGJ/T 139—2001）
《干挂石材幕墙用环氧胶粘剂》（JC 887—2001）
《干挂饰面石材及其金属挂件　第一部分：干挂饰面石材》（JC 830.1—2005）
《干挂饰面石材及其金属挂件　第二部分：金属挂件》（JC 830.2—2005）
《建筑装饰用天然石材防护剂》（JC/T 973—2005）
《铝幕墙板　第1部分：板基》（YS/T 429.1—2014）
《铝幕墙板　第2部分：有机聚合物喷涂铝单板》（YS/T 429.2—2012）

2.4　结构设计说明

1) 幕墙结构的力学模型及连接设计。

玻璃幕墙、石材幕墙及铝单板幕墙：立柱、横梁力学模型均为简支梁（或多跨连续梁）。立柱悬挂于主体结构上。立柱与主体结构的连接及横梁与立柱的连接均采用螺栓连接。

2）幕墙构件在设计时考虑以下荷载和各效应组合中的最不利组合：幕墙自重；风荷载；地震作用；温度作用；雪荷载；施工荷载。

3）基本风压：$0.35 kN/m^2$，地面粗糙度类别：B 类。

4）基本雪压按 $0.40 kN/m^2$ 计。

5）抗震设防类别：丙类；抗震设防烈度：6 度。设计基本地震加速度为 $0.05g$，水平地震影响系数取 $\alpha_{max} = 0.04$，地震分组为第一组。

6）幕墙作结构承载力、刚度和相对于立体结构的位移能力验算时，计算如下节点和构件：

① 幕墙系统与建筑主体结构的连接。

② 骨架的强度验算和挠度控制。

③ 结构胶的宽度和厚度。

④ 面材板块的强度验算和挠度控制。

⑤ 连接配件强度验算。

7）钢材与钢材之间的连接，未注明螺栓处均为焊接。采用手工电弧焊接时，电焊条为 E43 型，焊缝质量等级：对接焊缝为二级，角焊缝为三级。螺栓连接时，除连接铝合金型材的螺栓及石材幕墙芯柱与下柱间的固定螺栓必须用不锈钢制作外，其他螺栓为普通 C 级，其性能等级为 4.8 级，并做镀锌处理。螺栓用方垫板（长圆孔处设置）规格：M10 螺栓用 $30×3$，M12 螺栓用 $40×4$，M16 螺栓用 $50×5$，其材质同螺栓。采用螺栓连接时，螺栓垫板应有防滑措施（与钢构件点焊），螺母应有防松动措施（设置弹簧垫圈）。

8）钢结构角焊缝的尺寸除标注外，均应符合下列要求：

① 角焊缝的焊脚尺寸 h_f 不得小于 $1.5\sqrt{t}$，t 为较厚焊件厚度。当焊件厚度等于或小于 4mm 时，则最小焊脚尺寸应与焊件厚度相同。

② 角焊缝的焊脚尺寸不应大于较薄焊件厚度的 1.2 倍（钢管结构除外），但板件（厚度为 t）边缘的角焊缝最大焊脚尺寸，尚应符合下列要求：当 $t \leq 6mm$ 时，$h_f \leq t$；当 $t > 6mm$ 时，$h_f \leq t - (1\sim2) mm$。

③ 角焊缝的两焊脚尺寸一般宜相等。当焊件的厚度相差较大且等焊脚尺寸不能符合第①、②项要求时，可采用不等焊脚尺寸，与较薄焊件接触的焊脚边应符合第②项的要求；与较厚焊件接触的焊脚边应符合第①项的要求。

④ 未注明焊缝长度时，主要部位均为满焊，其余焊缝长度不小于 60mm。

9）本工程未埋设预埋件的部位采用后加锚栓锚固钢板的办法替代预埋件连接，此时后加锚栓应符合下列规定：

① 产品应有出厂合格证。

② 碳素钢锚栓应经过防腐处理。

③ 应进行承载力现场试验，必要时应进行极限拉拔试验。

④ 每个连接节点不应少于 2 个锚栓。

⑤ 锚栓承载力设计值不应大于其极限承载力的 50%。

⑥ 锚栓直径通过承载力计算确定，并不应小于 10mm。

本工程单个 M12 化学锚栓拉力设计值为 12kN，单个 M16 化学锚栓拉力设计值为 20kN。

10）幕墙工程的设计使用年限为 25 年。

2.5 幕墙设计性能指标

1）抗风压性能：

① 幕墙的抗风压性能指标根据幕墙所受的风荷载标准值 W_K 确定，其指标值不应低于 W_K，且不应小于 1.0kPa。W_K 的计算按 GB 50009—2012 执行。

② 本工程 W_K 值见下表。

风荷载标准值 （单位：kN/m^2）

部位	石材幕墙		铝单板及玻璃幕墙	
	墙角区	墙面区	墙角区	墙面区
面板	/	0.812	1.629	0.993
支承结构	/	0.696	1.515	0.918

③ 幕墙抗风压性能分级指标见下表。

建筑幕墙抗风压性能分级

分级代号	1	2	3	4	5	6	7	8	9
分级指标值 P_3/kPa	$1.0 \leq P_3 < 1.5$	$1.5 \leq P_3 < 2.0$	$2.0 \leq P_3 < 2.5$	$2.5 \leq P_3 < 3.0$	$3.0 \leq P_3 < 3.5$	$3.5 \leq P_3 < 4.0$	$4.0 \leq P_3 < 4.5$	$4.5 \leq P_3 < 5.0$	$P_3 \geq 5.0$

注：1. 9 级时需同时标注 P_3 的测试值，如属 9 级（5.5kPa）。
2. 分级指标值 P_3 为正、负风压测试值绝对值的较小值。

2）水密性能：

① 幕墙的水密性能指标：固定部分按 $0.75 \times 1000 \mu_s \mu_c w_0$ 计算，小于 700Pa，按 700Pa 取值，可开启部分与固定部分同级，据此确定为 2 级。

② 幕墙水密性能分级指标见下表。

建筑幕墙水密性能分级

分级代号		1	2	3	4	5
分级指标值 $\Delta P/Pa$	固定部分	$500 \leq \Delta P < 700$	$700 \leq \Delta P < 1000$	$1000 \leq \Delta P < 1500$	$1500 \leq \Delta P < 2000$	$\Delta P \geq 2000$
	可开启部分	$250 \leq \Delta P < 350$	$350 \leq \Delta P < 500$	$500 \leq \Delta P < 700$	$700 \leq \Delta P < 1000$	$\Delta P \geq 1000$

注：5 级时需同时标注固定部分和开启部分 ΔP 的测试值。

③ 幕墙在现场淋水试验中，不应发生渗漏现象。

3）气密性能：

① 本工程共 8 层，确定气密性为 3 级，分级指标见下表。

建筑幕墙气密性能设计指标一般规定

地区分类	建筑层数、高度	气密性能分级	气密性能指标小于	
			开启部分 q_L /$[(m^3/m \cdot h)]$	幕墙整体 q_A /$[(m^3/m^2 \cdot h)]$
夏热冬暖地区	10 层以下	2	2.5	2.0
	10 层及以上	3	1.5	1.2
其他地区	7 层以下	2	2.5	2.0
	7 层及以上	3	1.5	1.2

② 开启部分气密性能分级指标 q_L 应符合下表的要求。

建筑幕墙开启部分气密性能分级

分级代号	1	2	3	4
分级指标值 $q_L/[m^3/(m \cdot h)]$	$4.0 \geq q_L > 2.5$	$2.5 \geq q_L > 1.5$	$1.5 \geq q_L > 0.5$	$q_L \leq 0.5$

③ 幕墙整体（含开启部分）气密性能分级指标 q_A 应符合下表的要求。

建筑幕墙整体气密性能分级

分级代号	1	2	3	4
分级指标值 $q_A/[m^3/(m^2 \cdot h)]$	$4.0 \geq q_A > 2.0$	$2.0 \geq q_A > 1.2$	$1.2 \geq q_A > 0.5$	$q_A \leq 0.5$

4) 热工性能：

① 本工程采用 6(Low-E)+12A+6 中空玻璃。

② 幕墙传热系数 K 值，计算值为 $1.9 W/(m^2 \cdot k)$，分级指标根据幕墙传热系数分级确定为 6 级。

建筑幕墙传热系数分级

分级代号	1	2	3	4	5	6	7	8
分级指标值 $K /[W/(m^2 \cdot k)]$	$K \geq 5.0$	$5.0 > K \geq 4.0$	$4.0 > K \geq 3.0$	$3.0 > K \geq 2.5$	$2.5 > K \geq 2.0$	$2.0 > K \geq 1.5$	$1.5 > K \geq 1.0$	$K < 1.0$

注：8 级时需同时标注 K 的测试值。

③ 玻璃幕墙的遮阳系数 SC 值，计算值为 0.5，分级指标根据玻璃幕墙遮阳系数分级确定为 5 级。

玻璃幕墙遮阳系数分级

分级代号	1	2	3	4	5	6	7	8
分级指标值 SC	$0.9 \geq SC > 0.8$	$0.8 \geq SC > 0.7$	$0.7 \geq SC > 0.6$	$0.6 \geq SC > 0.5$	$0.5 \geq SC > 0.4$	$0.4 \geq SC > 0.3$	$0.3 \geq SC > 0.2$	$SC \leq 0.2$

注：1. 8 级时需同时标注 SC 的测试值。
2. 玻璃幕墙遮阳系数=幕墙玻璃遮阳系数×外遮阳的遮阳系数×（1-非透光部分面积/玻璃幕墙总面积）。

④ 幕墙在设计环境条件下应无结露现象。

5) 平面内变形性能：

① 建筑幕墙平面内变形性能以建筑幕墙层间位移角为性能指标。本工程主体结构类型为混凝土框架结构，建筑高度不大于150m，抗震设防烈度为6度，其指标值应不小于主体结构弹性层间位移角控制值的3倍，经计算得出 $\gamma = 1/183$，性能为3级，主体结构楼层最大弹性层间位移角控制值按主体结构楼层最大弹性层间位移角的规定执行。

② 平面内变形性能分级指标 γ 应符合建筑幕墙平面内变形性能分级的要求。

主体结构楼层最大弹性层间位移角

结构类型		建筑高度 H/m		
		$H \leq 150$	$150 < H \leq 250$	$H > 250$
钢筋混凝土结构	框架	1/550	—	—
	板柱—剪力墙	1/800	—	—
	框架—剪力墙、框架—核心筒	1/800	线性插值	—
	筒中筒	1/1000	线性插值	1/500
	剪力墙	1/1000	线性插值	—
	框支层	1/1000	—	—
多、高层钢结构		1/300		

注：1. 表中弹性层间位移角 $= \Delta/h$，Δ 为最大弹性层间位移量，h 为层高。
2. 线性插值系指建筑高度在 150~250m 间，层间位移角取 1/800（1/1000）与 1/500 线性插值。

建筑幕墙平面内变形性能分级

分级代号	1	2	3	4	5
分级指标值 γ	$\gamma < 1/300$	$1/300 \leq \gamma < 1/200$	$1/200 \leq \gamma < 1/150$	$1/150 \leq \gamma < 1/100$	$\gamma \geq 1/100$

注：表中分级指标为建筑幕墙层间位移角。

2.6 选用材料及其数据说明

1) 一般规定：幕墙、铝合金百叶、雨篷、外门窗等（设计范围内的所有项目）所用材料应符合现行国家标准的有关规定及设计要求。对尚无相应标准的材料，应符合设计要求，并应有出厂合格证和检验报告。

2) 铝合金型材：

① 铝合金型材采用 6063-T5 型优质铝合金型材。其牌号所对应的化学成分符合现行国家标准《变形铝及铝合金化学成分》（GB/T 3190—2008）的有关规定，质量应符合现行国家标准《铝合金建筑型材》的规定，型材尺寸允许偏差应达到高精级。采用穿条工艺生产的隔热铝型材，其隔热材料应使用 PA66GF25（聚酰胺66+25玻璃纤维）材料，不得采用 PVC 材料。

② 铝合金型材表面处理要求：室内面为阳极氧化，室外为氟碳喷涂表面处理。表面处理层厚度，阳极氧化膜厚不低于 AA15 级；氟碳喷涂膜平均膜厚 $t \geq 30 \mu m$，局部膜厚 $t \geq 25 \mu m$，氟碳树脂含量不应低于 75%。进行表面处理时应符合现行国家标准《铝合金建筑型材》规定的质量要求，表面质量不允许有裂纹、起皮、腐蚀和气泡存在。

③ 外平开隔热门窗型材其表面处理要求：采用粉末喷涂进行表面处理，局部膜厚 t 应满足 $40 \mu m \leq t \leq 120 \mu m$。

3) 钢材：

钢材采用 Q235-B，其质量应符合《碳素结构钢》（GB/T 700—2006）的规定。

玻璃幕墙及雨篷钢结构表面处理：常温氟碳喷涂处理。涂装做法：喷丸除锈（除锈等级不低于 Sa2.5 级）→环氧富锌底漆 $70 \mu m$ 厚→两道氟碳漆，涂层干漆膜总厚度室外不低于 $150 \mu m$，室内不低于 $125 \mu m$。

石材及铝单板幕墙钢材及其他部位钢材（含转接件、后锚固板）表面处理：采用热浸镀锌处理，其锌层厚度当材厚<5mm 时，不得小于 $65 \mu m$，当材厚≥5mm 时，不得小于 $86 \mu m$。

4) 不锈钢：采用奥氏体不锈钢，其含镍量不应小于 8%。

5）玻璃：
① 本工程采用国产优质玻璃，其种类大致有：
6Low-E（外片、钢化、单银、膜在中空层）+12A+6（钢化）中空玻璃（幕墙用）。
5Low-E（外片、钢化、单银、膜在中空层）+12A+5（钢化）中空玻璃（门窗用）。
8+1.52PVB+8夹层双钢化透明玻璃（雨篷用）。
12mm厚钢化透明玻璃（地弹门用）。
② 所有玻璃外观质量和性能均应符合现行国家标准《平板玻璃》（GB 11614—2009）、《建筑用安全玻璃 第1部分：防火玻璃》（GB 15763.1—2009）、《建筑用安全玻璃 第2部分：钢化玻璃》（GB 15763.2—2005）、《建筑用安全玻璃 第3部分：夹层玻璃》（GB 15763.3—2009）、《建筑用安全玻璃 第4部分：均质钢化玻璃》（GB 15763.4—2009）、《半钢化玻璃》（GB/T 17841—2008）、《中空玻璃》（GB/T 11944—2012）、《镀膜玻璃 第2部分：低辐射镀膜玻璃》（GB/T 18915.2—2013）的规定。
③ 玻璃应进行机械磨边处理，磨轮的目数应在180目以上。点支式幕墙玻璃的孔、板边缘均应进行磨边和倒棱，磨边宜细磨，倒棱宽度不宜小于1mm。
④ 夹层玻璃采用干片加工合成，其夹片采用聚乙烯醇缩丁醛（PVB）胶片；夹层玻璃合片时，应严格控制温度、湿度。
⑤ 中空玻璃应采用双道密封。一道密封应采用丁基热熔密封胶。隐框、半隐框及点支承玻璃幕墙用中空玻璃的二道密封应用中性硅酮结构密封胶。二道密封应采用专用打胶机进行混合、打胶。中空玻璃加工过程应采取措施，消除表面可能产生的凹凸现象。中空玻璃的间隔铝框采用连续弯折型，不得采用热熔型间隔胶条。间隔铝框中的干燥剂应采用专用设备装填。
⑥ 钢化玻璃应进行均质处理。
⑦ 安装在易于受到人体或物体碰撞部位的玻璃，如落地玻璃幕墙、落地窗、玻璃门、玻璃隔断等，必须在视线高度设置明显的警示标志。
⑧ 玻璃幕墙面板与主体结构或装饰面间隙距离应不小于8mm，且应采用密封胶密封。
本工程所采用的钢化玻璃，其强度设计值取值为：厚度为5~12mm时，大面为84.0MPa，侧面为58.8MPa；厚度为15~19mm时，大面为72.0MPa，侧面为50.4MPa。当其实际强度未达到设计要求时，应根据实测结果予以调整。
6）建筑密封材料：
① 密封垫和密封胶条：
a. 密封垫和密封胶条应采用黑色高密度的三元乙丙橡胶，密封胶条应为挤出成型，密封垫块应为压模成型，并应符合现行国家标准《工业用橡胶板》（GB/T 5574—2008）的规定。
b. 密封胶条邵式硬度为70±5，并具有20%~35%的压缩性。
c. 铝合金框之间应采用折叠形的三元乙丙橡胶条（EPDM）作防水嵌缝，接头处须进行硫化处理。
② 耐候密封胶：
a. 耐候密封胶采用国产优质中性硅酮建筑密封胶，其性能应符合下表的规定。

幕墙硅酮耐候密封胶性能表

项　目	性能	
	玻璃、金属幕墙用	石材幕墙用
表干时间	1~1.5h	
流淌性	无流淌	≤1.0mm

（续）

项目	性能	
	玻璃、金属幕墙用	石材幕墙用
初期固化时间（≥25℃）	3d	4d
完全固化时间（相对湿度≥50%，温度25℃±2℃）	7~14d	
邵氏硬度	20~30	15~25
极限拉伸强度	0.11~0.14MPa	≥1.79MPa
断裂延伸率	—	≥300%
撕裂强度	3.8kN/m	—
施工温度	5~48℃	
污染性	无污染	
固化后的变位承受能力	25%≤δ≤50%	δ≥50%
有效期	9~12个月	

b. 硅酮耐候密封胶必须有与所接触材料的相容性试验报告且必须在有效期内使用。
7）硅酮结构密封胶：
① 幕墙采用国产中性硅酮结构密封胶，其性能应符合现行国家标准《建筑用硅酮结构密封胶》（GB 16776—2005）的规定。
② 硅酮结构密封胶使用前，应经国家认可的检测机构进行与其接触材料的相容性和剥离粘结性试验，并应对邵氏硬度、标准状态拉伸粘结性能进行复验。检测不合格的产品不得使用。用于石材幕墙的硅酮结构密封胶还应有证明无污染的试验报告。
③ 隐框和半隐框玻璃幕墙，其玻璃与铝型材的粘结必须采用中性硅酮结构密封胶。
④ 硅酮结构密封胶生产商应提供其结构胶的变位承受能力数据和质量保证书。
⑤ 同一幕墙工程应采用同一品牌的单组分或双组分的硅酮结构密封胶，并应有保质年限的质量证书。同一幕墙工程应采用同一品牌的硅酮结构密封胶和硅酮耐候密封胶。
⑥ 硅酮结构密封胶必须在有效期内使用，过期不得使用。
8）石材：
① 本工程石材采用进口30mm厚优质花岗石板，颜色由业主选定。
② 花岗石板材的弯曲强度应经法定检测机构检测确定，其弯曲强度不应小于8.0MPa，吸水率应小于0.6%。
③ 石材表面应采用机械进行加工，加工后的表面应用高压水冲洗或用水和刷子清理，严禁用溶剂型的化学清洁剂清洗石材。
④ 石材的所有面均采用防护剂进行表面处理。
⑤ 当石材含放射物质时，应符合现行标准《建筑材料放射性核素限量》（GB 6566—2010）的规定。
9）单层铝板：单层铝板选用1100系列铝合金板材，厚度为3mm。单层铝板表面采用两道氟碳树脂涂层，其厚度：平均膜厚≥30μm，局部膜厚≥25μm，氟碳树脂含量不低于75%。板基、有机聚合物喷涂铝单板应分别符合YS/T 429.1—2014、YS/T 429.2—2012的规定。
10）五金件：
① 五金件均采用不锈钢制作且应符合设计要求和现行国家和行业标准的规定。主要五金件的使用寿命应满足设计要求。

② 开启窗五金件应满足以下规定：开启窗的开启方式为上悬外开时，开启扇的开启角度不大于30°，且开启距离不大于300mm。

2.7 幕墙防火措施说明

幕墙在竖直方向、水平方向（层间）均设防火隔断。竖直方向，在主体建筑设计防火分区的交接处设防火隔断；在水平方向以自然楼层作为防火分区设防火隔断。

具体做法是用1.5mm厚镀锌钢板将主体结构和幕墙之间的空隙铺满，再在其上铺满不小于100mm厚国产优质防火岩棉，最后用镀锌铁皮密封。防火隔断与主体结构、幕墙结构、幕墙面板之间以及防火隔断镀锌钢板之间的缝隙采用防火密封胶密封。防火密封胶应有法定检测机构的防火检验报告。确保火灾情况下，楼层之间、建筑防火分区之间不会发生蹿火、蹿烟现象，避免烟囱现象。

2.8 避雷措施说明

该工程在幕墙结构中自上而下地安装防雷装置，并与主体结构的防雷装置可靠连接，形成一个连续而有效的电传导性防雷系统。幕墙与建筑物联合防雷接地的接地电阻不应大于1Ω。

具体做法是：在不大于10m范围内将1根立柱采用柔性导线上、下连通，形成自上而下的导电通路立柱，柔性导线的截面面积，铜质导线不小于25mm^2，铝质导线不小于30mm^2。在主体高度方向从顶层开始每3层用镀锌圆钢或扁钢设一道水平均压环，然后用镀锌圆钢或扁钢将对应幕墙导电通路立柱的预埋件或固定件与水平均压环、导电通路立柱分别焊接连接，形成防雷通路。最后，将水平均压环与主体结构的防雷装置可靠连接。防雷体系各连接部位应清除非导电保护层。焊接的搭接长度不小于100mm。外露焊缝和连线应涂防锈漆。其扁钢截面为5mm×40mm，圆钢直径不小于12mm。

幕墙的防雷装置设计及安装应经建筑设计单位认可。

2.9 材料防腐蚀措施说明

除不锈钢外，幕墙中不同金属材料接触处，应加绝缘垫隔离，以防产生电化学反应。铝合金型材、钢材与砂浆或混凝土接触时表面会被腐蚀，应在其表面涂漆加以保护。若钢结构需局部现场焊接，须对焊接部位作防腐处理，若涂富锌漆，涂层厚度不低于85μm。

2.10 幕墙防噪声措施说明

本工程立柱与转接件的连接、立柱与横梁的连接均采用螺栓连接，而非刚性接触，同时在金属构件连接处加设尼龙垫片。上、下立柱之间留有20mm的变形缝隙，缝隙内嵌填耐候密封胶，防止磨擦及热胀冷缩产生的噪声。

2.11 消除幕墙变形及幕墙与主体结构产生相对位移的措施

幕墙变形主要是由于温度应力、地震作用等不利因素而造成的。消除这些变形的根本措施是合理设计，使幕墙本身具备吸收和消化变形的能力。为此在幕墙构造设计上，考虑合适的变形缝，使温度应力、地震作用分段被消化掉而不至于积累或避免由温度应力、地震作用产生构件内力，同时幕墙安装的二次分离结构也使幕墙与主体结构之间保持弹性连接，使幕墙系统与主体结构在风荷载作用或地震作用下具有一定的相对位移能力。同时，设计时幕墙的单元板块不跨越主体建筑的变形缝，使幕墙能适应主体建筑变形的要求。

2.12 加工制作及安装

1）幕墙在加工制作前，应与土建设计施工图进行核对，对已建主体结构进行复测，按实测结果调整幕墙图纸中的偏差，经设计单位同意后方可加工组装。

2）采用硅酮结构密封胶粘结固定幕墙构件时，应在洁净、通风的室内进行注胶，且环境温度、湿度条件应符合结构胶产品的规定；胶的宽度和厚度应符合设计要求。

3）硅酮结构密封胶不宜作为硅酮建筑密封胶使用。中空玻璃二道密封用的中性硅酮结构密封胶分别按同时承受风荷载和水平地震作用、承受永久荷载（重力荷载）计算其宽度，且取大值，保证外玻璃的安全。

4）除全玻幕墙外，不应在现场打注硅酮结构密封胶。

5）低辐射镀膜玻璃应根据其镀膜材料的粘结性能和其他技术要求，确定加工制作工艺；镀膜与硅酮结构密封胶不相容时，应除去镀膜层。

6）当石材幕墙使用硅酮结构密封胶和硅酮耐候密封胶时，应待石材清洗干净并完全干燥后方可施工。

7）需要安装后置件时，后置件必须落在混凝土结构或钢结构上，不得落在抹灰层、保温层、防水层等非结构层上。轻质填充不应作为幕墙的支承结构。

8）外墙保温按主体建筑施工图的要求进行施工。

9）所有女儿墙及窗台墙压顶厚度应与外墙砌体相等，高度不小于150mm，做法按主体建筑施工图的要求。

10）当幕墙钢龙骨柱脚在地面以下时应采用强度较低的混凝土包裹（保护厚度不应小于50mm），并使包裹的混凝土高出地面不小于150mm。当柱脚在地面以上时，柱脚底面应高出地面不小于100mm。

11）幕墙的檐口、立面装饰线条、窗台等悬挑部位的下表面均应做朝外排水的排水坡，排水坡度为1%。

12）闭口钢构件沿全长和端部应焊接封闭。

13）除上述说明外，其他未作说明的均按《玻璃幕墙工程技术规范》（JGJ 102—2003）、《金属与石材幕墙工程技术规范》（JGJ 133—2001）、《钢结构工程施工质量验收规范》（GB 50205—2001）等规范、标准的规定执行。

2.13 其他说明

1）幕墙加工制作与安装施工应与其他专业密切配合，做好技术衔接工作。

2）本设计必须由原结构设计单位或具备相应资质的设计单位对既有建筑结构的安全性进行核验、确认。

3）图中所注尺寸，除标高以m为单位外，其他均以mm为单位。

4）设计说明和图纸中未涉及的技术要求均按现行国家标准、规范的规定执行。

任务3 绘制平面施工图

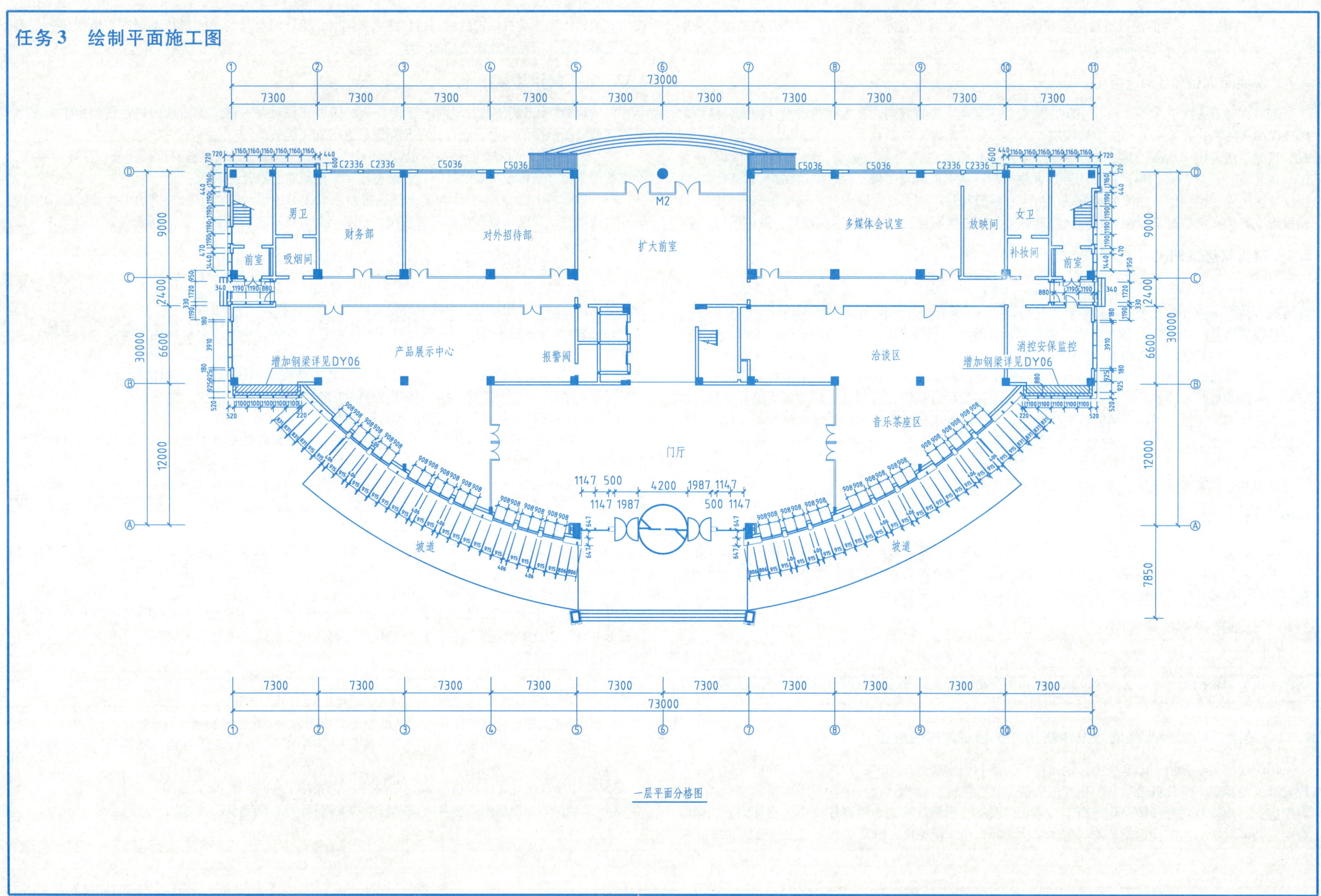

一层平面分格图

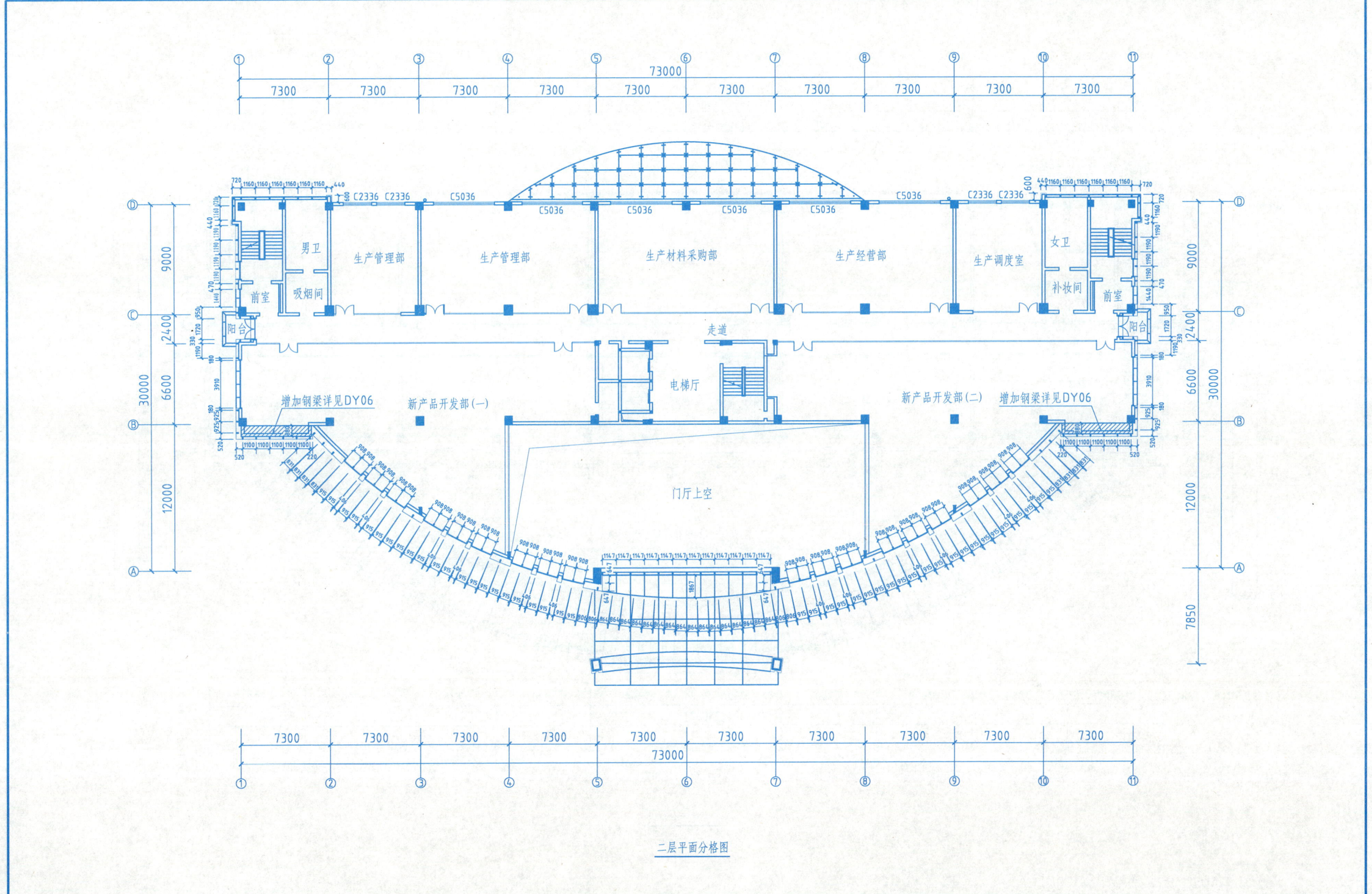

二层平面分格图

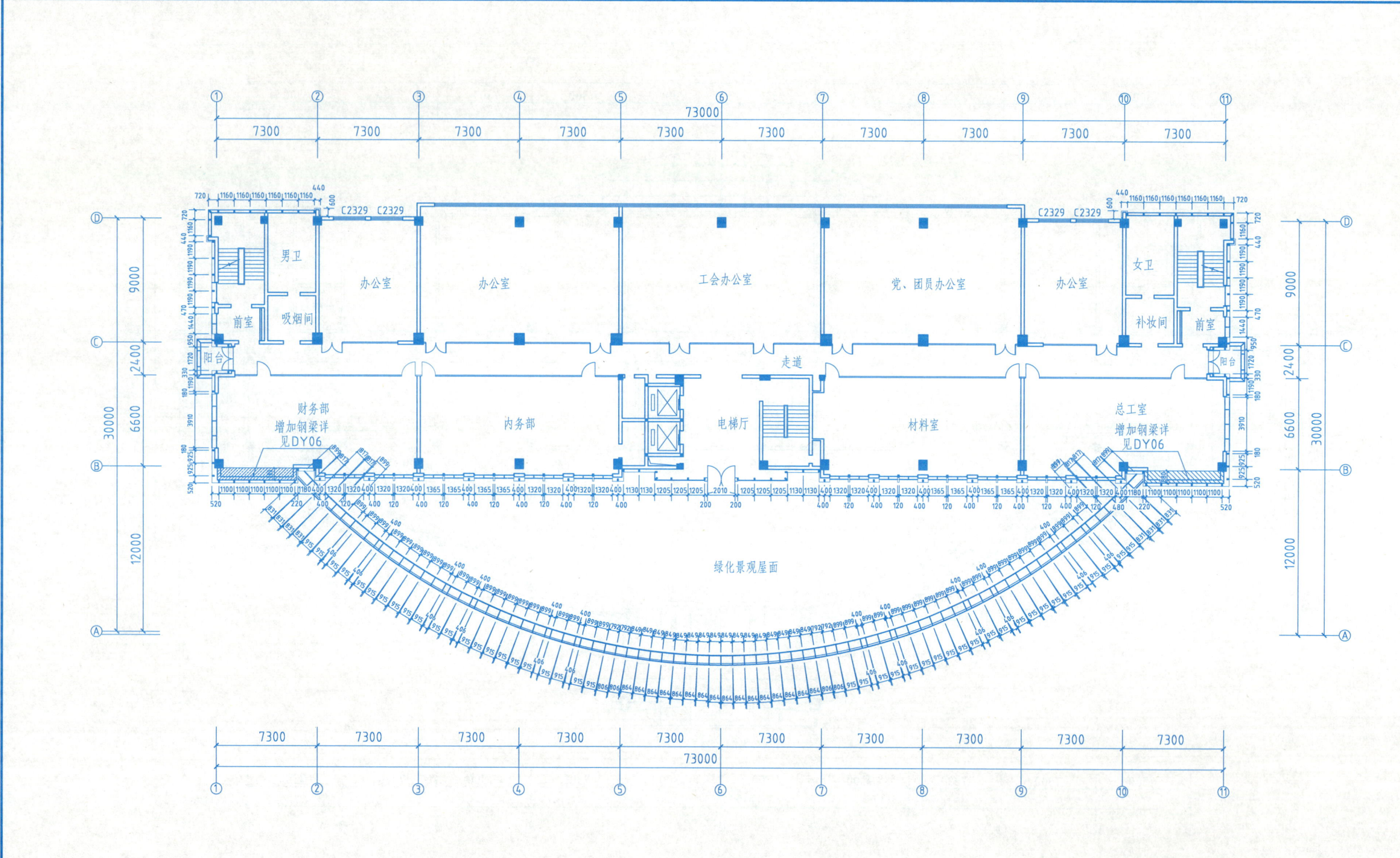

三层平面分格图

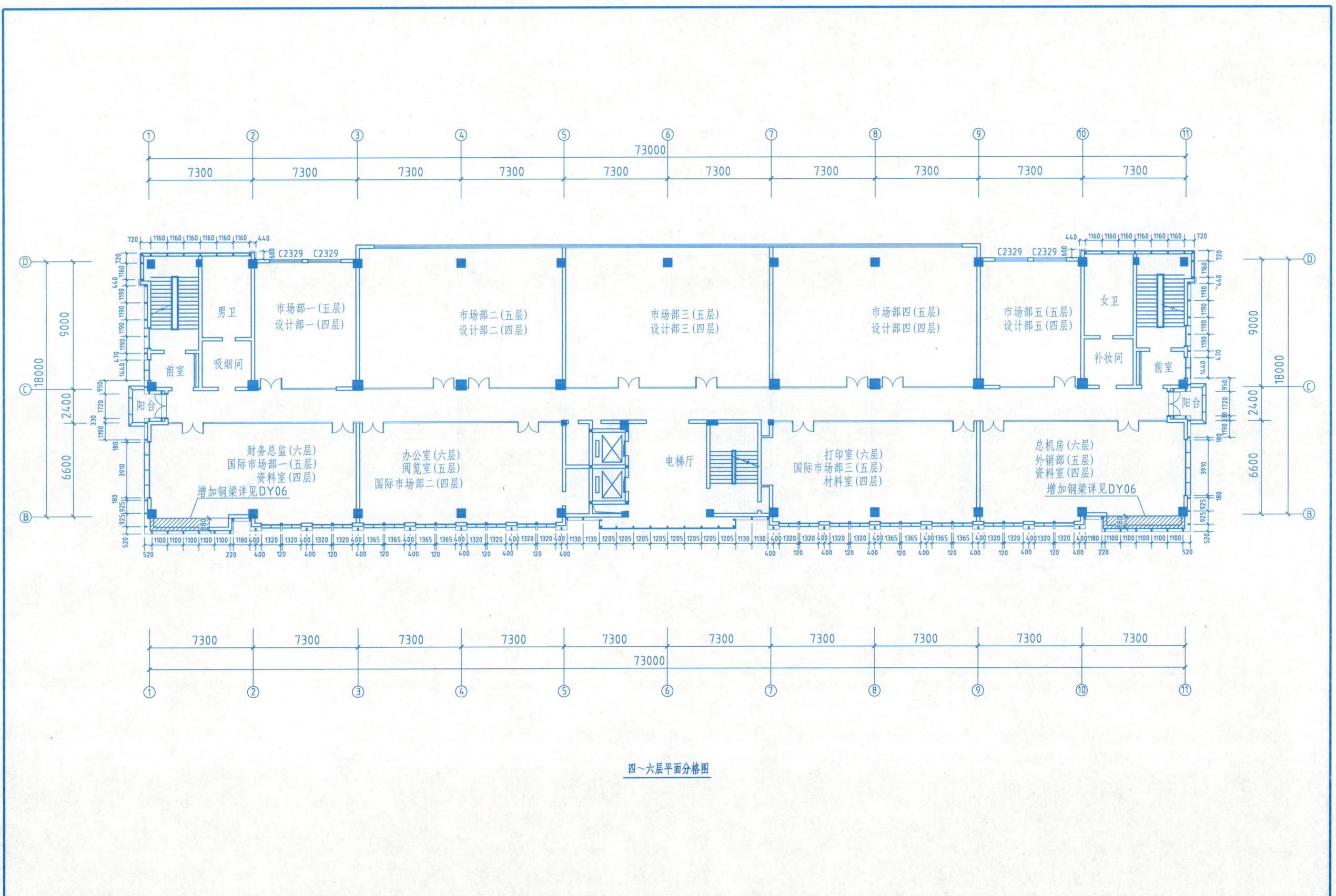

四~六层平面分格图

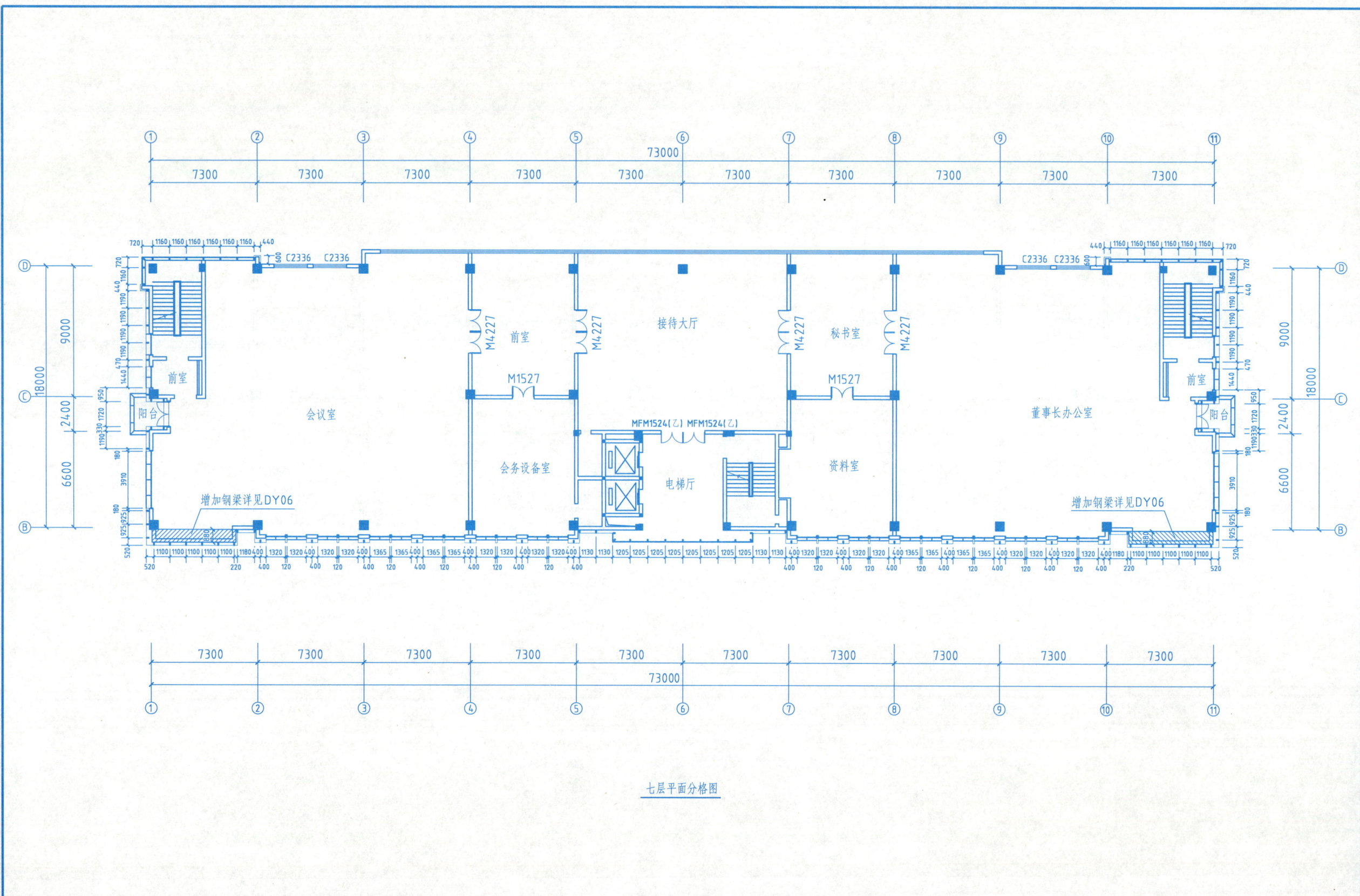

七层平面分格图

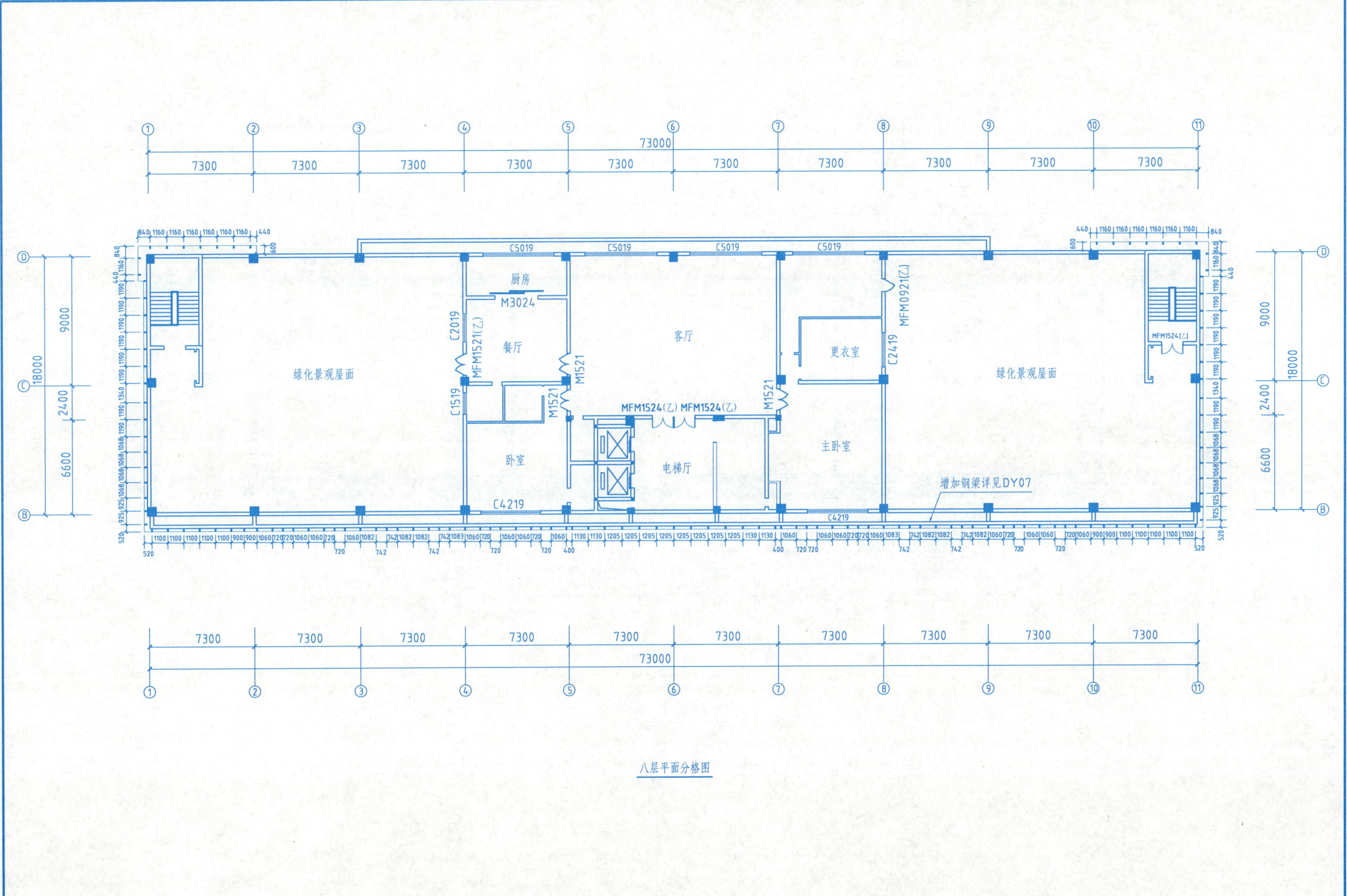

八层平面分格图

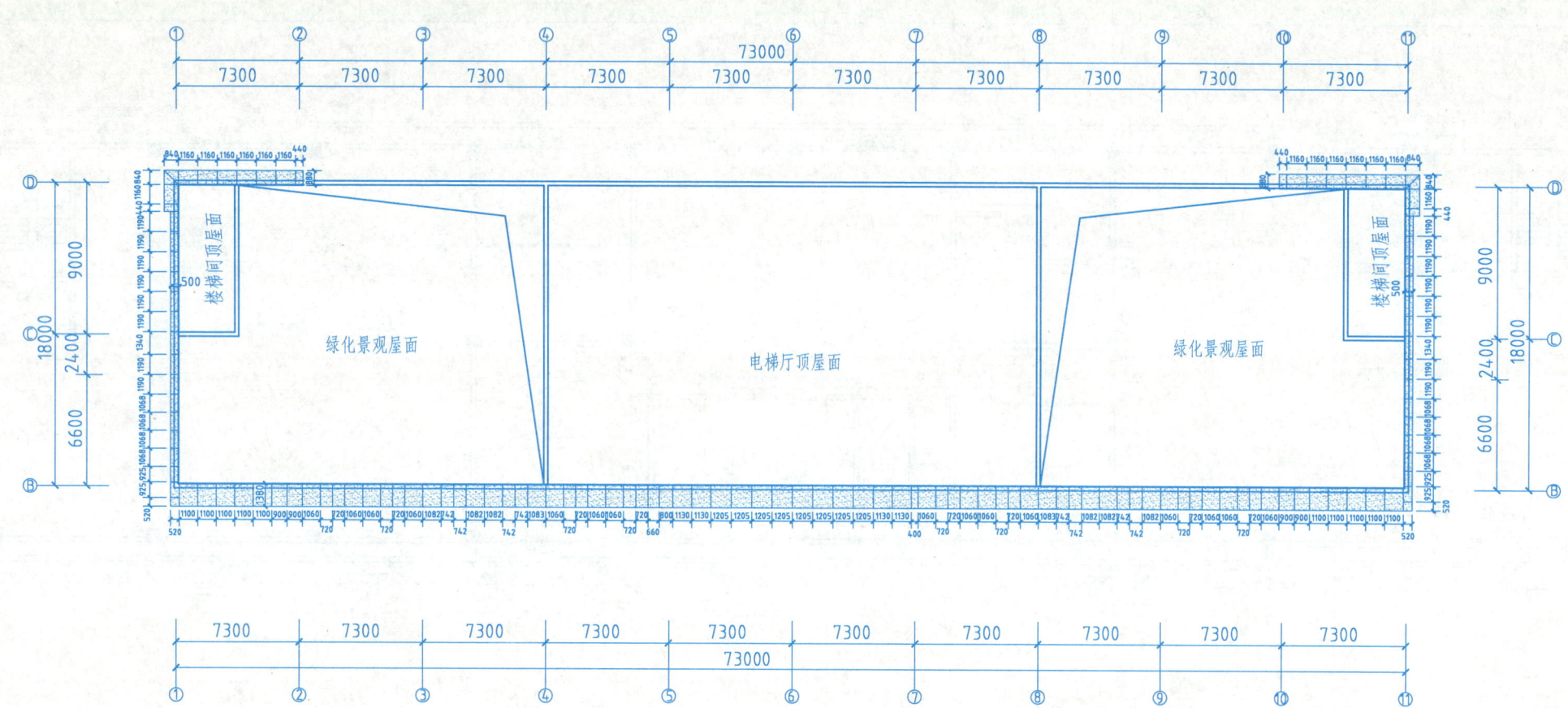

女儿墙顶部平面分格图

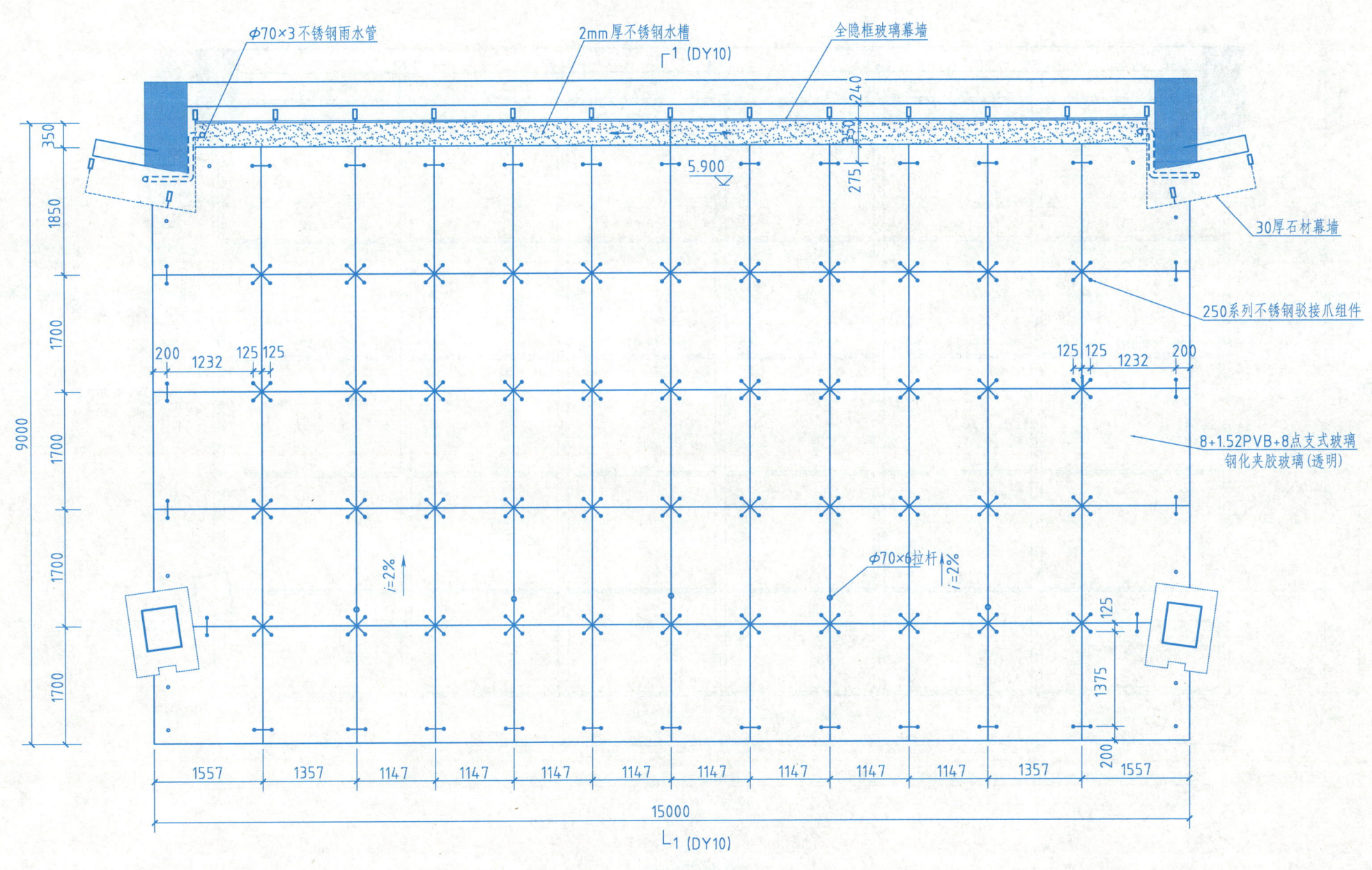

正立面雨篷平面分格图

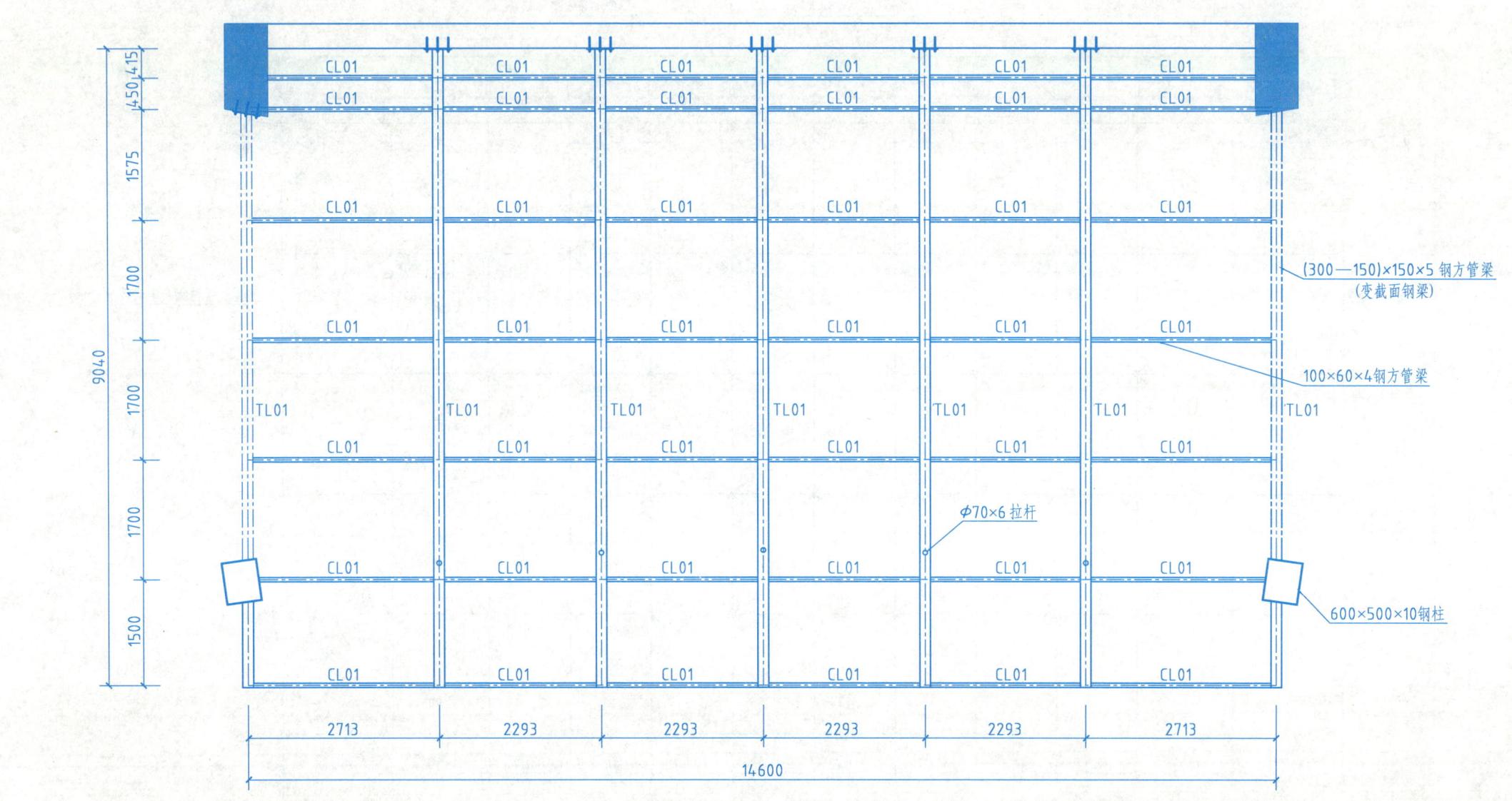

正立面雨篷结构布置图

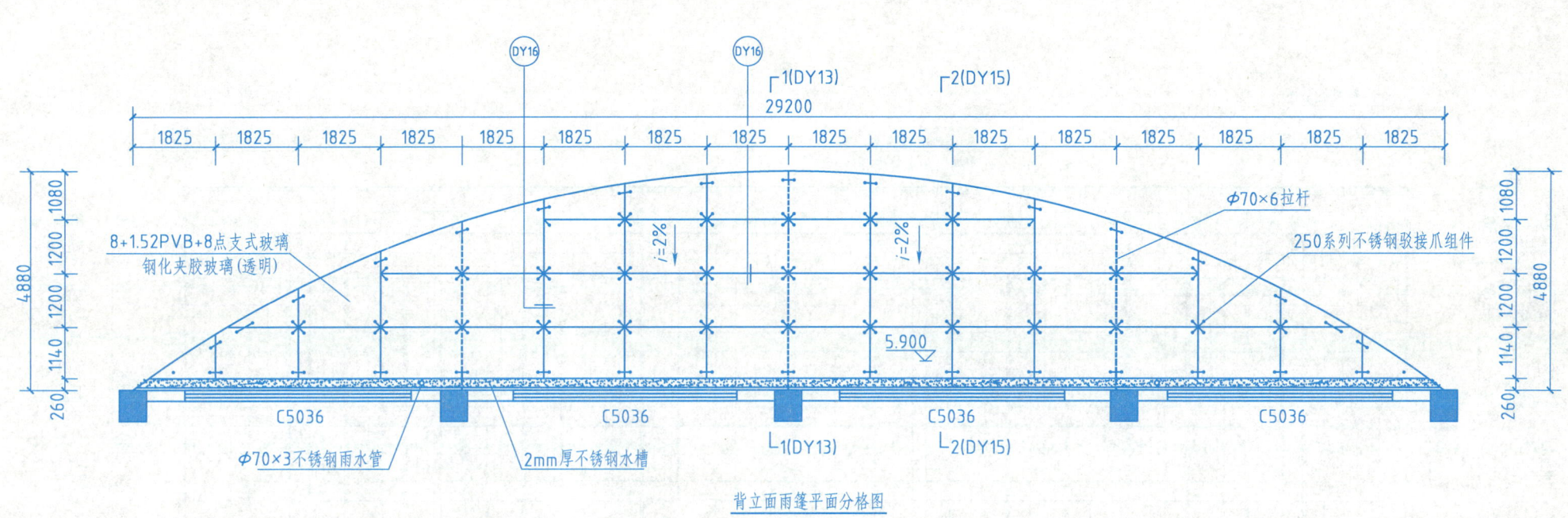

背立面雨篷平面分格图

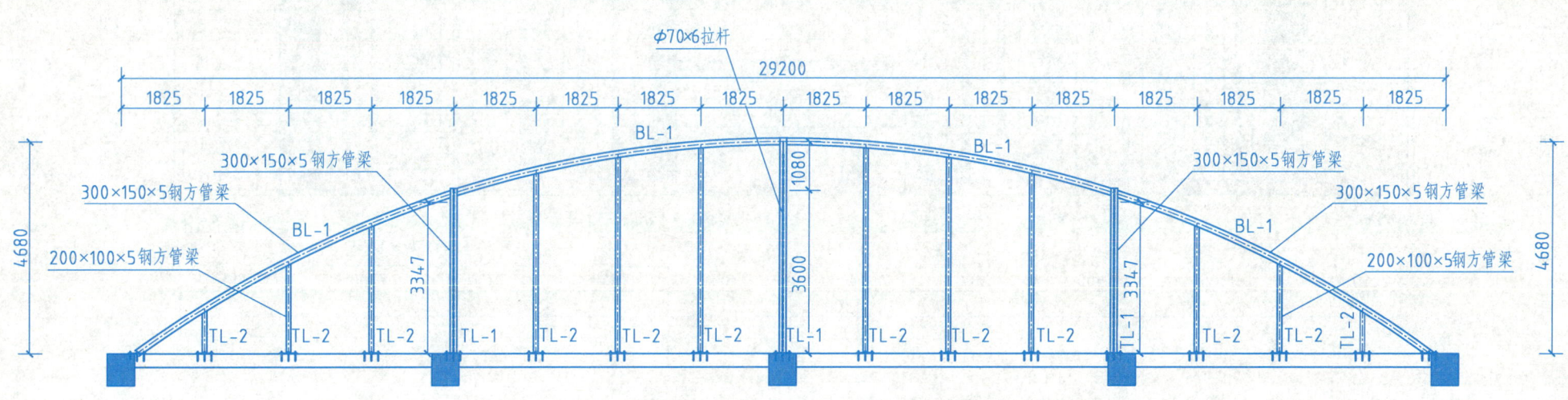

背立面雨篷结构布置图

任务 4　绘制立面施工图

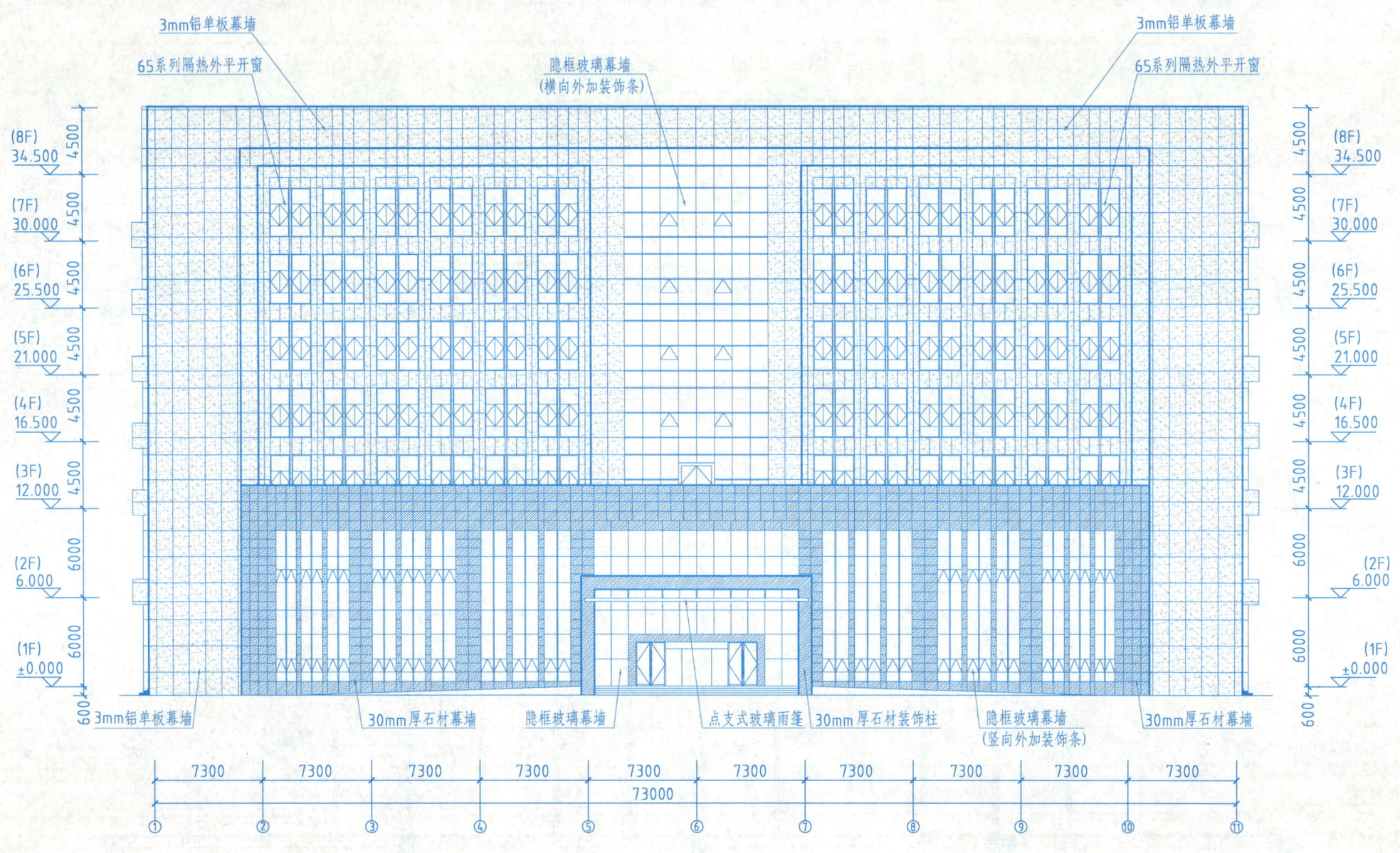

1—11轴总立面图

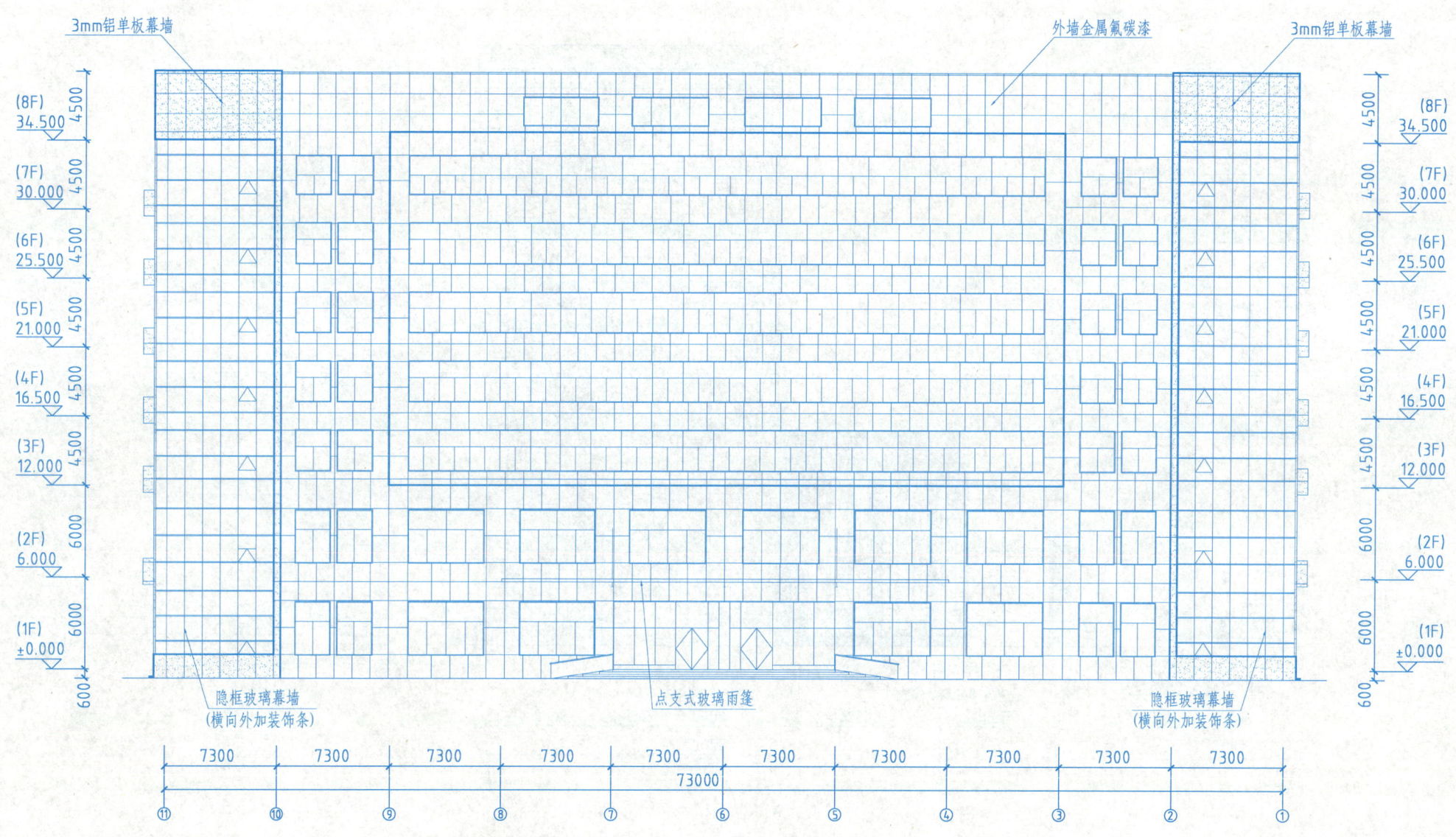

11-1轴总面立图

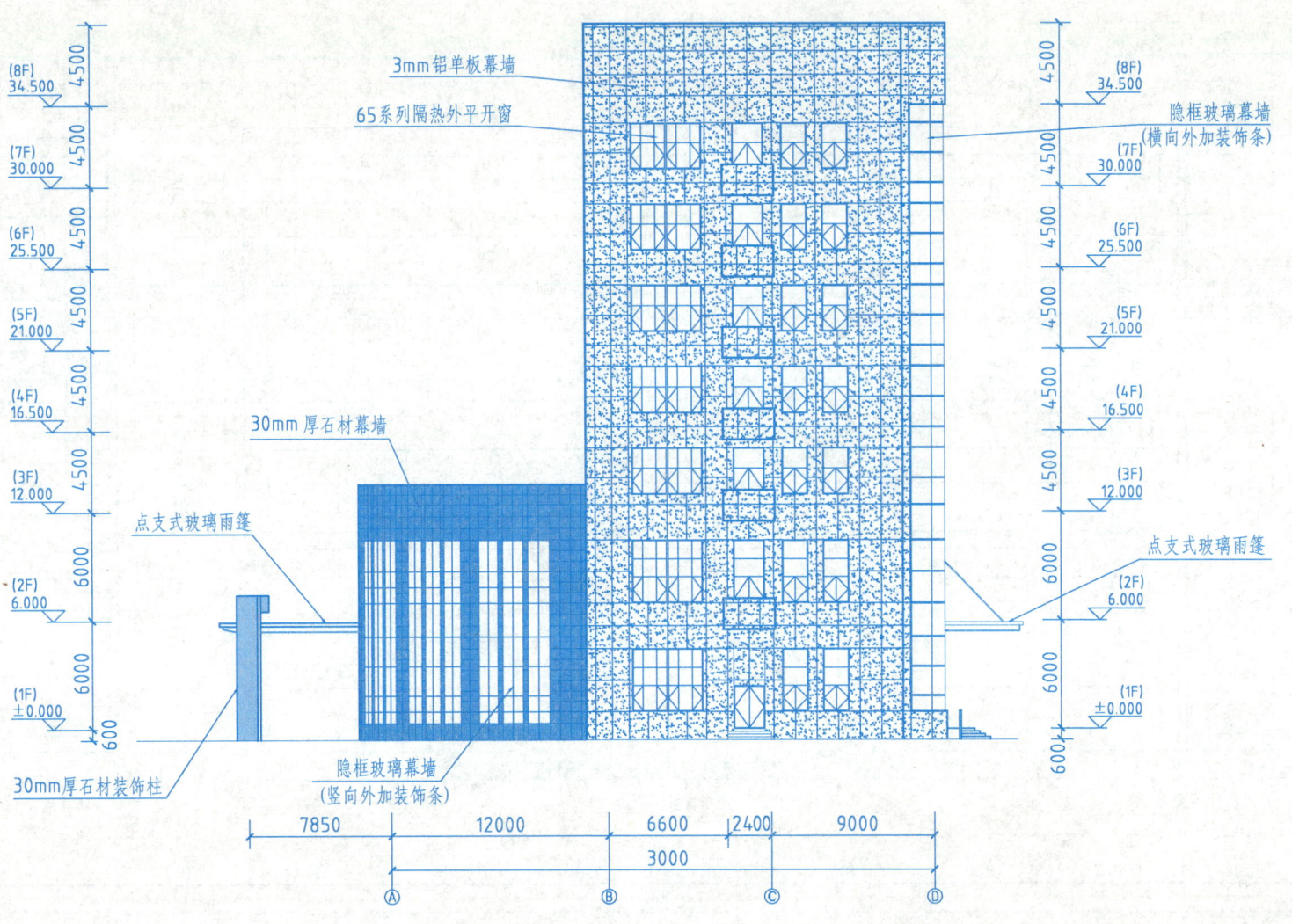

A—D轴总立面图

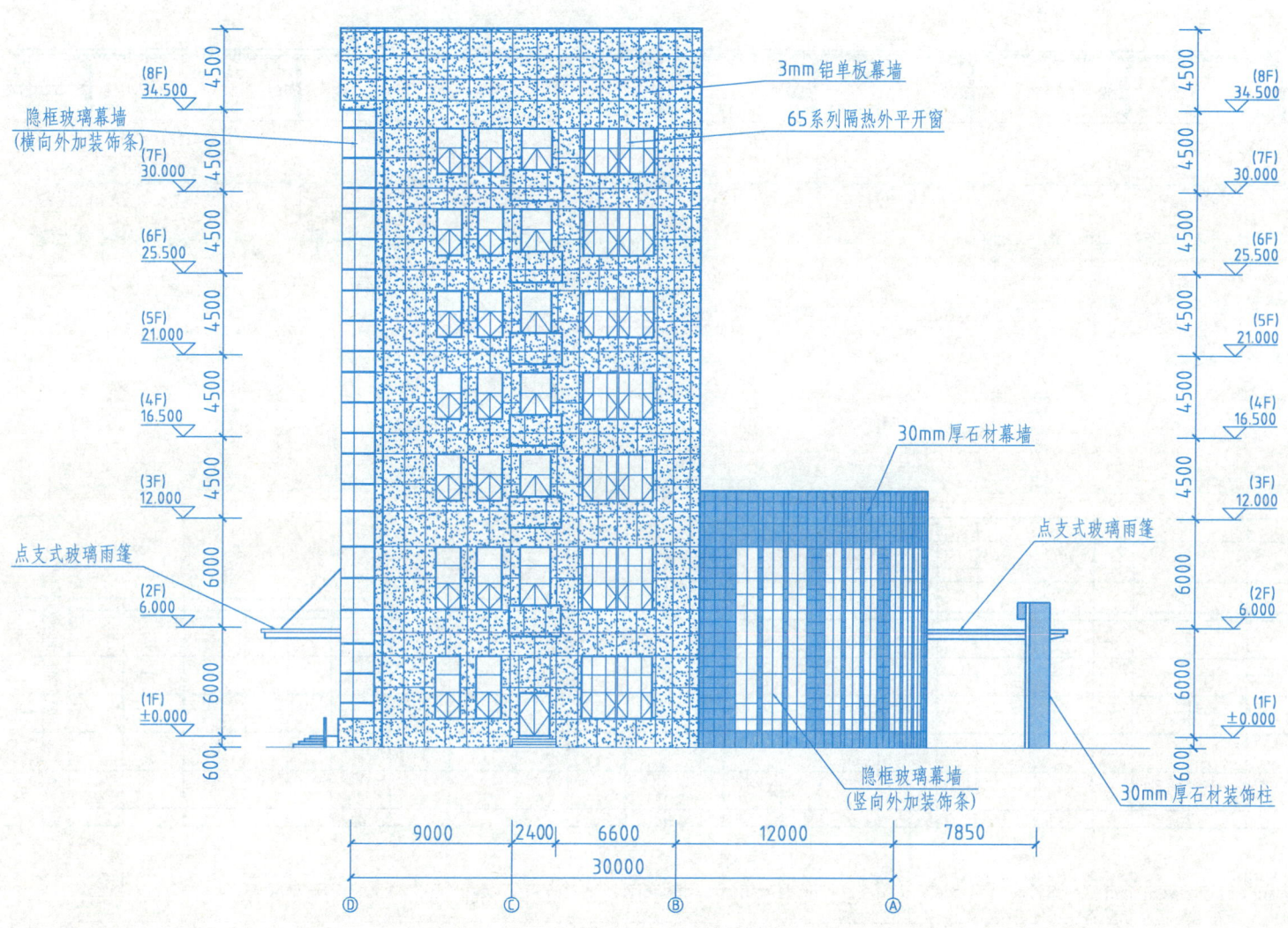

D—A轴总立面图

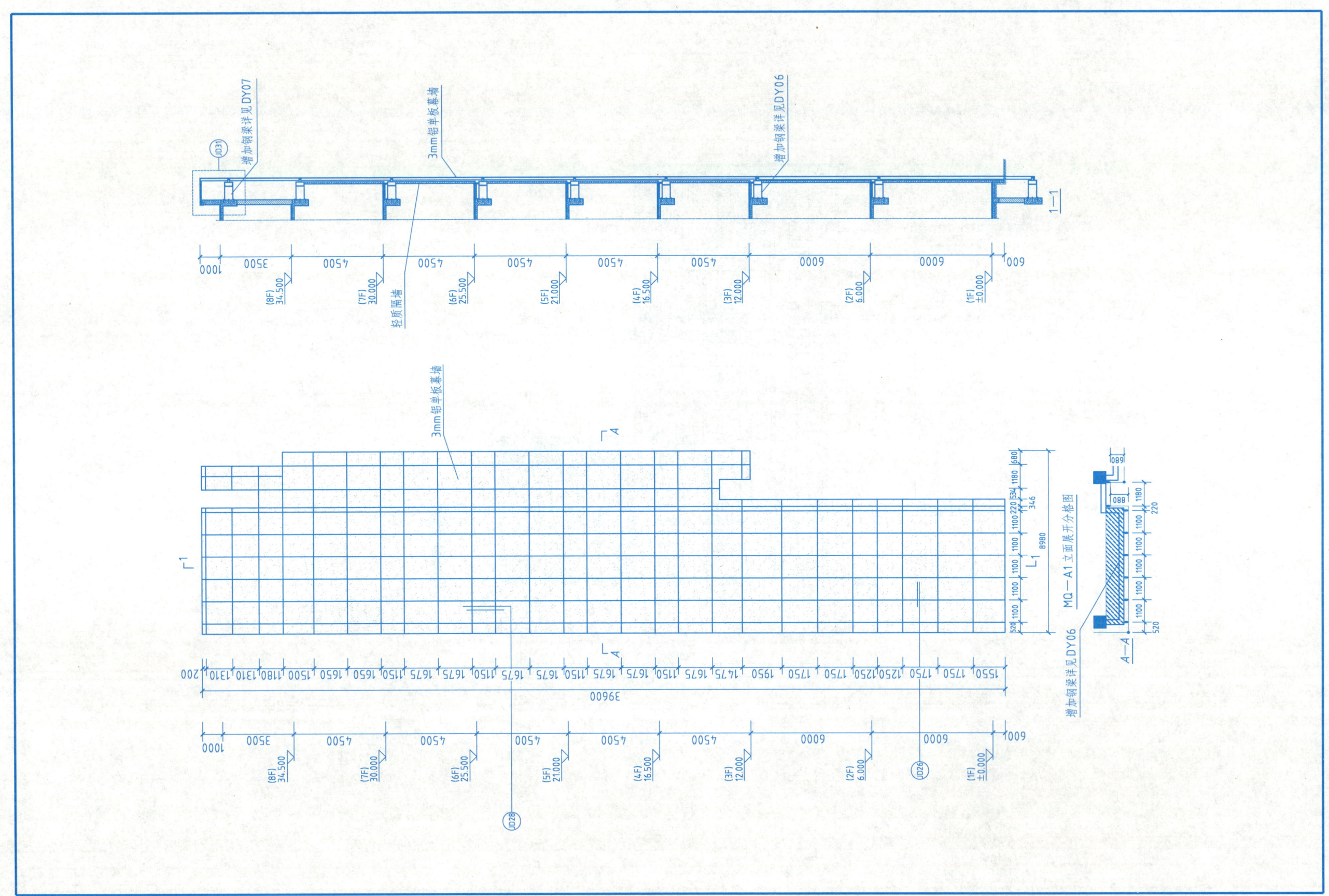

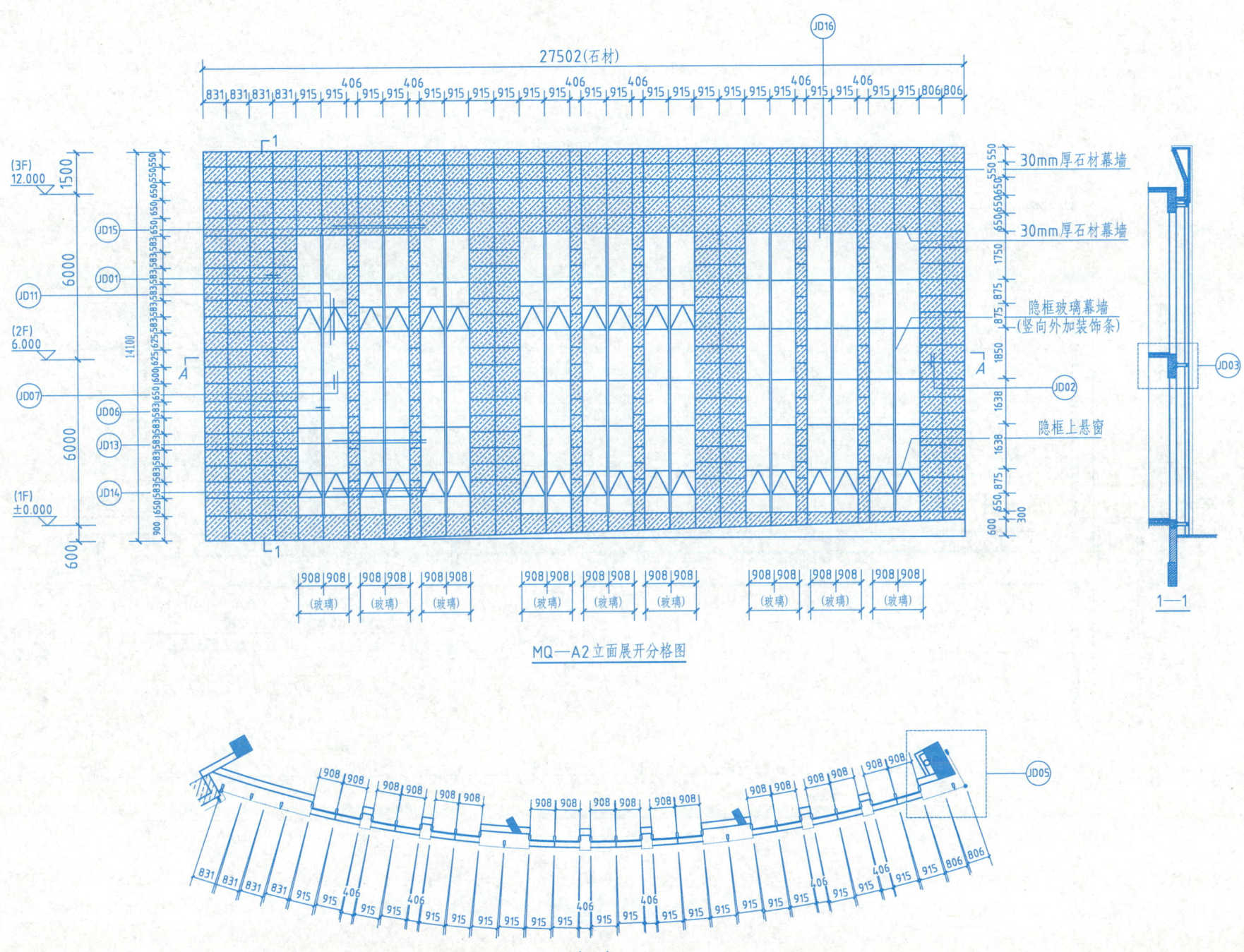

任务 5　绘制剖面及大样施工图

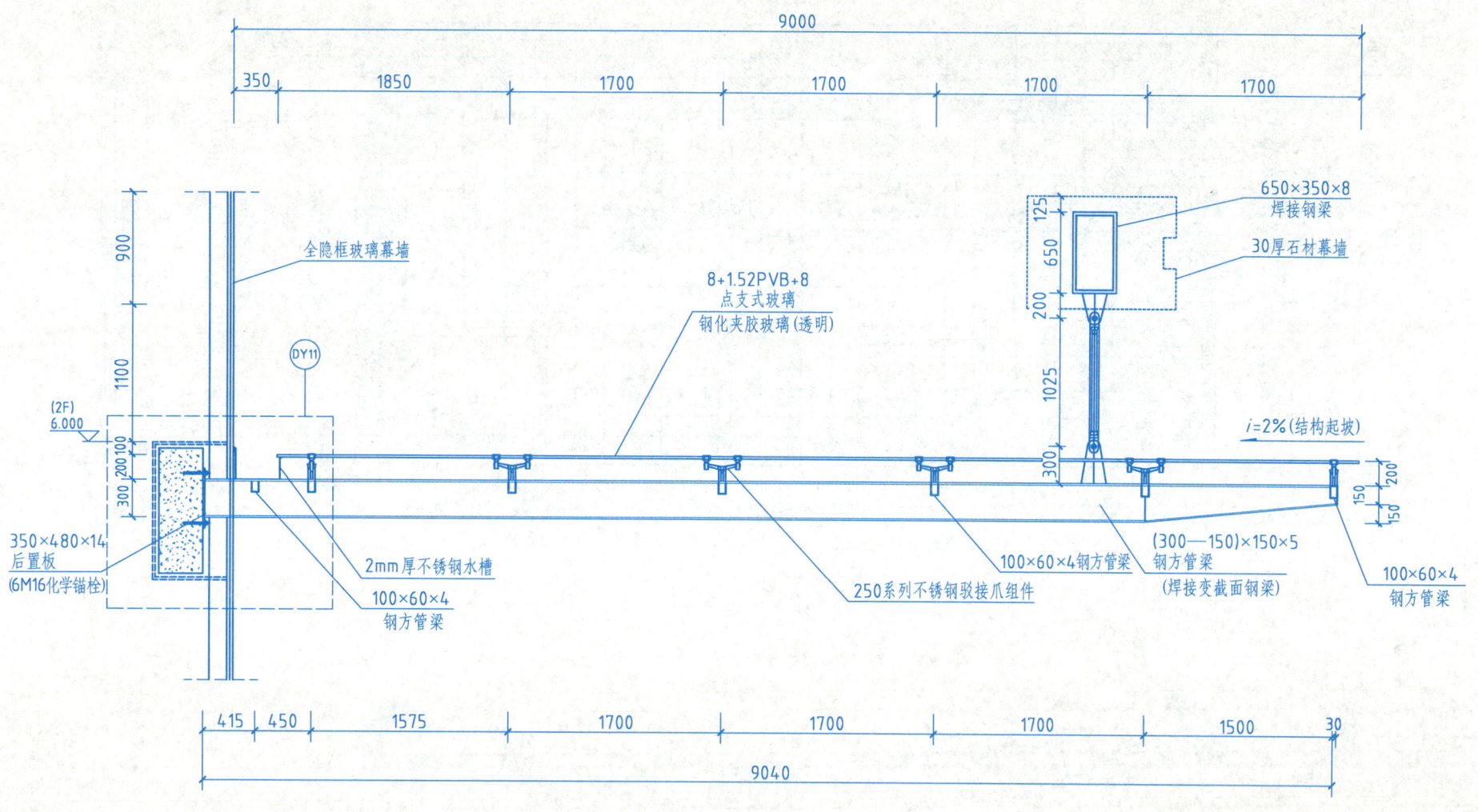

正立面雨篷1—1剖面图

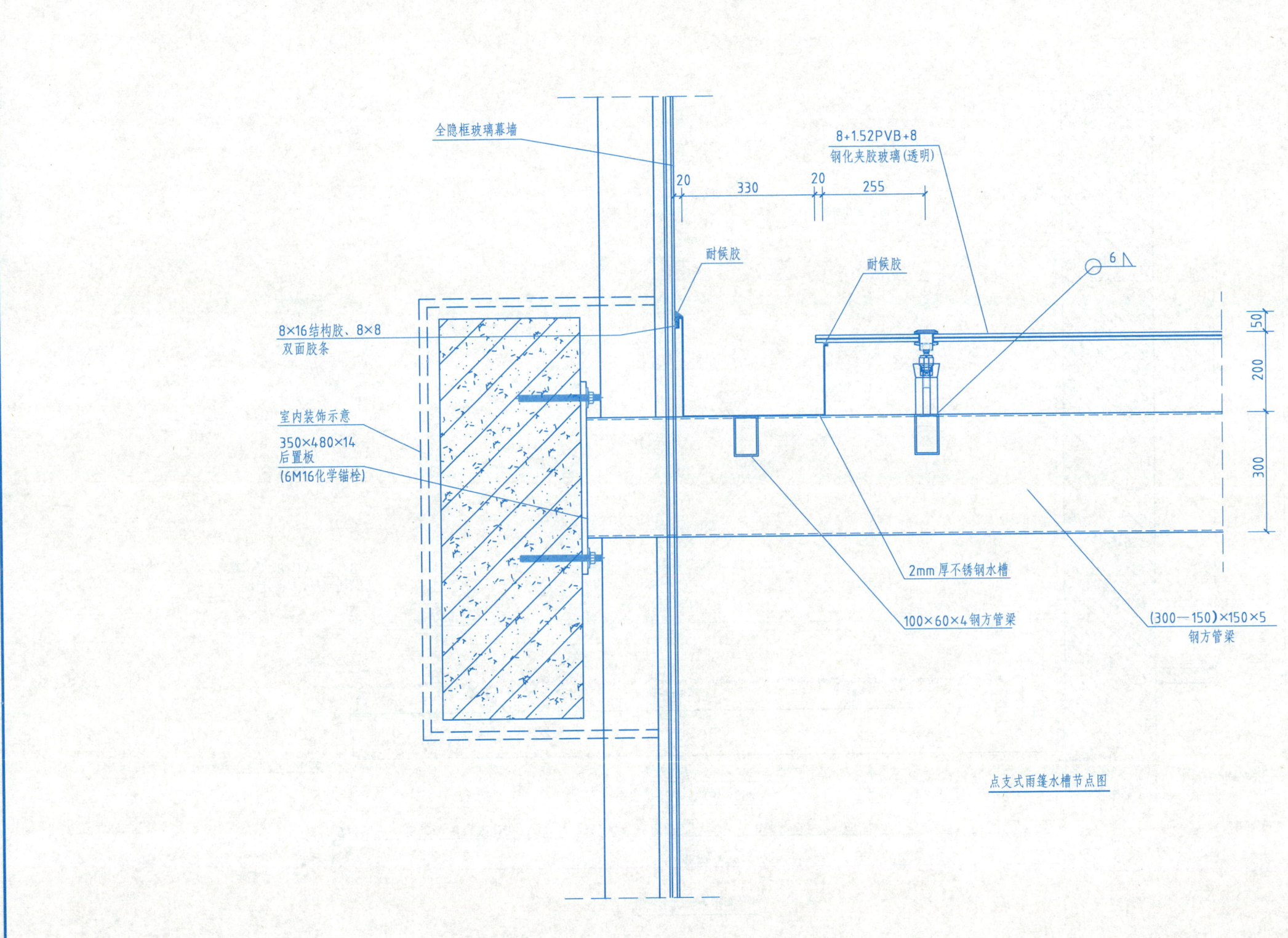

点支式雨篷水槽节点图

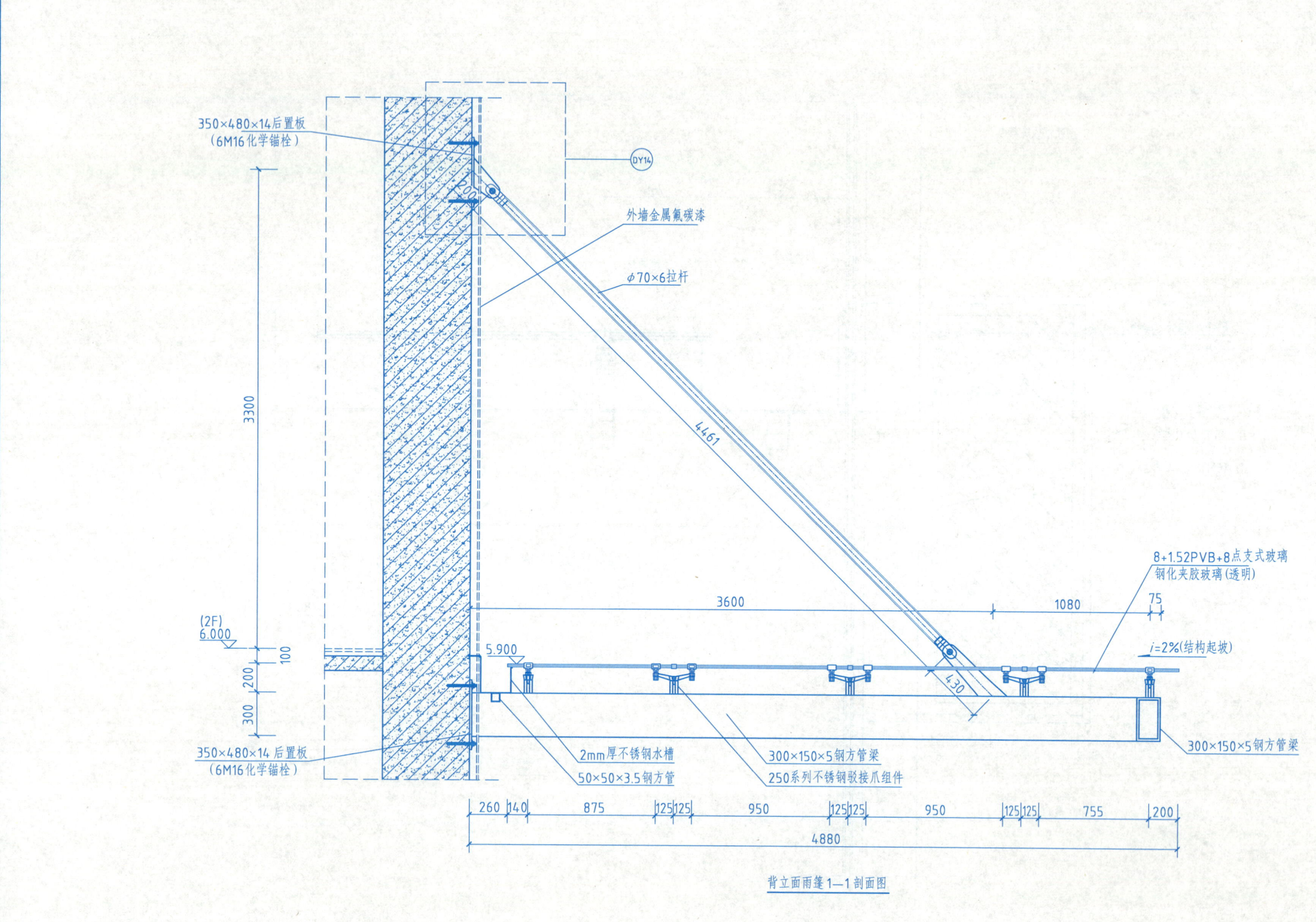

背立面雨篷1—1剖面图

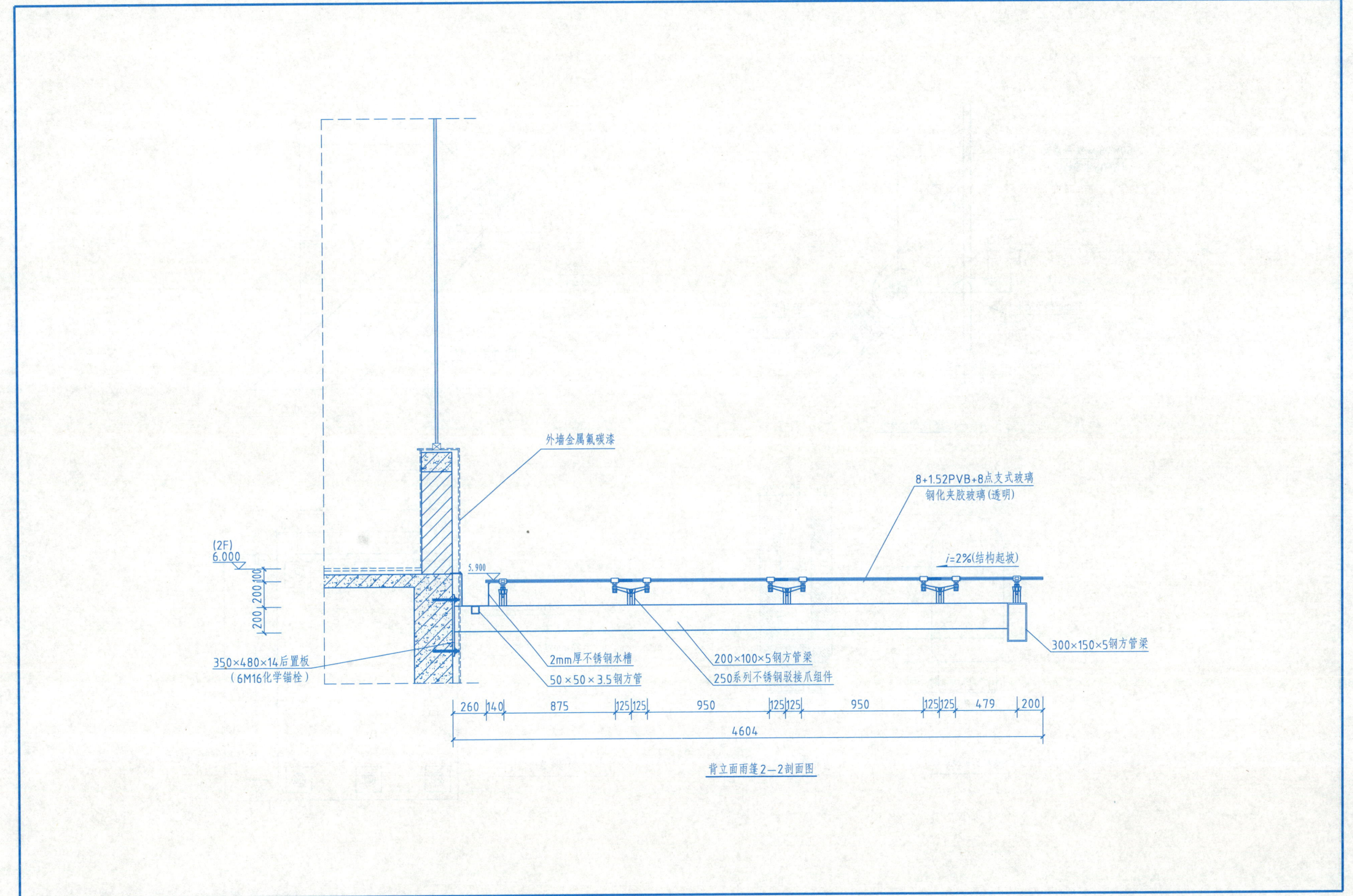

背立面雨篷2—2剖面图

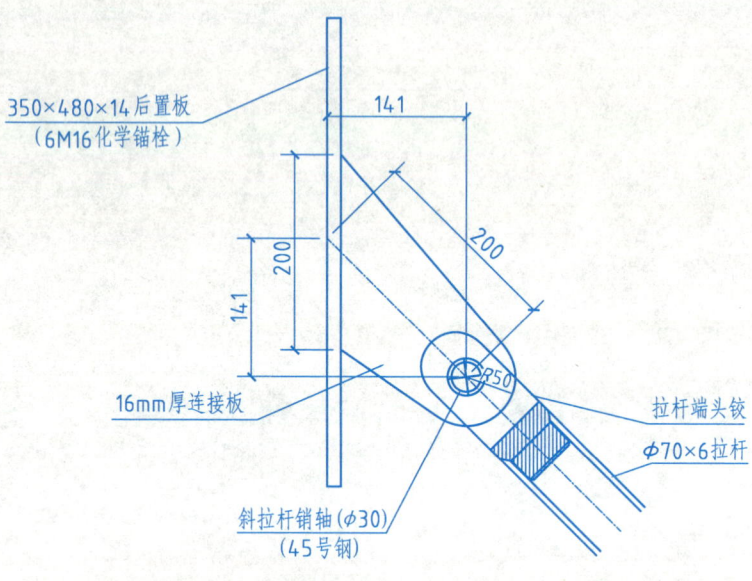

拉杆上端大样图

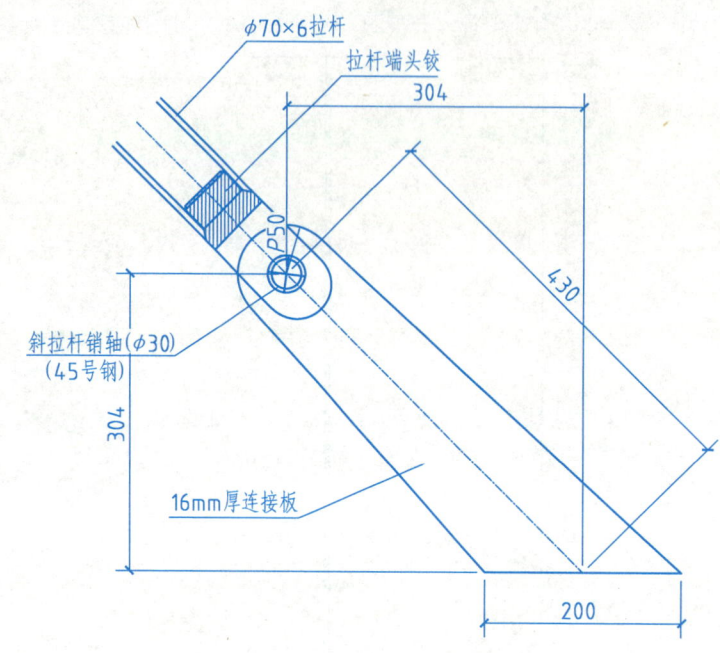

拉杆下端大样图

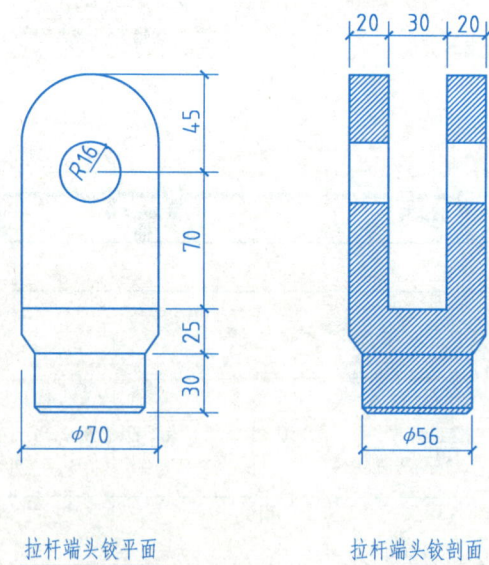

拉杆端头铰平面　　拉杆端头铰剖面

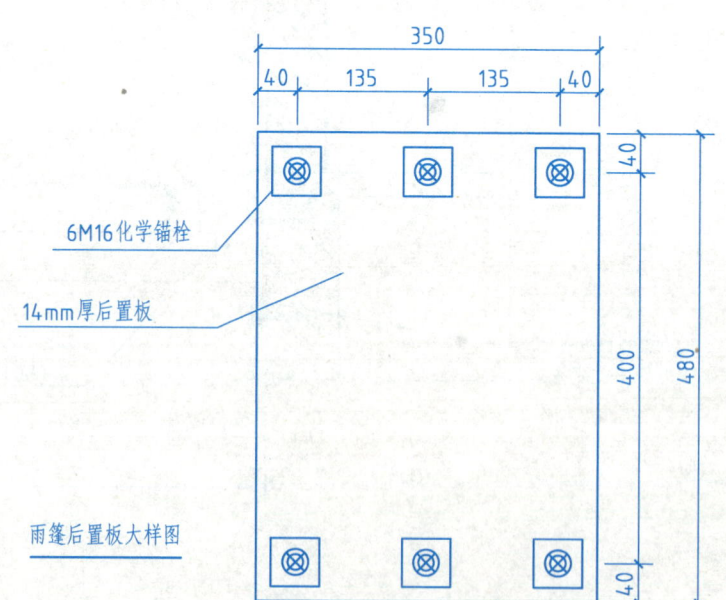

雨篷后置板大样图

150

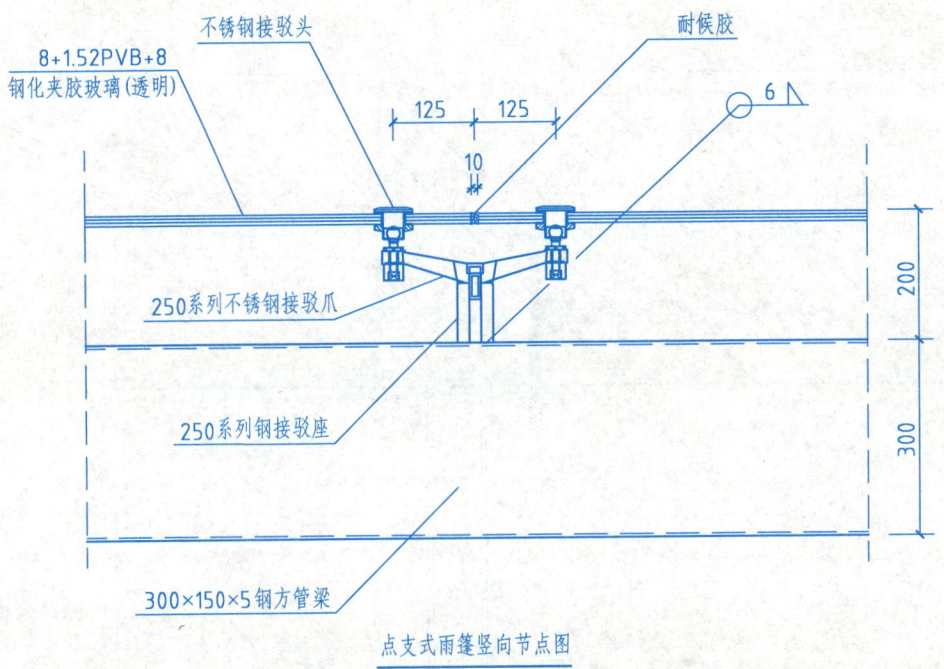

点支式雨篷竖向节点图

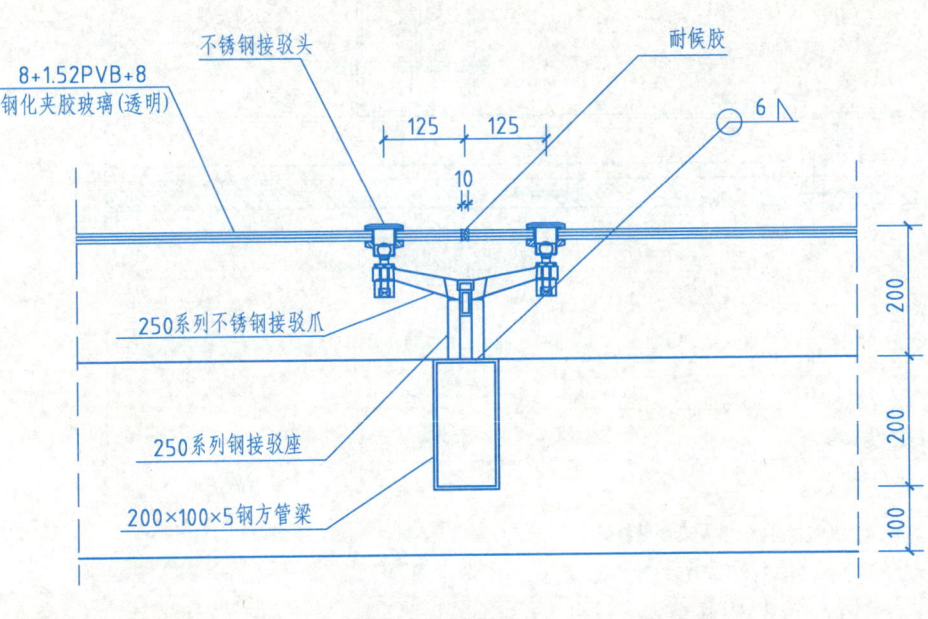

点支式雨篷横向节点图

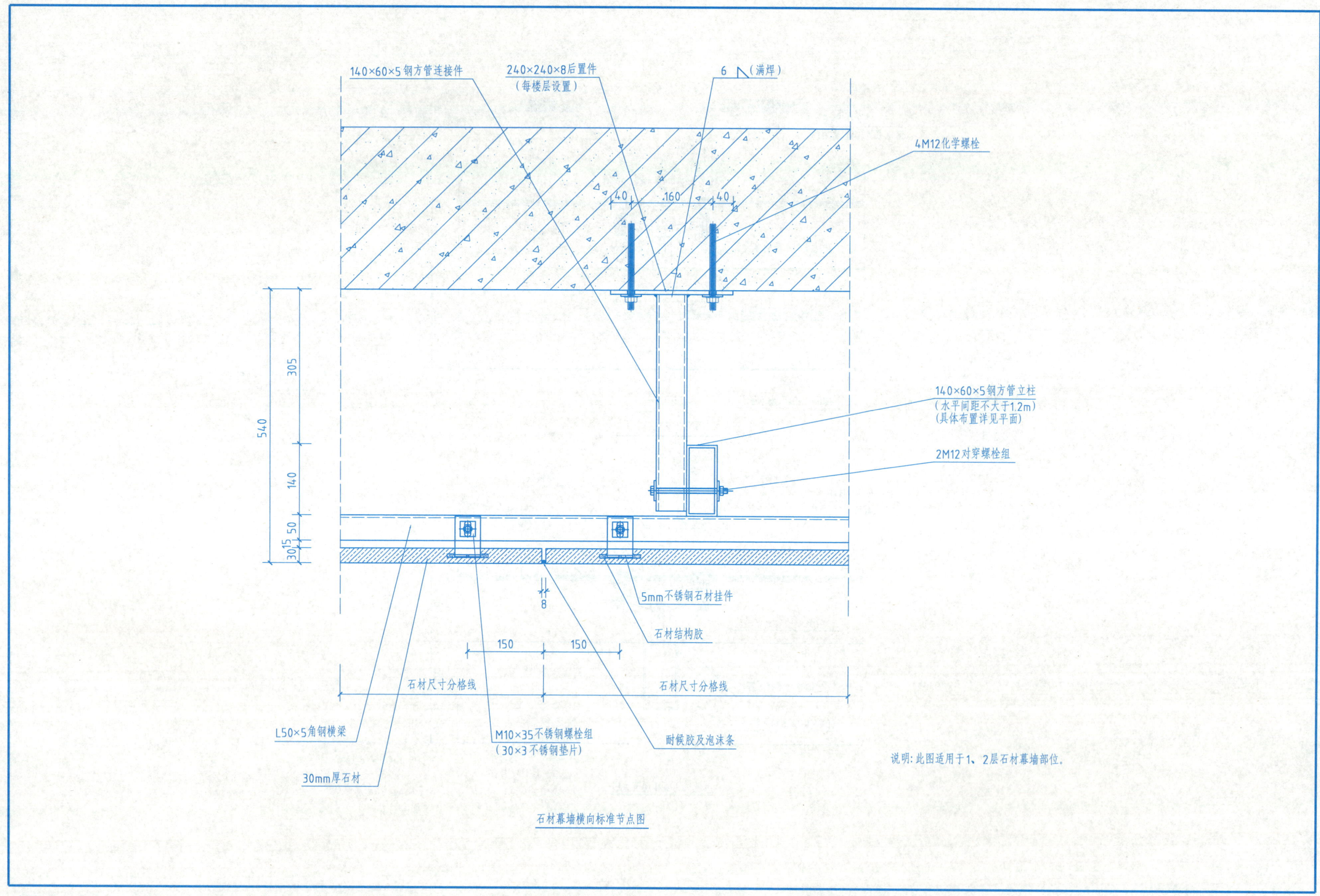

石材幕墙横向标准节点图

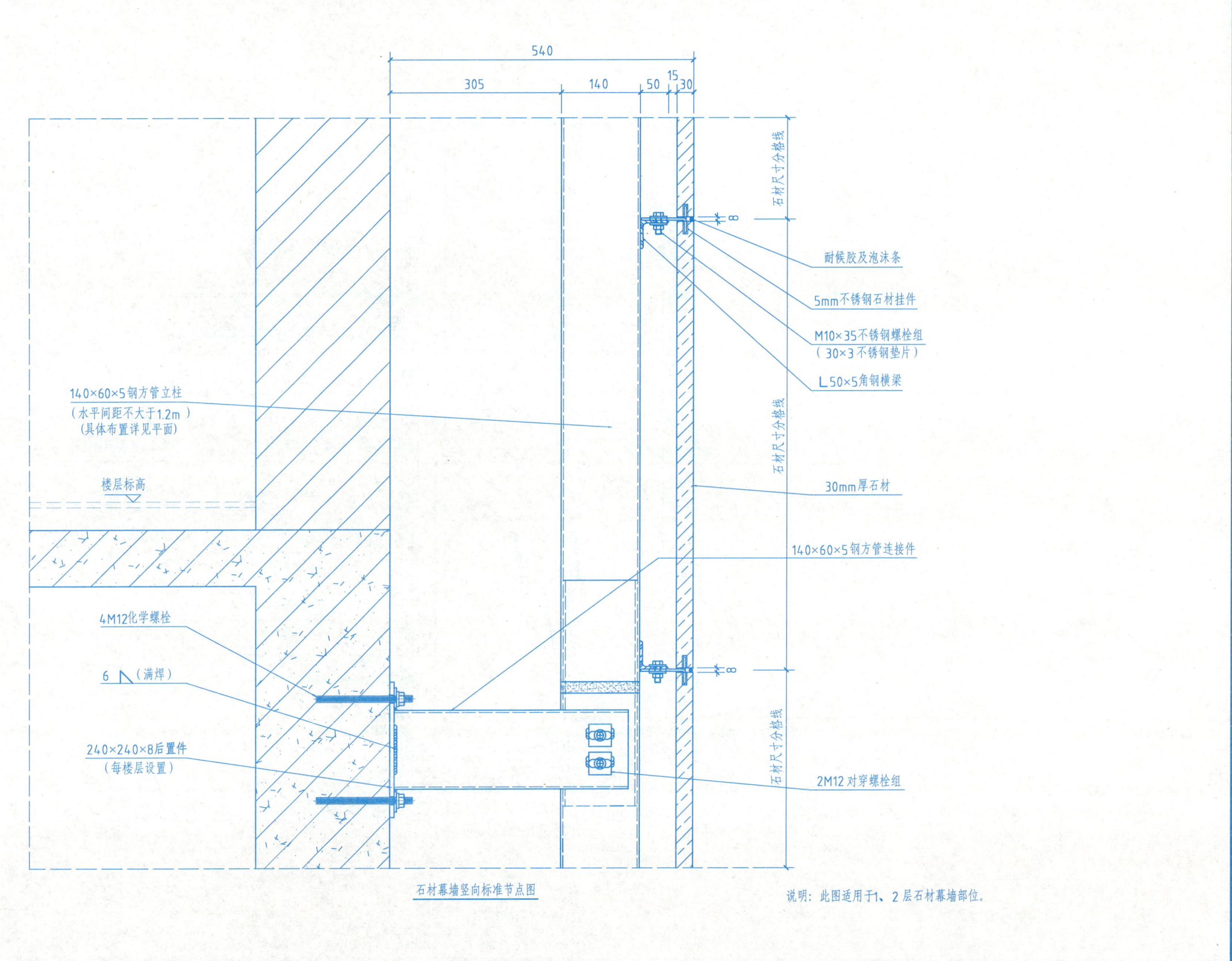

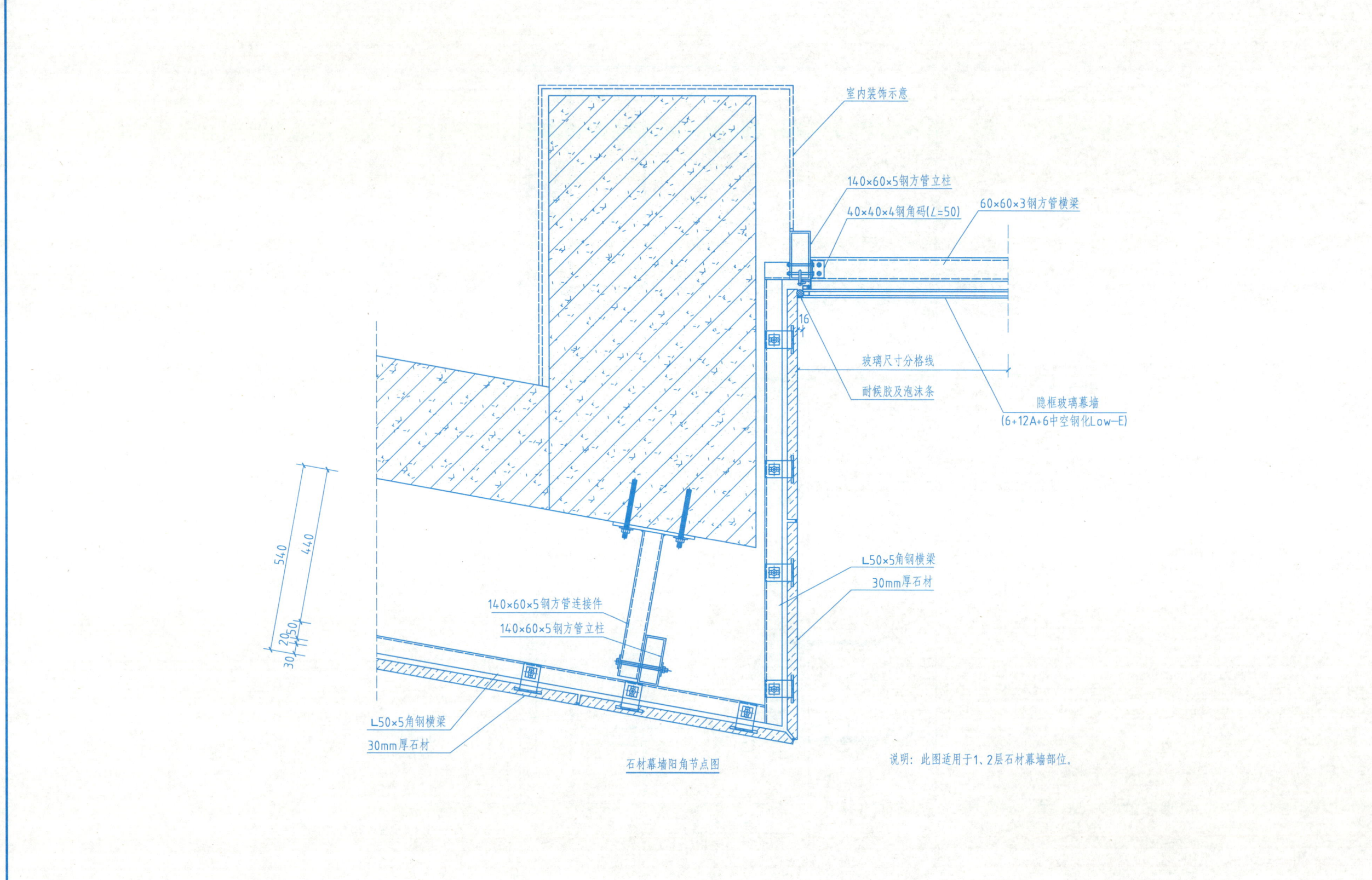

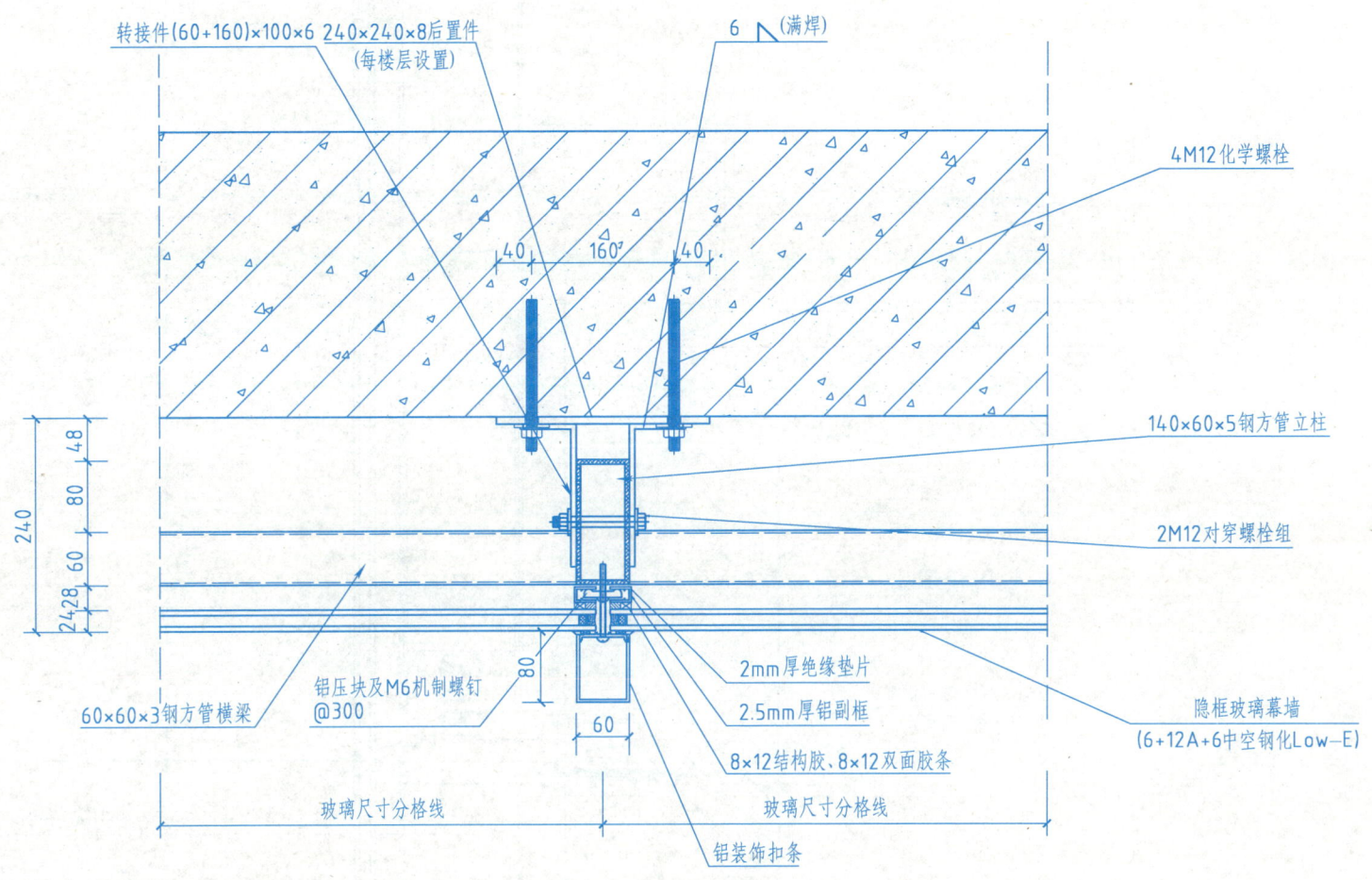

玻璃幕墙横向标准节点图(1)

说明：此图适用于1、2层玻璃幕墙部位。

155

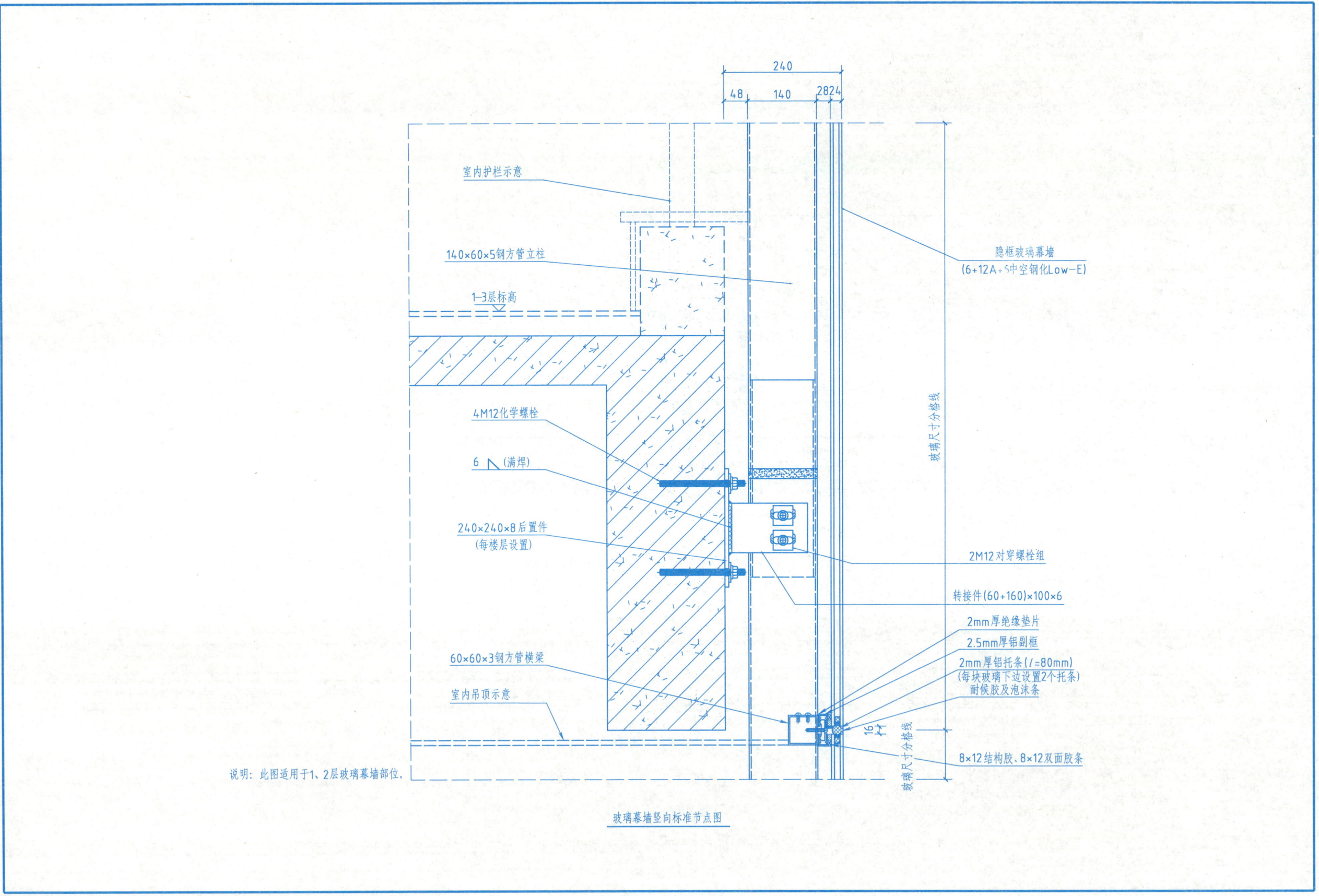

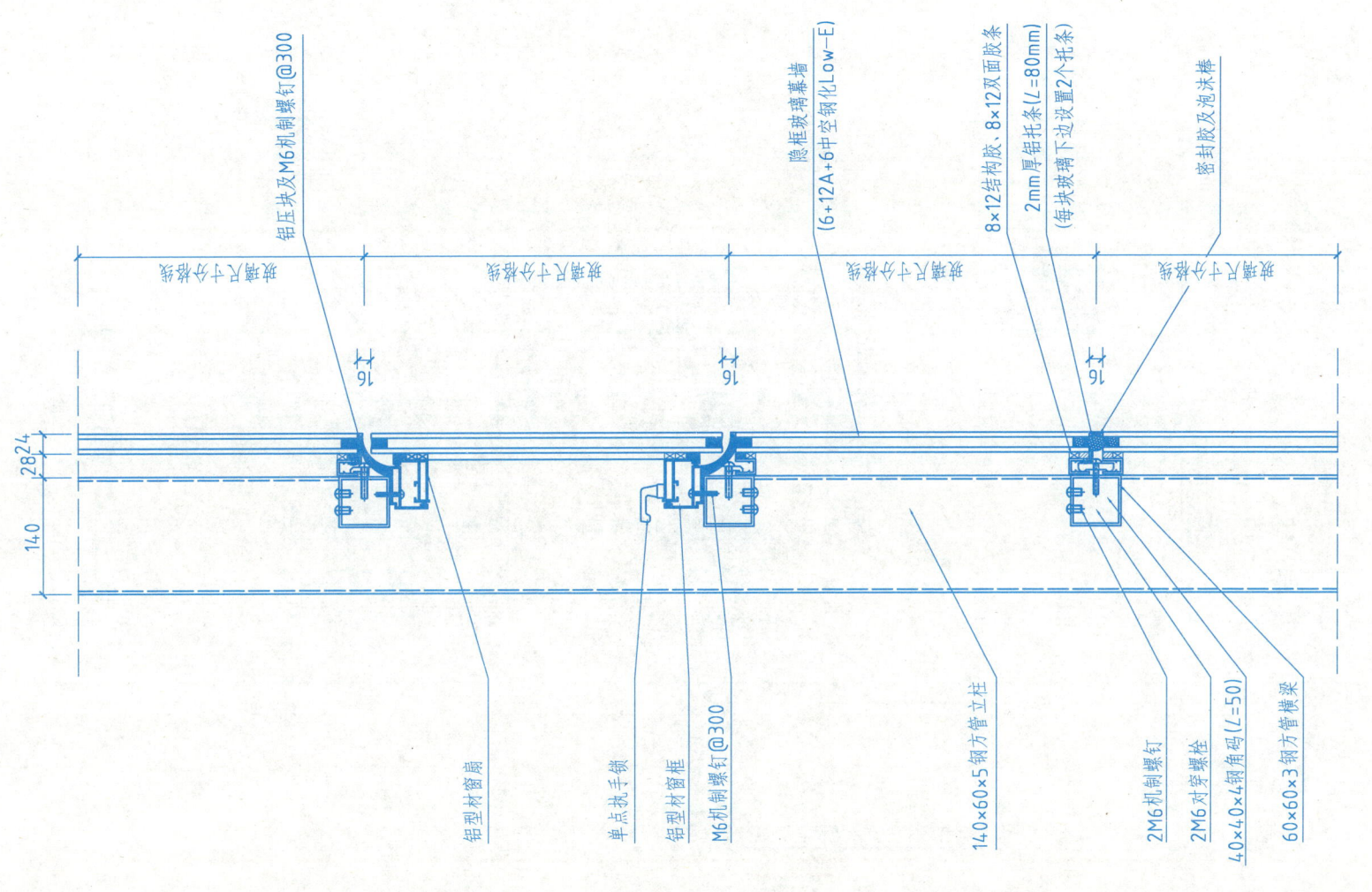

玻璃幕墙悬窗竖向节点图

说明：此图适用于1、2层隐框玻璃幕墙部位。

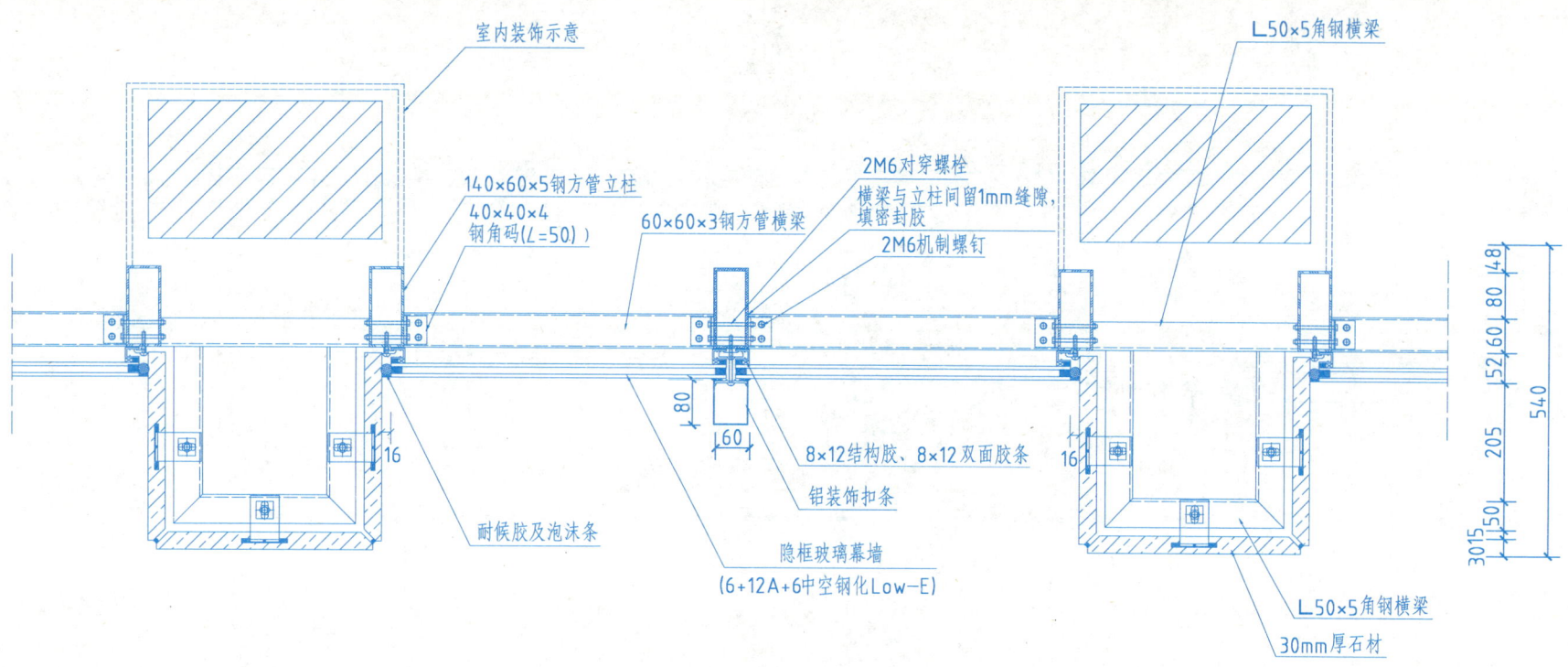

石材与玻璃幕墙横向节点图

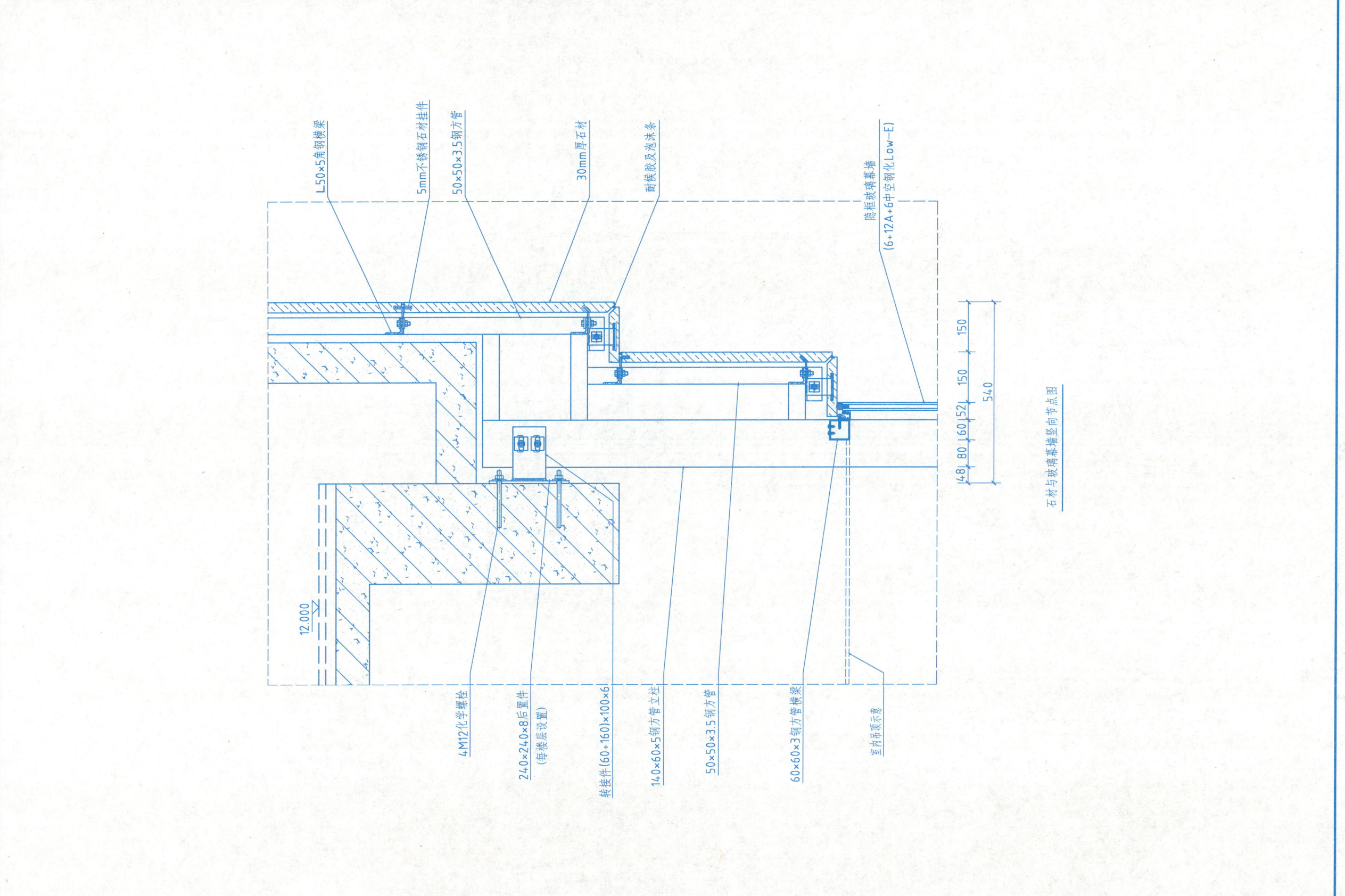

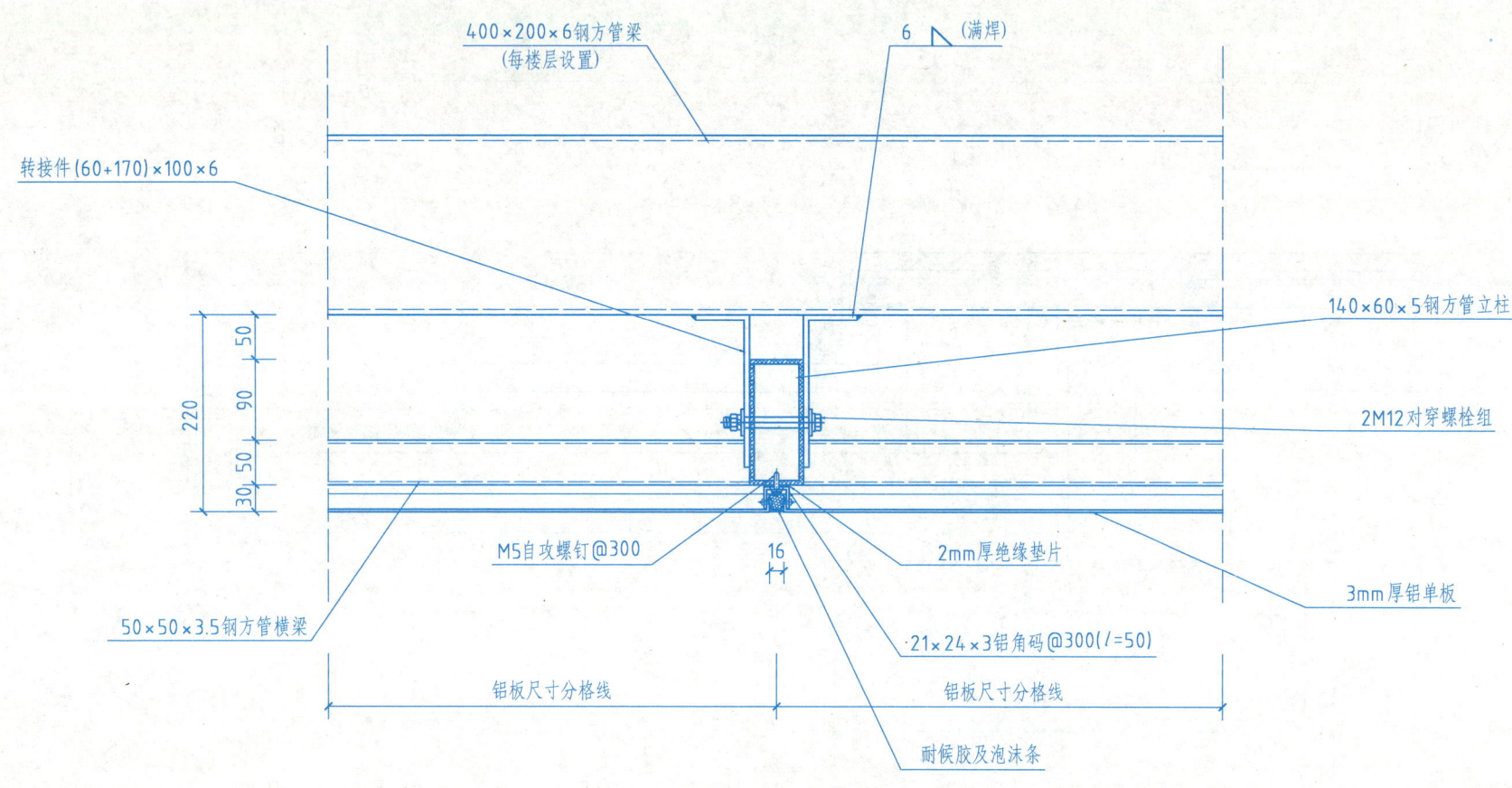

铝单板幕墙横向标准节点图

说明：此图适用于1、2层铝单板幕墙部位。

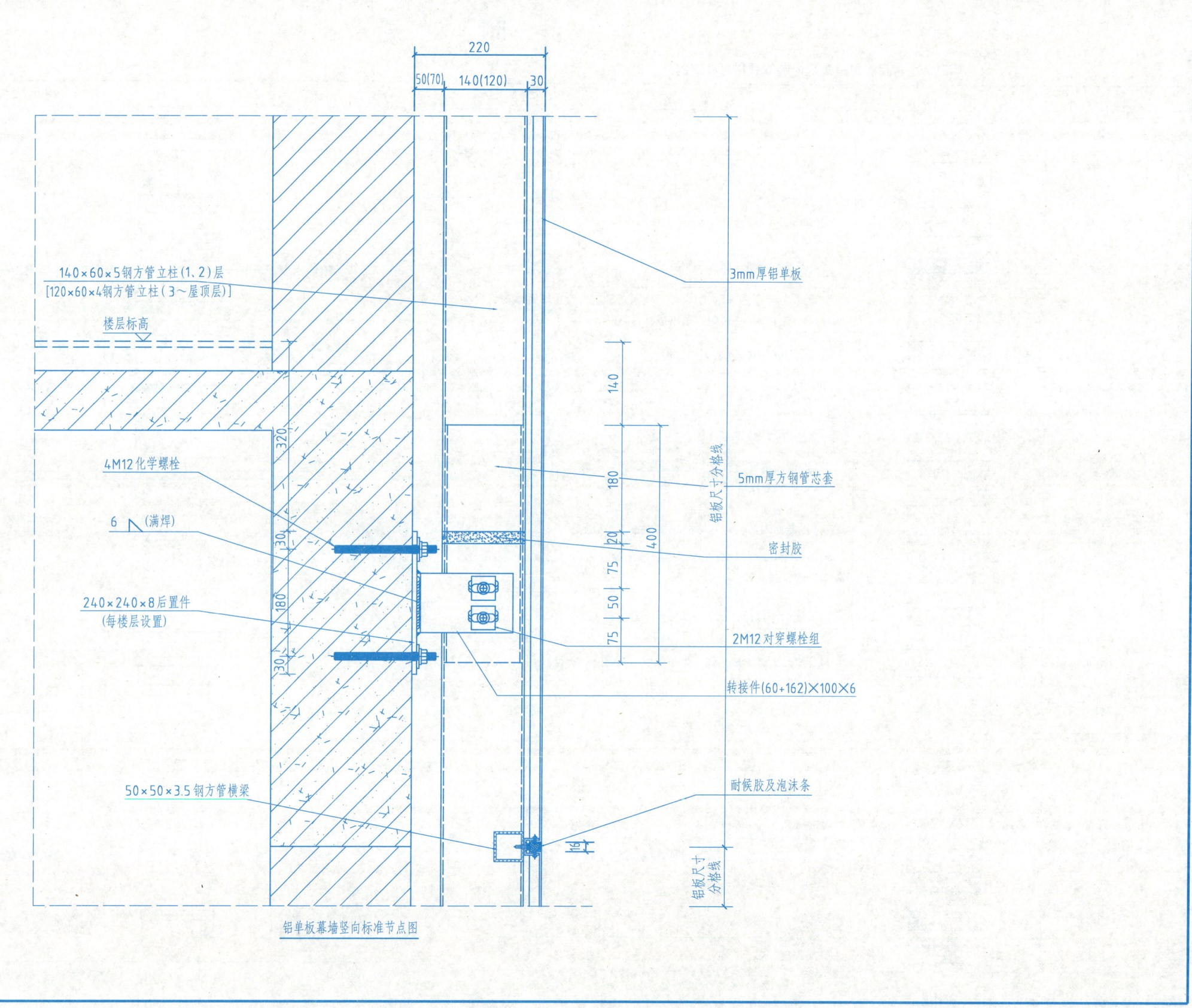

附 录

附录 A 常用房屋建筑室内装饰装修材料图例

（续）

序号	名称	图例	备注
1	夯实土壤		—
2	砂砾石、碎砖三合土		—
3	石材		注明厚度
4	毛石		必要时注明石料块面大小及品种
5	普通砖		包括实心砖、多孔砖、砌块等。断面较窄不易绘出图例线时，可涂黑，并在备注中加注说明，画出该材料图例
6	轻质砌块砖		指非承重砖砌体
7	轻钢龙骨板材隔墙		注明材料品种
8	饰面砖		包括铺地砖、墙面砖、陶瓷锦砖等
9	混凝土		（1）指能承重的混凝土及钢筋混凝土 （2）各种强度等级、骨料、添加剂的混凝土 （3）在剖面图上画出钢筋，不画图例线 （4）断面图形小，不易画出图例线时，可涂黑
10	钢筋混凝土		
11	多孔材料		包括水泥珍珠岩、沥青珍珠岩、泡沫混凝土、非承重加气混凝土、软木、蛭石制品等
12	纤维材料		包括矿棉、岩棉、玻璃棉、麻丝、木丝板、纤维板等
13	泡沫塑料材料		包括聚苯乙烯、聚乙烯、聚氨酯等多孔聚合物类材料
14	密度板		注明厚度
15	实木		表示垫木、木砖或木龙骨
			表示木材横断面
			表示木材纵断面
16	胶合板		注明厚度或层数
17	多层板		注明厚度或层数
18	木工板		注明厚度
19	石膏板		（1）注明厚度 （2）注明石膏板品种名称
20	金属		（1）包括各种金属，注明材料名称 （2）图形小时，可涂黑
21	液体	（平面）	注明具体液体名称
22	玻璃砖		注明厚度
23	普通玻璃	（立面）	注明材质、厚度
24	磨砂玻璃	（立面）	（1）注明材质、厚度 （2）本图例采用较均匀的点
25	夹层（夹绢、夹纸）玻璃	（立面）	注明材质、厚度
26	镜面	（立面）	注明材质、厚度
27	橡胶		—
28	塑料		包括各种软、硬塑料及有机玻璃等
29	地毯		注明种类
30	防水材料	（小尺度比例） （大尺度比例）	注明材质、厚度
31	粉刷		本图例采用较稀的点
32	窗帘	（立面）	箭头所示为开启方向

注：序号 1、3、5、6、10、11、16、17、20、23、25、27、28 图例中的斜线、短斜线、交叉斜线等均为 45°。

附录 B 常用家具图例

序号	名称		图例	备注
1	沙发	单人沙发		
		双人沙发		
		三人沙发		
2	办公桌			(1) 立面样式根据设计自定; (2) 其他家具图例根据设计自定
3	椅	办公椅		
		休闲椅		
		躺椅		
4	床	单人床		
		双人床		
5	橱柜	衣柜		(1) 柜体的长度及立面样式根据设计自定; (2) 其他家具图例根据设计自定
		低柜		
		高柜		

附录 C 常用电器图例

序号	名称	图例	备注
1	电视	TV	
2	冰箱	REF	
3	空调	AC	(1) 立面样式根据设计自定; (2) 其他电器图例根据设计自定
4	洗衣机	WM	
5	饮水机	WD	
6	电脑	PC	
7	电话	TEL	

附录 D 常用厨具图例

序号	名称		图例	备注
1	灶具	单头灶		
		双头灶		
		三头灶		(1) 立面样式根据设计自定; (2) 其他厨具图例根据设计自定
		四头灶		
		六头灶		

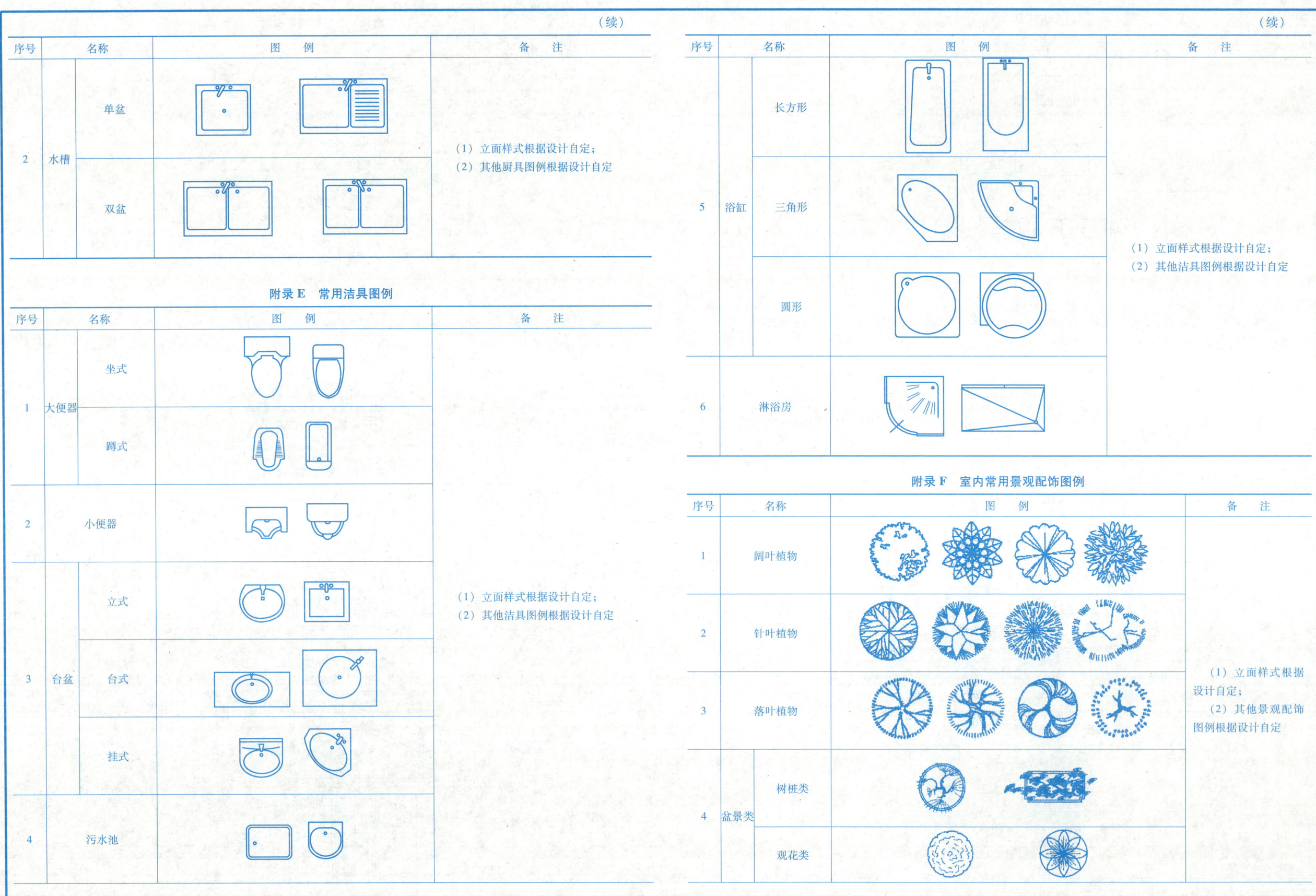

(续)

序号	名称		图 例	备 注
4	盆景类	观叶类		
		山水类		
5	插花类			(1) 立面样式根据设计自定; (2) 其他景观配饰图例根据设计自定
6	吊挂类			
7	棕榈植物			
8	水生植物			
9	假山石			
10	草坪			
11	铺地	卵石类		
		条石类		
		碎石类		

附录 G 常用灯光照明图例

序号	名称	图 例	序号	名称	图 例
1	艺术吊灯		3	筒灯	
2	吸顶灯		4	射灯	

(续)

序号	名称	图 例	序号	名称	图 例
5	轨道射灯		10	台灯	
6	格栅射灯	(单头) (双头) (三头)	11	落地灯	
			12	水下灯	
			13	踏步灯	
7	格栅荧光灯	(正方形) (长方形)	14	荧光灯	
			15	投光灯	
8	暗藏灯带		16	泛光灯	
9	壁灯		17	聚光灯	

附录 H 常用设备图例

序号	名称	图 例	序号	名称	图 例
1	送风口	(条形) (方形)	6	安全出口	EXIT
2	回风口	(条形) (方形)	7	防火卷帘	
			8	消防自动喷淋头	
3	侧送风、侧回风		9	感温探测器	
4	排气扇		10	感烟探测器	S
5	风机盘管	(立式明装) (卧式明装)	11	室内消火栓	(单口) (双口)
			12	扬声器	

165

附录 I 开关、插座立面图例

序号	名称	图例	序号	名称	图例
1	单相二极电源插座		8	音响出线盒	Ⓜ
2	单相三极电源插座	Y	9	单联开关	□
3	单相二、三极电源插座		10	双联开关	□□
4	电话、信息插座	(单孔) / (双孔)	11	三联开关	□□□
			12	四联开关	□□□□
5	电视插座	(单孔) / (双孔)	13	锁匙开关	
			14	请勿打扰开关	DTD
6	地插座		15	可调节开关	
7	连接盒、接线盒	⊙	16	紧急呼叫按钮	○

附录 J 开关、插座平面图例

序号	名称	图例	序号	名称	图例
1	（电源）插座		12	网络插座	▷C
2	三个插座		13	有线电视插座	▷TV
3	带保护极的（电源）插座		14	单联单控开关	
4	单相二、三极电源插座		15	双联单控开关	
5	带单极开关的（电源）插座		16	三联单控开关	
6	带保护极的单极开关的（电源）插座		17	单极限时开关	
7	信息插座	▷C	18	双极开关	
8	电接线箱	▷J	19	多位单极开关	
9	公用电话插座	◁	20	双控单极开关	
10	直线电话插座	◁	21	按钮	◎
11	传真机插座	◁F	22	配电箱	AP

附录 K 构造及配件图例

序号	名称	图例	备注
1	墙体	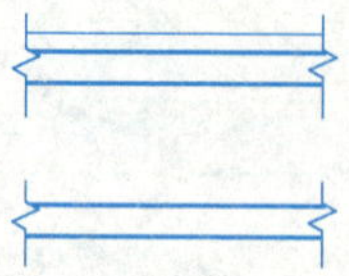	1. 上图为外墙，下图为内墙 2. 外墙细线表示有保温层或有幕墙 3. 应加注文字或涂色或图案填充表示各种材料的墙体 4. 在各层平面图中防火墙宜着重以特殊图案填充表示
2	隔断		1. 加注文字或涂色或图案填充表示各种材料的轻质隔断 2. 适用于到顶与不到顶隔断
3	玻璃幕墙		幕墙龙骨是否表示由项目设计决定
4	栏杆		
5	楼梯	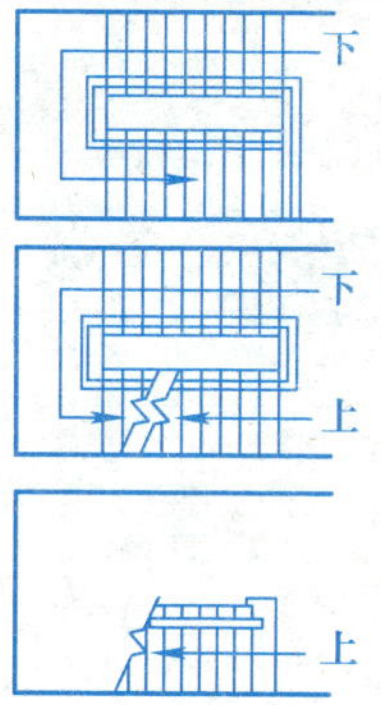	1. 上图为顶层楼梯平面，中图为中间层楼梯平面，下图为底层楼梯平面 2. 需设置靠墙扶手或中间扶手时，应在图中表示
6	坡道		长坡道 上图为两侧垂直的门口坡道，中图为有挡墙的门口坡道，下图为两侧找坡的门口坡道
7	台阶	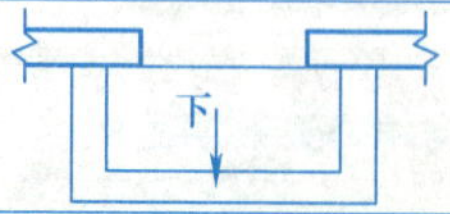	—
8	平面高差	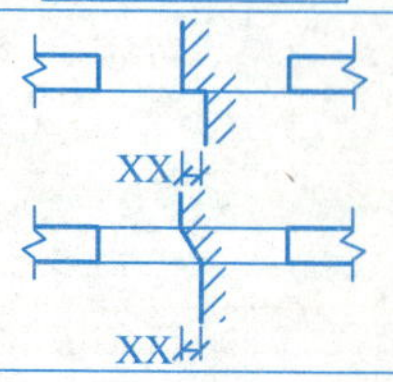	用于高差小的地面或楼面交接处，并应与门的开启方向协调
9	检查口		左图为可见检查口，右图为不可见检查口

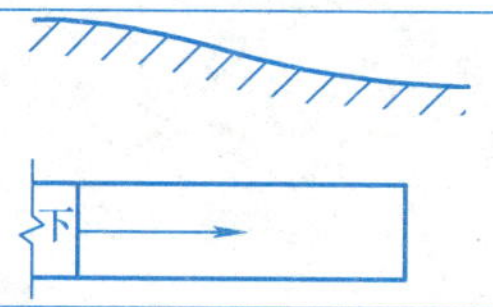

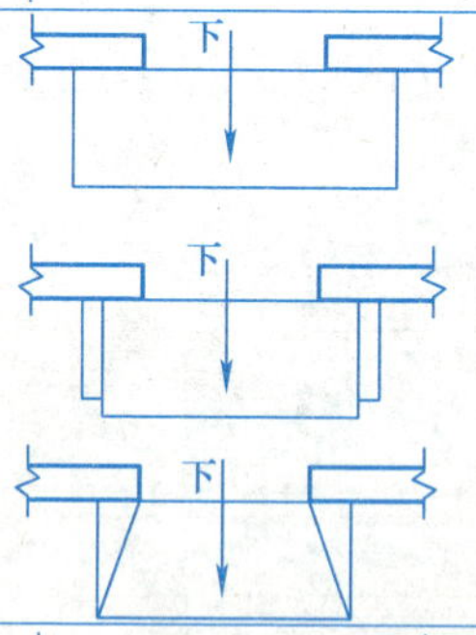

(续)

序号	名称	图例	备注
10	孔洞		阴影部分可填充灰度或涂色代替
11	坑槽		—
12	墙预留洞、槽	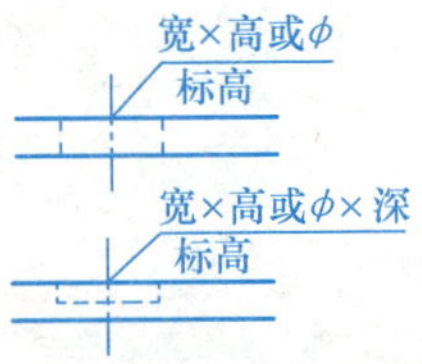 宽×高或φ 标高 / 宽×高或φ×深 标高	1. 上图为预留洞，下图为预留槽 2. 平面以洞（槽）中心定位 3. 标高以洞（槽）底或中心定位 4. 宜以涂色区别墙体和预留洞（槽）
13	地沟	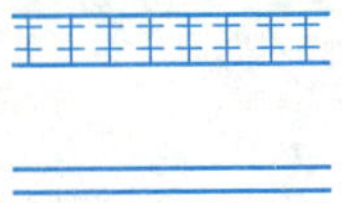	上图为有盖板地沟，下图为无盖板明沟
14	烟道	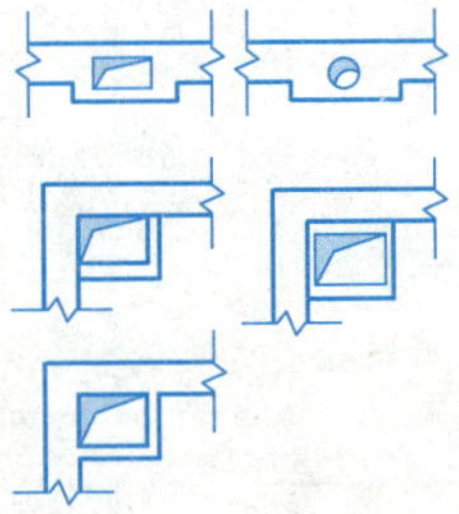	1. 阴影部分可填充灰度或涂色代替 2. 烟道、风道与墙体为相同材料，其相接处墙身线应连通 3. 烟道、风道根据需要增加不同材料的内衬
15	风道	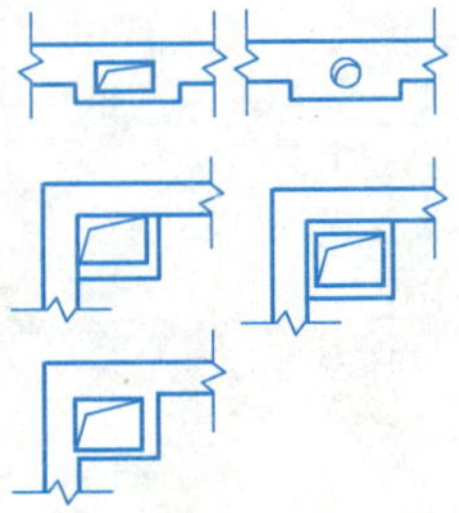	
16	新建的墙和窗	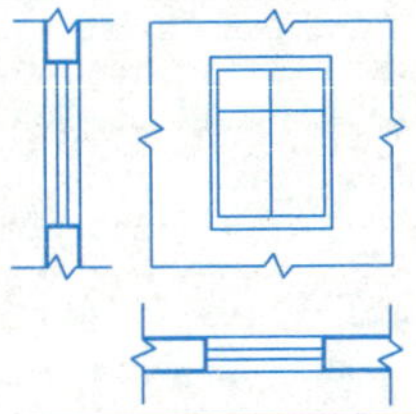	—
17	改建时保留的墙和窗	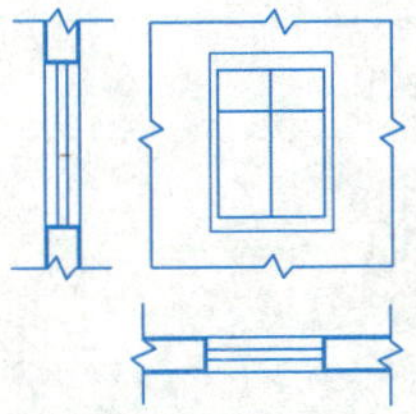	只更换窗，应加粗窗的轮廓线

(续)

序号	名称	图例	备注
18	拆除的墙	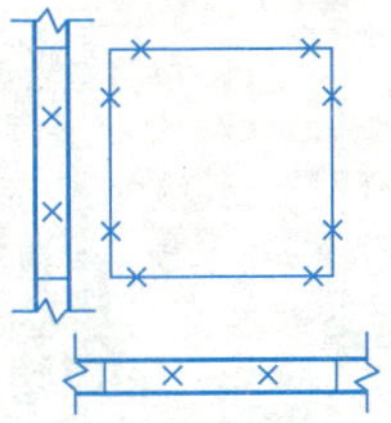	—
19	改建时在原有墙或楼板新开的洞	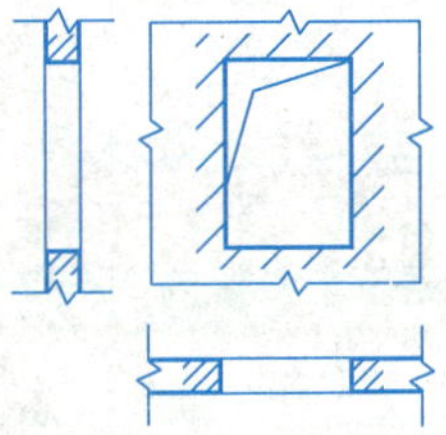	—
20	在原有墙或楼板洞旁扩大的洞	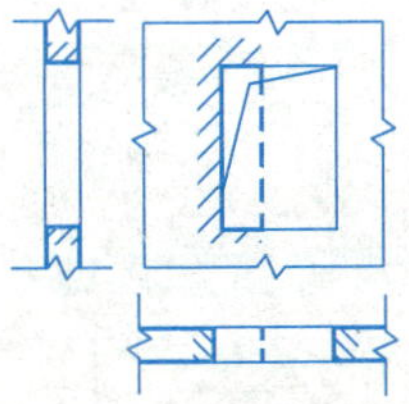	图示为洞口向左边扩大
21	在原有墙或楼板上全部填塞的洞	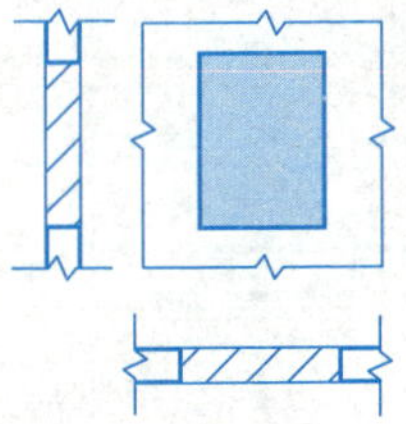	全部填塞的洞 图中立面填充灰度或涂色
22	在原有墙或楼板上局部填塞的洞	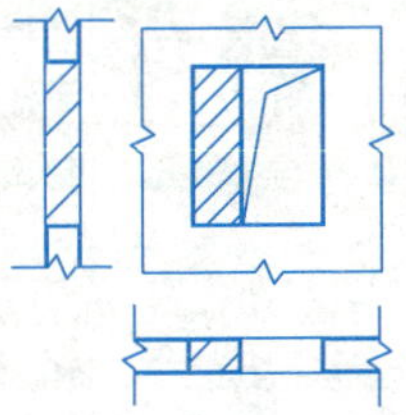	左侧为局部填塞的洞 图中立面填充灰度或涂色
23	空门洞	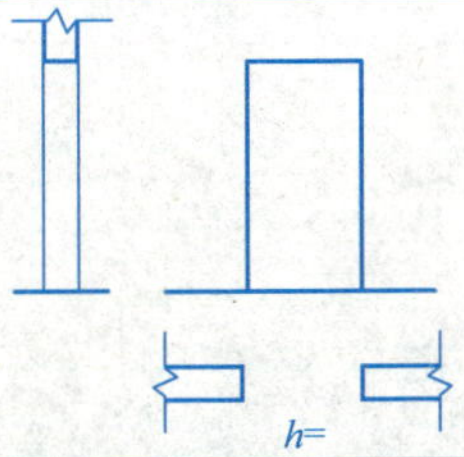	h 为门洞高度

167

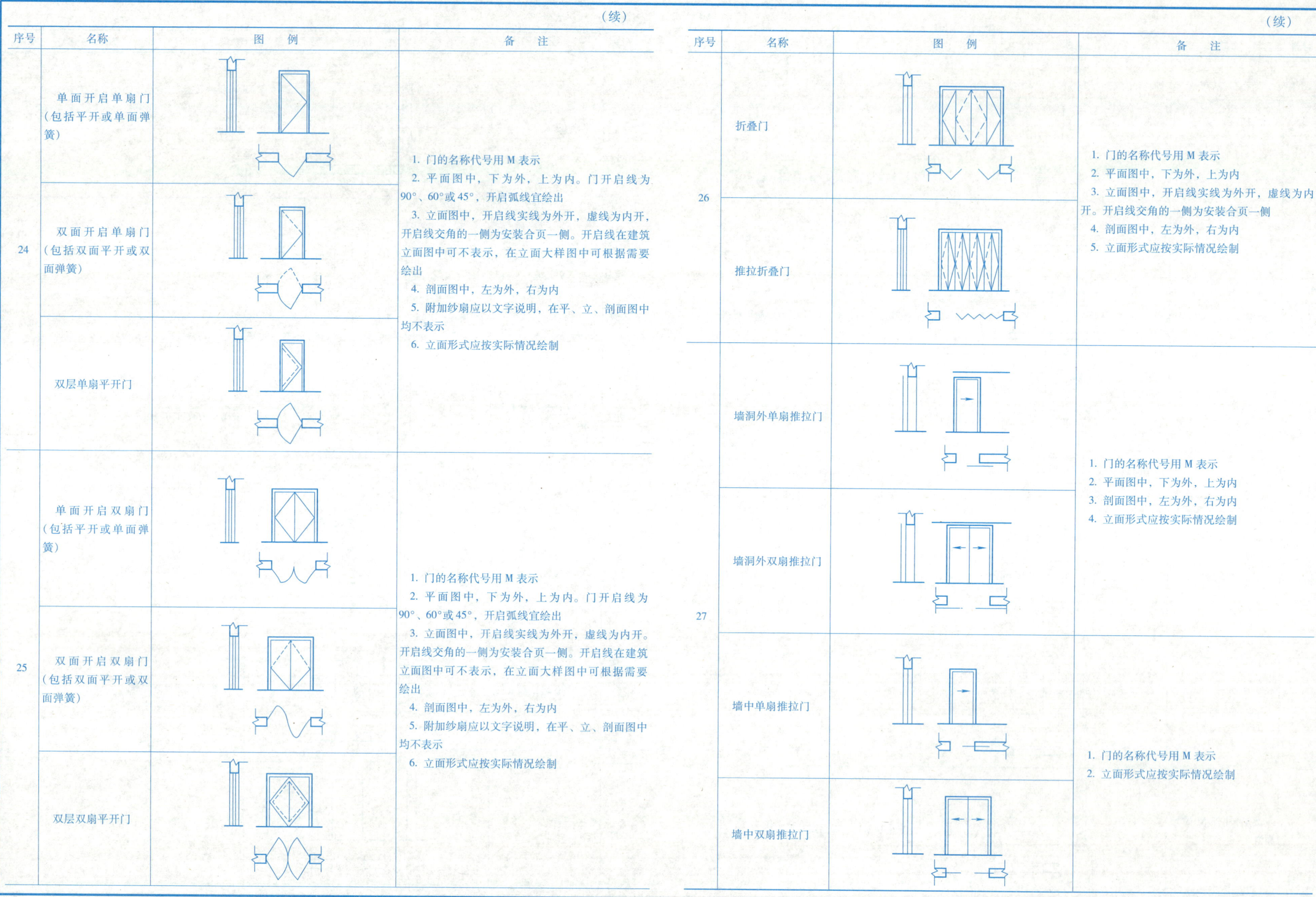

(续)

序号	名称	图 例	备 注
28	推杠门	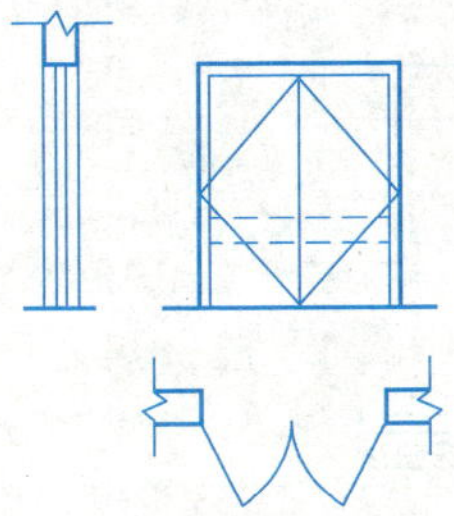	1. 门的名称代号用 M 表示 2. 平面图中，下为外，上为内。门开启线为 90°、60°或 45° 3. 立面图中，开启线实线为外开，虚线为内开。开启线交角的一侧为安装合页一侧。开启线在建筑立面图中可不表示，在室内设计门窗立面大样图中需绘出 4. 剖面图中，左为外，右为内 5. 立面形式应按实际情况绘制
29	门连窗	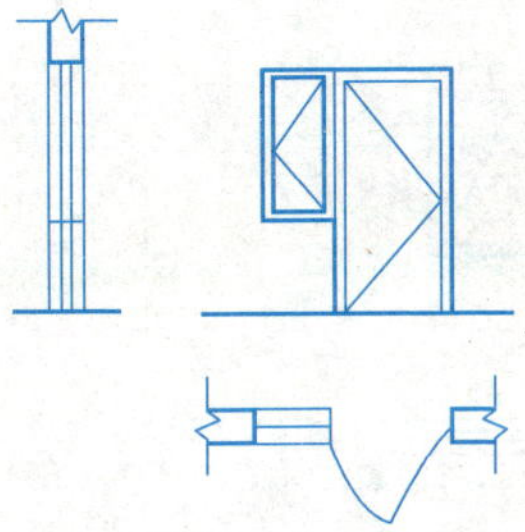	
30	旋转门	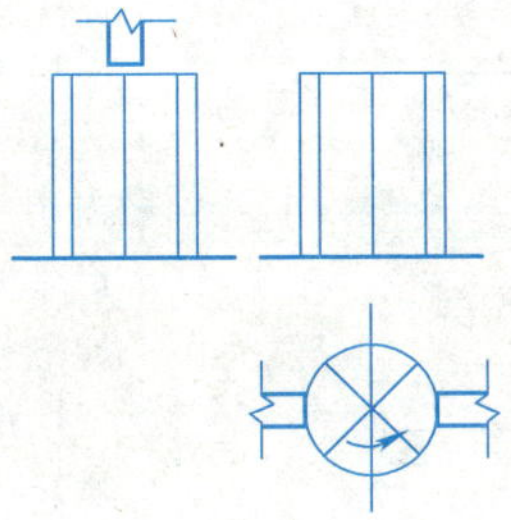	1. 门的名称代号用 M 表示 2. 立面形式应按实际情况绘制
	两翼智能旋转门	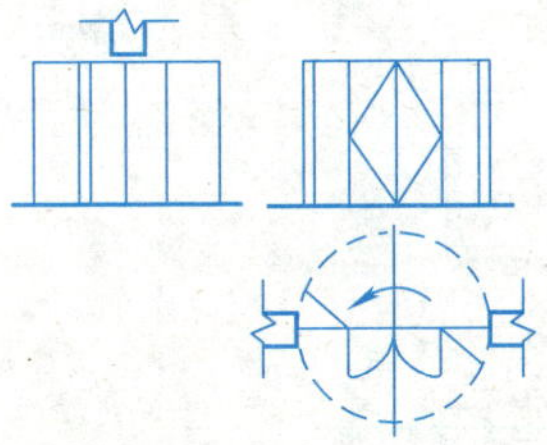	
31	自动门	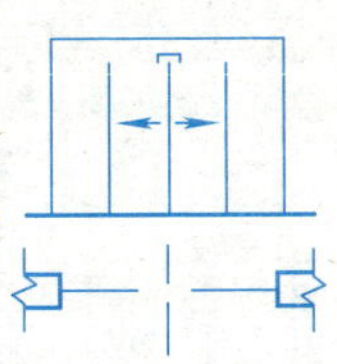	1. 门的名称代号用 M 表示 2. 立面形式应按实际情况绘制
32	折叠上翻门	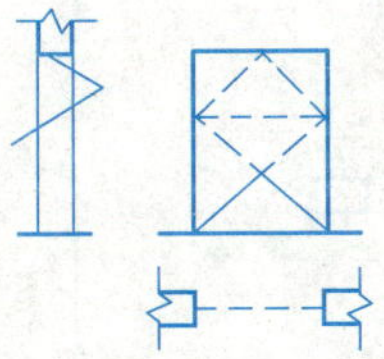	1. 门的名称代号用 M 表示 2. 平面图中，下为外，上为内 3. 剖面图中，左为外，右为内 4. 立面形式应按实际情况绘制

(续)

序号	名称	图 例	备 注
33	提升门	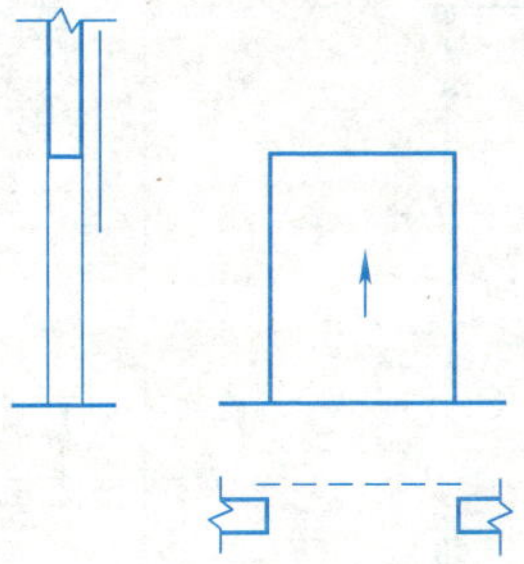	1. 门的名称代号用 M 表示 2. 立面形式应按实际情况绘制
34	分节提升门	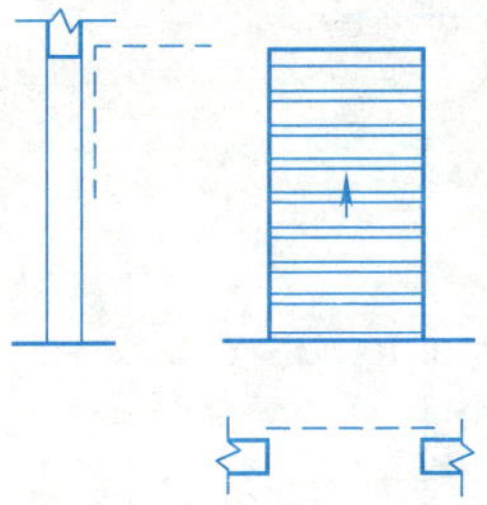	
35	人防单扇防护密闭门	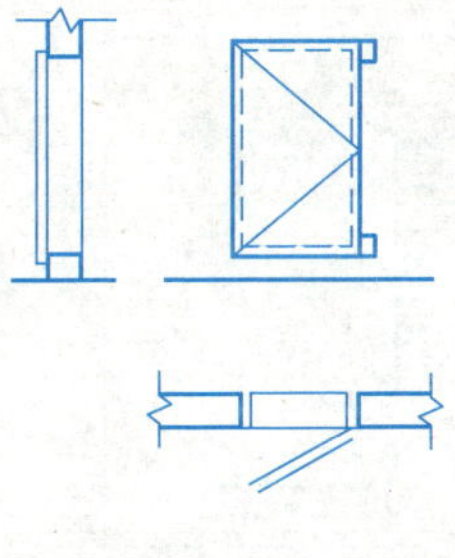	1. 门的名称代号按人防要求表示 2. 立面形式应按实际情况绘制
	人防单扇密闭门	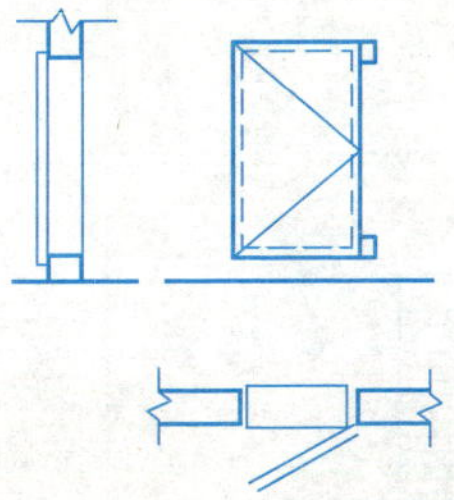	

169

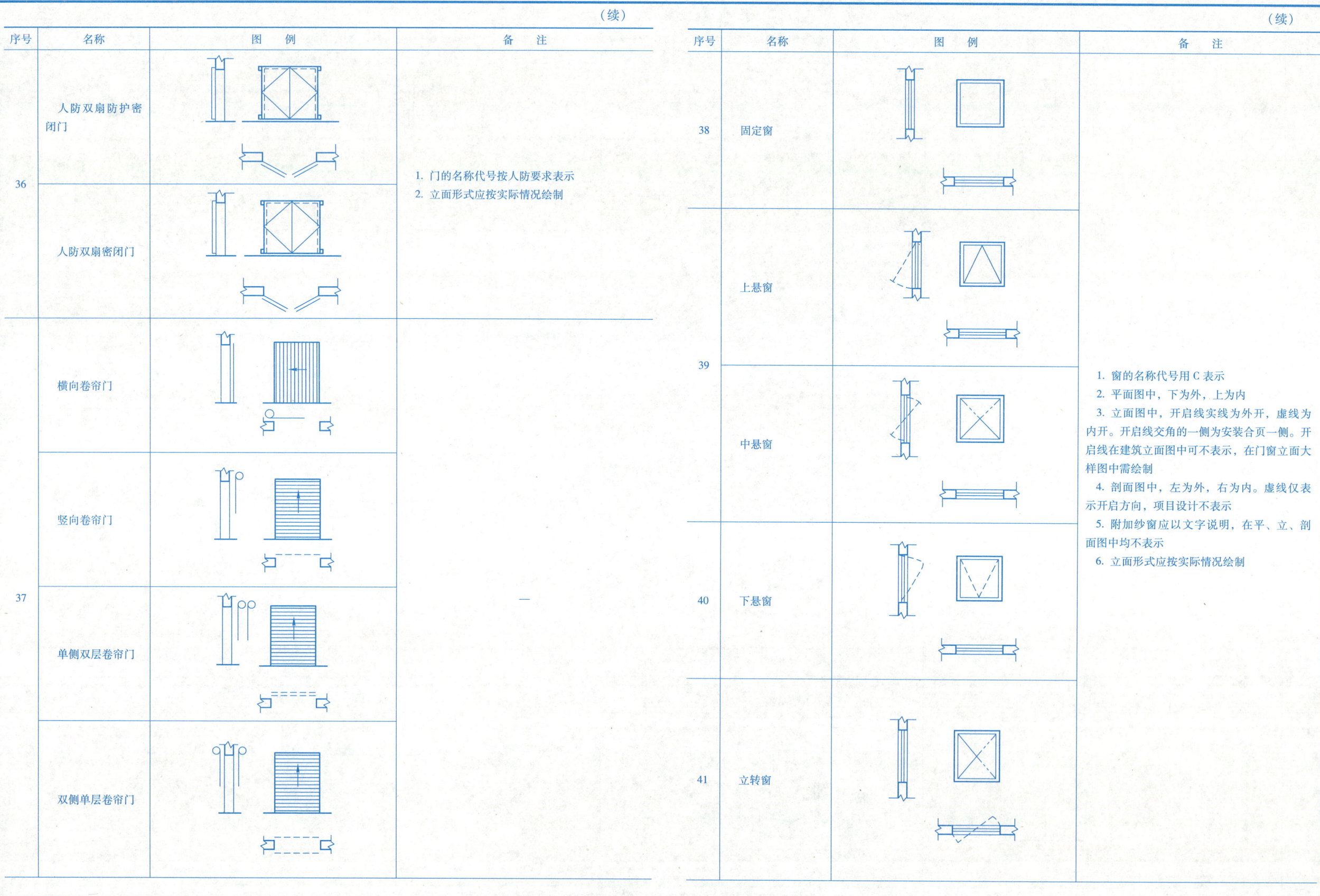

(续)

序号	名称	图例	备注
42	内开平开内倾窗	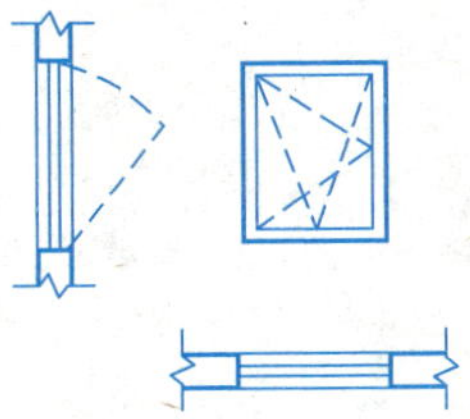	
43	单层外开平开窗	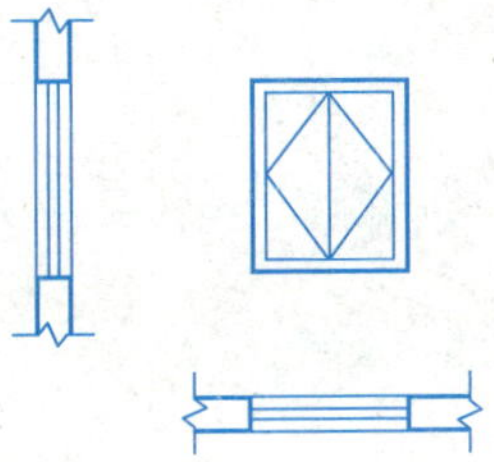	1. 窗的名称代号用 C 表示 2. 平面图中，下为外，上为内 3. 立面图中，开启线实线为外开，虚线为内开。开启线交角的一侧为安装合页一侧。开启线在建筑立面图中可不表示，在门窗立面大样图中需绘出 4. 剖面图中，左为外，右为内。虚线仅表示开启方向，项目设计不表示 5. 附加纱窗应以文字说明，在平、立、剖面图中均不表示 6. 立面形式应按实际情况绘制
	单层内开平开窗	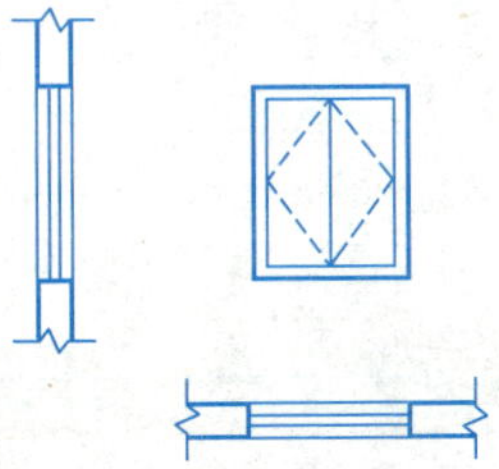	
	双层内外开平开窗	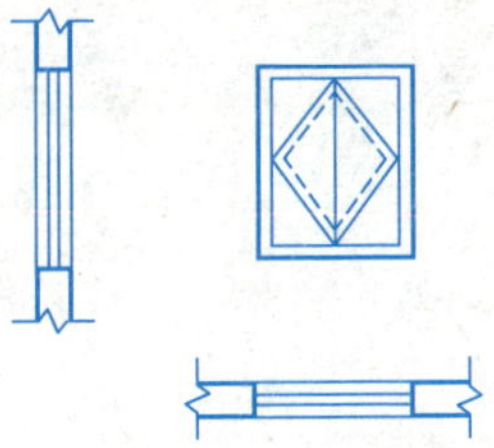	
44	单层推拉窗	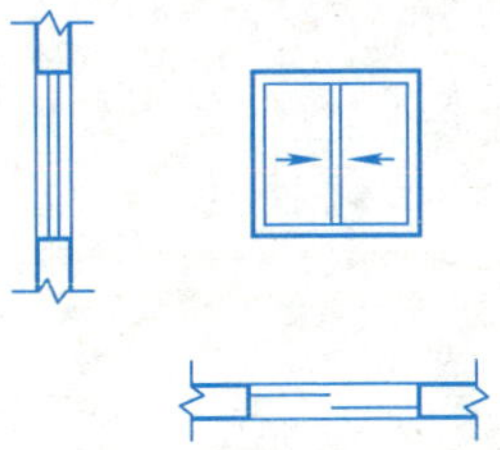	1. 窗的名称代号用 C 表示 2. 立面形式应按实际情况绘制
	双层推拉窗	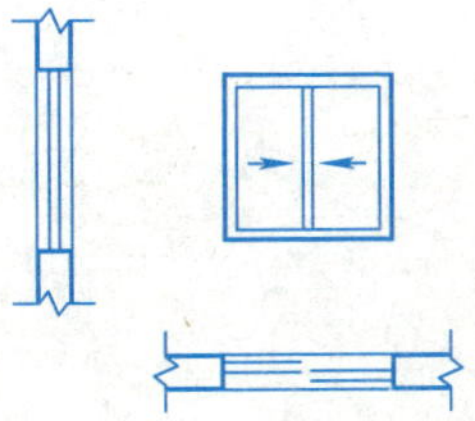	

(续)

序号	名称	图例	备注
45	上推窗	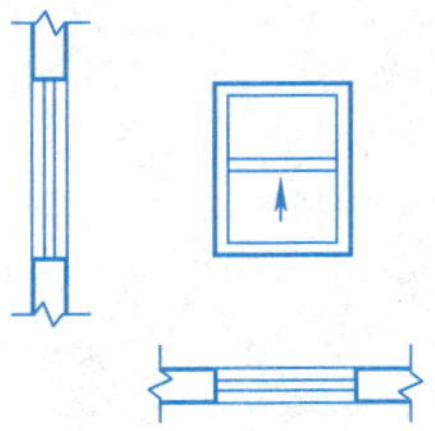	1. 窗的名称代号用 C 表示 2. 立面形式应按实际情况绘制
46	百叶窗	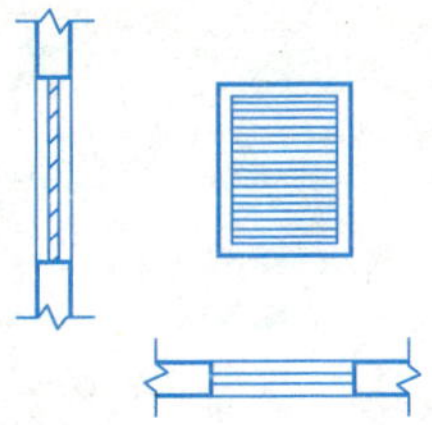	
47	高窗	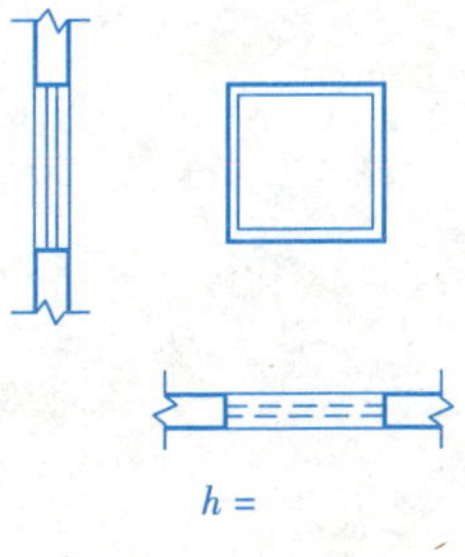 $h=$	1. 窗的名称代号用 C 表示 2. 立面图中，开启线实线为外开，虚线为内开。开启线交角的一侧为安装合页一侧。开启线在建筑立面图中可不表示，在门窗立面大样图中需绘出 3. 剖面图中，左为外，右为内 4. 立面形式应按实际情况绘制 5. h 表示高窗底距本层地面高度 6. 高窗开启方式参考其他窗型
48	平推窗	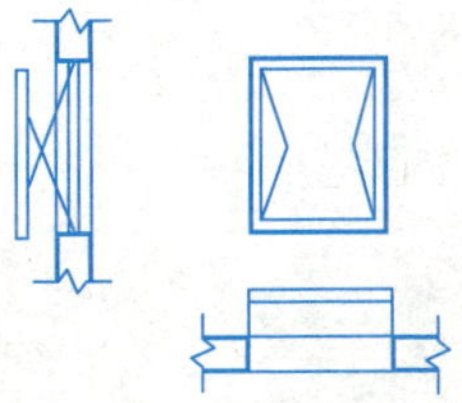	1. 窗的名称代号用 C 表示 2. 立面形式应按实际情况绘制

171